国家出版基金资助项目
Projects Supported by the National Publishing Fund

"十四五"国家重点出版物出版规划项目

数字钢铁关键技术丛书|主编　王国栋

# 中厚板轧线数字化技术研发与应用

# The Research and Application of Digital Technology for Plate Rolling Line

矫志杰　何纯玉　王　君　丁敬国
田　勇　王丙兴　李家栋　李　勇　著

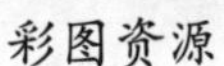

彩图资源

北　京
冶　金　工　业　出　版　社
2024

## 内容提要

本书主要介绍了数字化技术在中厚板轧线中的研发和应用情况，具体包括中厚板轧线工艺和自动化系统的现状，中厚板轧线对数字化技术的需求，中厚板轧制过程的轧制力能和轧制规程的模型智能优化，中厚板轧件厚度、宽度和平面形状等尺寸形状的数字优化控制，数字驱动的中厚板轧机自动轧钢和自动转钢控制，以及中厚板生产线的控冷区域和热处理区域的数字化技术应用等。

本书可供从事中厚板生产和控制的工程技术人员和科研人员阅读，也可供相关专业的大专院校师生参考。

**图书在版编目（CIP）数据**

中厚板轧线数字化技术研发与应用 / 矫志杰等著. 北京：冶金工业出版社，2024. 9. --（数字钢铁关键技术丛书）. -- ISBN 978-7-5024-9942-6

Ⅰ. TG335.5

中国国家版本馆 CIP 数据核字第 2024QT2907 号

**中厚板轧线数字化技术研发与应用**

---

**出版发行** 冶金工业出版社　**电　话**（010）64027926
**地　址** 北京市东城区嵩祝院北巷 39 号　**邮　编** 100009
**网　址** www.mip1953.com　**电子信箱** service@mip1953.com

---

策　划 卢　敏　责任编辑 郭冬艳　李泓璇　卢　敏　美术编辑 吕欣童
版式设计 郑小利　责任校对 王永欣　李　娜　责任印制 窦　唯
北京捷迅佳彩印刷有限公司印刷
2024 年 9 月第 1 版，2024 年 9 月第 1 次印刷
787mm×1092mm 1/16；14.75 印张；356 千字；222 页
**定价 99.00 元**

---

**投稿电话**（010）64027932　**投稿信箱** tougao@cnmip.com.cn
**营销中心电话**（010）64044283
**冶金工业出版社天猫旗舰店** yjgycbs.tmall.com
（本书如有印装质量问题，本社营销中心负责退换）

# “数字钢铁关键技术丛书”
# 编辑委员会

# “数字钢铁关键技术丛书”
# 总　序

钢铁是支撑国家发展的最重要的基础原材料，对国家建设、国防安全、人民生活等具有重要的战略意义。人类社会进入数字时代，数据成为关键生产要素，数据分析成为解决不确定性问题的最有效新方法。党的十八大以来，以习近平同志为核心的党中央高瞻远瞩，抓住全球数字化发展与数字化转型的重大历史机遇，系统谋划、统筹推进数字中国建设。党的十九大报告明确提出建设“网络强国、数字中国、智慧社会”，数字中国首次写入党和国家纲领性文件，数字经济上升为国家战略，强调利用大数据和数字化技术赋能传统产业转型升级。国家和行业“十四五”规划都将钢铁行业的数字化转型作为工作的重点方向，推进生产数据贯通化、制造柔性化、产品个性化。

钢铁作为大型复杂的现代流程工业，虽然具有先进的数据采集系统、自动化控制系统和研发设施等先天优势，但全流程各工序具有多变量、强耦合、非线性和大滞后等特点，实时信息的极度缺乏、生产单元的孤岛控制、界面精准衔接的管理窠臼等问题交织构成工艺-生产“黑箱”，形成了钢铁生产的“不确定性”。这种“不确定性”严重制约钢铁生产的效率、质量和价值创造，直接影响企业产品竞争力、盈利水平和原材料供应链安全。

钢铁行业置身于这个世界百年未有之大变局之中，也必然经历其有史以来的最广泛、最深刻、最重大的一场变革。通过这场大变革，钢铁行业的管理与控制将由主要解决确定性问题的自动控制系统，转型为解决不确定性问题见长的信息物理系统（CPS）；钢铁行业发展的驱动力，将由工业时代的机理驱动，转型为“抢先利用数据”的数据驱动；钢铁行业解决问题的分析方法，将由机理解析演绎推理，转型为以数据/机器学习为特征的数据分析；钢铁过程主流程的控制建模，将由理论模型或经验模型转型为数字孪生建模；钢铁行业全流程的过程控制，必然由常规的自动化控制系统转型为可以自适应、自学习、自组织、高度自治的信息物理系统。

这一深刻的变革是钢铁行业有史以来最大转型的关键战略，它必将大规模采用最新的数字化技术架构，建设钢铁创新基础设施，充分发挥钢铁行业丰富应用场景优势，最大限度地利用企业丰富的数据、诀窍和先进技术等长期积累的资源，依靠数据分析、数据科学的强大数据处理能力和放大、倍增、叠加作用，加快建设“数字钢铁”，提升企业的核心竞争力，赋能钢铁行业转型升级。

将数字技术/数字经济与实体经济结合，加快材料研究创新，已经成为国际竞争的焦点。美国政府提出“材料基因组计划”，将数据和计算工具提升到与实验工具同等重要的地位，目的就是更加倚重数据科学和新兴计算工具，加快材料发现与创新。近年来，日本 JFE、韩国 POSCO 等国外先进钢铁企业，已相继开展信息物理系统研发工作，融合钢铁生产数据和领域经验知识，优化生产工艺、提升产品质量。

从消化吸收国外先进自动化、信息化技术，到自主研发冶炼、轧制等控制系统，并进一步推动大型主力钢铁生产装备国产化。近年来，我们研发数字化控制技术，有组织承担智能制造国家重大任务，在国际上率先提出了“数字钢铁”的整体架构。

在此过程中，我们组成产学研密切合作的研究队伍“数字钢铁创新团队”，选择典型生产线，开展“选矿–炼铁–炼钢–连铸–热轧–冷轧–热处理”全流程数字化转型关键共性技术研究，提出了具有我国特色的钢铁行业数字化转型的目标、技术路线、系统架构和实施路线，围绕各工序关键共性技术集中攻关。在企业的生产线上，结合我国钢铁工业的实际情况，提出了低成本、高效率、安全稳妥的实现企业数字化转型的实施方案。

通过研究工作，我们研发的钢铁生产过程的数字孪生系统，已经在钢铁企业的重要工序取得突破性进展和国际领先的研究成果，实现了生产过程“黑箱”透明化，其他一些工序也取得重要进展，逐步构建了各层级、各工序与全流程 CPS。这些工作突破了复杂工况条件下关键参数无法检测和有效控制的难题，实现了工序内精准协调、工序间全局协同的动态实时优化，提升了产品质量和产线运行水平，引领了钢铁行业数字化转型，对其他流程工业的数字化转型升级也将起到良好的示范作用。

总结、分析几年来在钢铁行业数字化转型方面的工作和体会，我们深刻认识到，钢铁行业必须与数字经济、数字技术相融合，发挥钢铁行业应用场景和数据资源的优势，以工业互联网为载体、以底层生产线的数据感知和精准执行为基础、以边缘过程设定模型的数字孪生化和边缘-产线的CPS化为核心、以数字驱动的云平台为支撑，建设数字驱动的钢铁企业数字化创新基础设施，加速建设数字钢铁。这一成果，已经代表钢铁行业在乌镇召开的“2022全球工业互联网大会暨工业行业数字化转型年会”等重要会议上交流，引起各方面的广泛重视。

截至目前，系统论述钢铁工业数字化转型的技术丛书尚属空白。钢铁行业同仁对原创技术的期盼，激励我们把数字化创新的成果整理出来、推广出去，让它们成为广大钢铁企业技术人员手中攻坚克难、夺取新胜利的锐利武器。冶金工业出版社的领导和编辑同志特地来到学校，热心指导，提出建议，商量出版等具体事宜。我们相信，通过产学研各方和出版社同志的共同努力，我们会向钢铁界的同仁、正在成长的学生们奉献出一套有里、有表、有分量、有影响的系列丛书。

期望这套丛书的出版，能够完善我国钢铁工业数字化转型理论体系，推广钢铁工业数字化关键共性技术，加速我国钢铁工业与数字技术深度融合，提高我国钢铁行业的国际竞争力，引领国际钢铁工业的数字化转型和高质量发展。

中国工程院院士 王国栋

2023年5月

# 前　言

中厚板作为重要的钢材品种，被广泛应用于基础设施建设、造船、工程机械、容器、能源、建筑等行业，在国民经济建设中占有重要的地位。中厚板生产线的工艺流程长，设备复杂繁多，包括加热、轧制、冷却、矫直、精整和热处理等众多工序，每个工序都对产品的最终质量有很大的影响。中厚板生产线的自动化系统是实现工艺控制最重要的工具。我国通过对引进技术的消化吸收和自主创新，不仅在中厚板生产线的设备、工艺和产品开发方面达到了国际先进水平，而且在与之配套的轧线自动化系统和控制技术方面也取得了很大进步。当前随着数字经济和数字技术的发展，如何与钢铁行业整体的数字化转型同步，充分发挥中厚板产线全流程应用场景和数据资源的优势，提高中厚板企业的核心竞争力，是整个中厚板行业面临的问题。

东北大学轧制技术及连轧自动化国家重点实验室多年来一直致力于中厚板全流程的技术创新，自主开发了具有完全自主知识产权的中厚板轧线自动化系统，自主研发了具有世界先进水平的新一代控制冷却和热处理装备，实现了TMCP 技术的创新发展，并开发了国民经济建设亟需的中厚板新产品。在当前数字化转型的大潮下，如何基于前期的工作基础，结合最新数字化技术，满足中厚板生产线技术发展的需求，是我们需要考虑的问题。

本书主要介绍东北大学轧制技术及连轧自动化国家重点实验室多年来在中厚板生产线工程开展的部分数字化的研发和应用工作。

全书共分为 9 章。第 1 章介绍当前钢铁行业数字化技术发展背景和数字化转型的技术路线，重点介绍中厚板轧线的工艺设备和自动化控制系统的现状，以及对数字化技术的需求情况。第 2 章以轧制力和轧制规程模型为例，介绍在中厚板轧制模型数字优化方面的应用案例。第 3、4 章介绍对中厚板产品尺寸形状的技术指标（包括厚度、宽度和平面形状控制方面）开展的数字化控制研究工作。第 5、6 章介绍采用数字化技术实现轧机区域自动控制方面的研发工作，包括轧机的自动轧钢控制和自动转钢控制，介绍采用基于机器视觉的检测技术，实现数字驱动的智能控制。第7~9章选取控制冷却和热处理工艺区域，介绍数字化技术在中厚板轧线其他工艺区域的应用案例。

应该看到，本书还只是选择了中厚板轧线的轧制、控冷和热处理等几个有代表性工艺区域的数字化应用，介绍中厚板轧线数字化技术研发和应用情况，还有很多数字化应用工作没有涉及，也还有很多中厚板的数字化应用场景需要在下一步工作中实现和完成。最终建立中厚板轧线全流程的基于数字孪生CPS的原位分析系统是我们的奋斗目标。

作　者

2024年4月

# 目　录

# 1 中厚板生产线数字化技术概述

在第四次工业革命浪潮的推动下，钢铁行业正在经历数字化转型。中厚板生产线作为典型的钢铁生产流程，其产品从坯料到成品需要经历加热、轧制、冷却、矫直、精整、热处理等工序，各生产工序多为“黑箱”，且为多场、多相、多变的巨系统，存在复杂相关性和遗传效应。这些不确定性给中厚板生产线数字化生产带来了巨大的挑战，但挑战和机遇并存，中厚板生产线极为丰富的大数据提供了挖掘其中蕴含客观规律的数据资源，为数字化技术的应用提供了丰富的场景。本章主要介绍目前钢铁行业整体数字化技术发展以及中厚板生产线数字化技术的背景和发展趋势。

## 1.1 钢铁行业数字化技术发展概况

### 1.1.1 钢铁行业数字化技术发展的背景和探索

21 世纪以来，蓬勃兴起的第四次工业革命，推动工业互联网、大数据、机器人与人工智能等先进技术与材料、交通、制造等行业交叉融合，驱动社会生产方式变革，助推企业加速数字化转型、智能化发展。

材料工业作为流程制造业的重要领域，面临着提高产品质量与生产效率的重大需求与节省资源、降低成本、环境友好等诸多挑战。作为第四次工业革命先导技术的数据科学和新一代信息通信、人工智能技术给材料行业带来了新的理念，展现出未来材料科技智能化、数字化转型发展的美好前景。

数字化转型升级是钢铁行业关注的焦点。欧盟成立了钢铁智能制造工作组，美国发布了智能制造路线图。以安赛乐米塔尔、POSCO、JFE、新日铁、大河钢铁为代表的国外先进钢铁企业正在大力发展钢铁绿色化、智能化制造的新模式。POSCO 将物联网、大数据和人工智能应用于研发、生产、维护、员工安全和成本管理，通过“智能传感”“智能分析”“智能控制”三个阶段逐步完善智能制造过程，实现四个“全球化”战略，提升企业的核心竞争力。JFE 于 2017 年 10 月成立了数据科学项目部，将先进 ICT 技术应用于生产工序，2019 年 4 月成立了信息物理系统研究开发部。至 2020 年 3 月，JFE 完成了日本国内 8 座大型高炉的智能化改造。2020 年 7 月，JFE 宣布建成 JFE 数字转换中心（简称 JDXC™），将其作为应用数据科学及最新 ICT 的全公司数字转换推进基地。“JDXC™”的功能和目标是：通过整合使用数据来提高生产率并降低成本；推进信息物理系统的共享和标准化，提高操作技术水平；通过共享公司数据科学家的知识和经验解决问题，提高员工技能，同时扩大数据科学家的数量。美国 Big River Steel 人均产钢量 3720 t，计划未来人均 5000 t，其劳动生产率是全球平均水平的 2～3 倍，产线采用产品质量分析系统（PQA）、工艺状态分析系统（PCA）、设备监控系统（MMS）和生产计划优化四个智能化系统；将MES 功能提升作为重点，建设钢铁工业软件平台和开发工业软件，推出了 X-Pact MES 4.0；从事后管理转变为事前管理，达到管理透明化、知识固化、效率提高。

我国从 2015 年开始，启动了智能制造试点示范项目。“十三五”期间，我国钢铁行业以“智能化”和“绿色化”为主题，初步形成了智能制造实施的基础架构，将工艺知识、机理模型与智能化技术结合，应用于典型工序的过程控制和优化，涌现了一键式炼钢、连轧过程全自动控制、质量过程控制等成果，初步形成了热轧、冷轧等单个工序的智能制造试点示范[1-3]。

### 1.1.2 钢铁行业数字化转型的技术路线

钢铁行业的数字化转型必须借助数字技术的发展，充分发挥钢铁行业应用场景和数据资源的优势。基本的技术路线为：采用数字孪生技术构建以信息物理系统为核心的原位分析系统，并以此为基础，建设钢铁企业数字化创新基础设施，加速建设数字钢铁，实现钢铁行业的数字化转型和高质量发展。

#### 1.1.2.1 数字孪生与信息物理系统

信息物理系统（Cyber-Physical System，CPS）是一个集成了信息网络世界和动态物理世界的多维复杂的系统。通过计算、通信和控制（3C）的集成和协作，CPS 提供实时传感、信息反馈、动态控制等服务。通过紧密连接和反馈循环，物理和计算过程高度相互依赖，信息世界与物理过程高度集成和实时交互，进而以可靠、安全、协作、稳健和高效的方式监控物理实体。

信息物理系统通过集成先进的感知、计算、通信、控制等信息技术和自动控制技术，构建了物理空间与信息空间中人、机、物、环境、信息等要素相互映射、实时交互、高效协同的复杂系统，实现系统内资源配置和运行的按需响应、快速迭代、动态优化。

针对冶金生产过程，物理空间中的物件，既包括机电设备和各种构件，也包括各种“物料”，如钢铁生产线上的铁水、钢水、连铸坯、热轧件、冷轧件等。由于流程行业，特别是材料行业的制造对象就是“物料”，需要确保用物料制得的产品具有需要的形状、性能和表面质量，因此钢铁行业对物理空间中物料的加工过程必须给予特殊的关注。物理空间的钢铁生产设备上，安装有大量的执行机构以执行各种加工操作指令，同时还安装有大量的传感器以感知生产过程的信息，并通过网络将信息发送到另一个空间，即信息空间。

信息空间又称为虚拟空间，它是利用来自物理空间的大数据和机器学习方法，建立一系列模型，获得用来预测物理实体的变化行为的数字虚体。数据驱动的大数据/机器学习方法提供了一种人类认识复杂系统的新思维和新手段。这种思维和手段，可以构造现实世界的数字虚拟映像，即数字孪生。数字孪生承载了现实世界的运行规律。对这个数字映像的深度分析，将有可能理解和发现现实复杂系统的运行行为、状态和规律。

虚拟空间的数字孪生系统是 CPS 的关键核心支撑。对于材料加工、冶金质量控制来说，数字孪生是核心与关键技术。对于材料技术来讲，数字孪生就是描述操作量（工艺）、材料成分设计与控制目标（材料的组织与性能、材料的外形尺寸与表面质量，以及一些用非结构化数据表达的状态量等）之间关系的一套高保真度预测模型，预测在既定工艺和成分设计条件下，控制目标（或控制对象）的高保真虚拟映像。或者说，数字孪生就是安装在物理系统上的超级“显微镜”“电镜”“摄像机”“性能测试机”，即具有精准“原位分析能力”的“仪器”。如果能够以足够的精度描述材料成分、生产工艺与产品组织、性能、外形尺寸、表面质量、状态量等控制目标量之间的关系，则材料制备、加工过程的可靠、精确控制就会成为可能。

CPS 通过构筑信息空间与物理空间数据交互的闭环通道，能够实现信息虚体与物理实体之间的交互联动。以物理实体建模产生的静态模型为基础，通过实时数据采集、数据集成和监控，动态跟踪物理实体的工作状态和发展趋势，将物理空间中的实体在信息空间进行全要素重建，形成泛在连接、虚实映射、实时联动、精准反馈与系统自治的数字孪生体。

实验工具平台，特别是生产线装备提供实际生产大数据，蕴含着生产过程中的全部规律，是极宝贵的数据资源。利用机器学习、深度学习等现代数据挖掘技术，对这些数据资源进行处理、分析、计算，将数据转换为高保真度模型，可以得到具有“原位分析能力”的数字孪生。数字孪生与物理系统在工业互联网的总体架构下，组成信息物理系统，构建起基于数据自动流动的状态感知、实时分析、科学决策、精准执行的闭环赋能体系[4]。

轧制过程基于数字孪生的信息物理系统如图 1-1 所示。

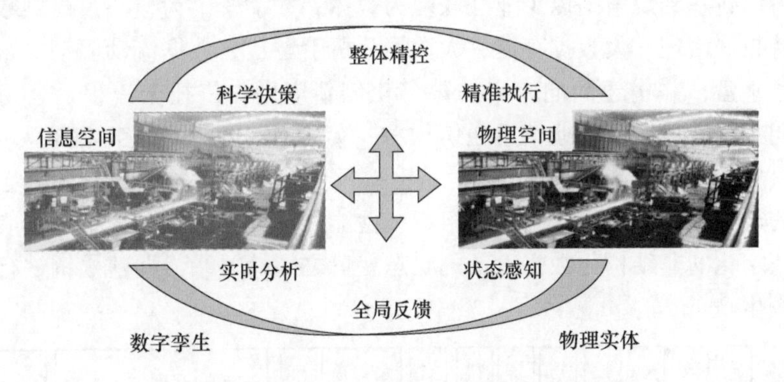


图 1-1 轧制过程基于数字孪生的信息物理系统

#### 1.1.2.2 原位分析系统与材料创新基础设施

基于数字孪生的信息物理系统直接安装在邻近生产设备的边缘，对钢铁生产过程操作参数和传感器的实测信息、半成品及最终产品的取样离线测量等信息进行智能处理和集成，采用知识图谱和深度学习等数字技术进行数据挖掘，从海量数据中准确透视工艺、设备、质量等关键参数之间的复杂关系，构建适用于动态反馈、实时交互的高精度的机理模型或人工智能模型，组成高保真度的数字孪生。来自生产线的工艺、成分与目标控制值的实测信息，经过数字孪生系统的分析、优化，做出控制决策，并送回生产线即时进行控制。因此基于数字孪生的信息物理系统是一个精确、实时、动态的“原位分析”系统，如图 1-2 所示。

融合工艺机理、生产数据和经验知识，构建起来的高保真数字孪生系统，可以破解钢铁生产过程“黑箱”，实现生产过程的高度透明化和高保真度模型化描述，以及实时、快

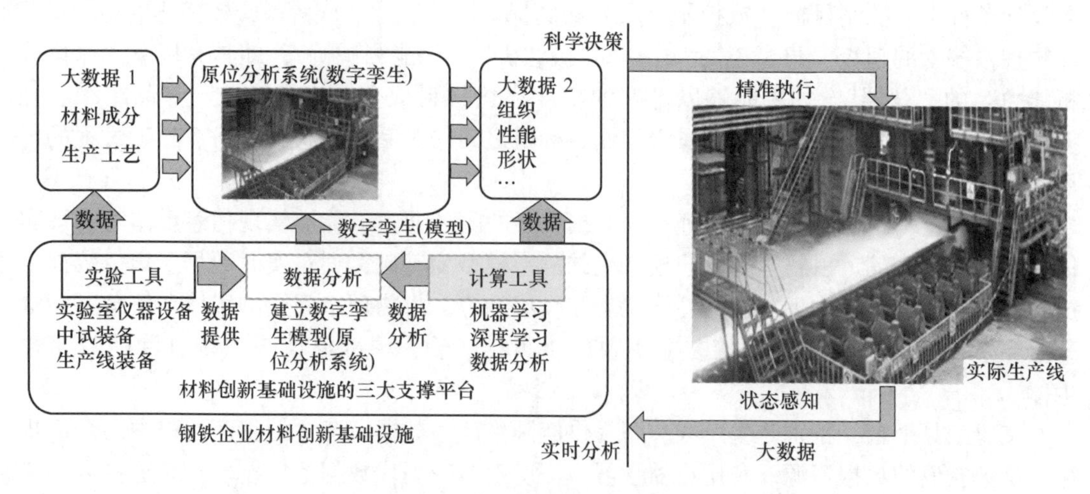


图 1-2 轧线原位分析系统

速、精准的反馈控制，是产品质量检测、新控制功能测试、新产品开发、生产过程优化的重要手段。

钢铁材料创新基础设施是以工业互联网为载体、数字孪生为核心，提供数据全生命周期管理，支持数据治理、大数据存储、大数据分析引擎、大数据流动驱动等数据底座，搭建数据化业务基盘，并构建面向未来的数字化创新应用，依托全流程、全场景数字化转型，软硬协同，发展最新的工业信息通信技术，实现钢铁行业的数字化转型。

钢铁材料创新基础设施（见图 1-3）是钢铁行业的核心竞争力。它的核心功能就是建立钢铁材料的成分设计、制造工艺与其组织、性能、服役表现、外形尺寸、表面质量或其他各种经过数字化的非结构化数据表征的状态变量之间的关系，即建立钢铁行业信息物理系统的数字孪生[5-6]。

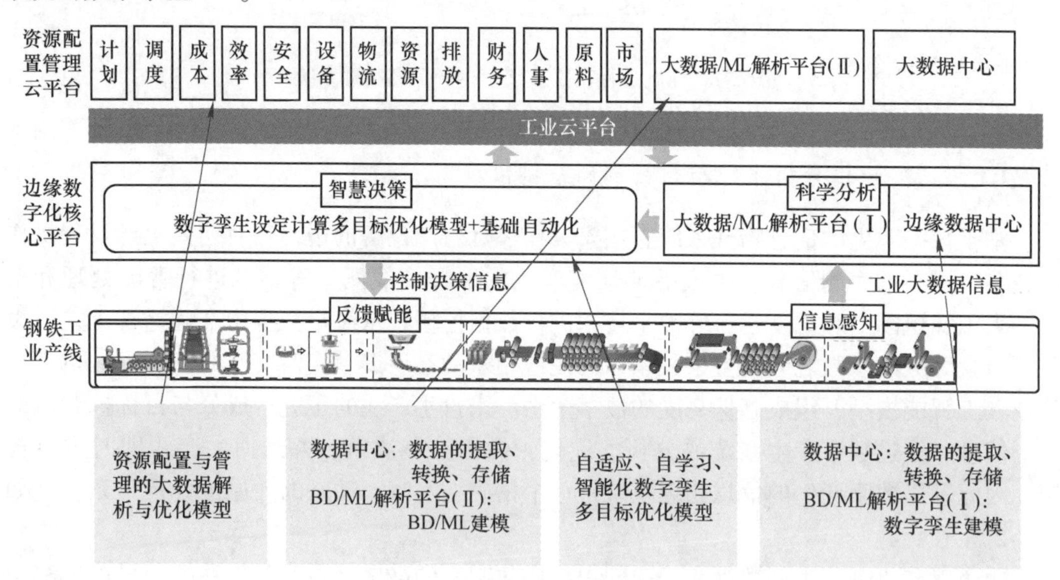


图 1-3 钢铁企业创新基础设施

# 1.2 中厚板生产线工艺与自动化系统

## 1.2.1 中厚板生产线设备

中厚板轧制生产线的设备复杂繁多。一条典型的中厚板生产线工艺设备布置如图1-4所示。坯料上线，进入加热炉加热。出炉后经高压水除鳞去除表面氧化铁皮，进入轧机区轧制。轧机区一般采用粗轧机和精轧机的双机架配置。轧制过程可以采用控制轧件中间待温温度和待温厚度的控制轧制技术进行生产。在控冷区，通过水冷方式控制轧件温降过程，并与轧机区的控制轧制配合，实现轧件的性能优化控制。随后轧件通过矫直机矫平、冷床空冷、切头、切边、定尺等精整工序最终被轧制成为成品[7-8]。

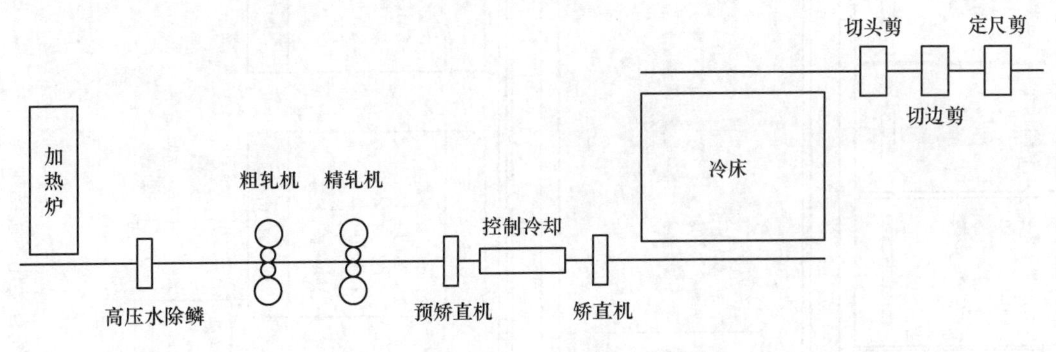


图1-4 典型中厚板生产线工艺设备布置

## 1.2.2 生产线自动化系统总体结构框架

经过长期探索和现场的应用实践，目前东北大学研发的中厚板生产线自动化系统可以适应中厚板全线工艺设备的自动化控制需求。

图1-5为东北大学设计的典型中厚板生产线自动化控制系统结构图。整个自动化系统采用多层级分布式设计，系统分为一级基础自动化、二级过程控制系统和人机界面（Human Machine Interface，HMI）系统。设计时充分考虑系统的可靠性、先进性和实用性，遵循通用、开放、便于升级和扩展的原则，以适应计算机技术的不断进步和满足发展的需求。

在控制系统设备硬件选型方面，一级基础自动化硬件设备一般采用通用的西门子TDC、S7-400、S7-300或最新的S7-1500系列PLC，也可以根据客户需求，选择其他厂家PLC硬件设备，保证硬件具有高通用性和高可靠性。

二级过程控制系统和HMI系统选用通用的PC服务器，并采用最新的虚拟化系统平台架构，保证系统的高可靠性，并为后续的系统迁移、维护和扩展提供方便[9]。

## 1.2.3 中厚板轧机自动化系统功能

中厚板生产具有小批量多品种、频繁变换品种规格的特点，并且轧制过程为可逆轧制，包含了成形、展宽和延伸多个阶段，需要多次转钢，还有中间待温控轧等工艺过程。

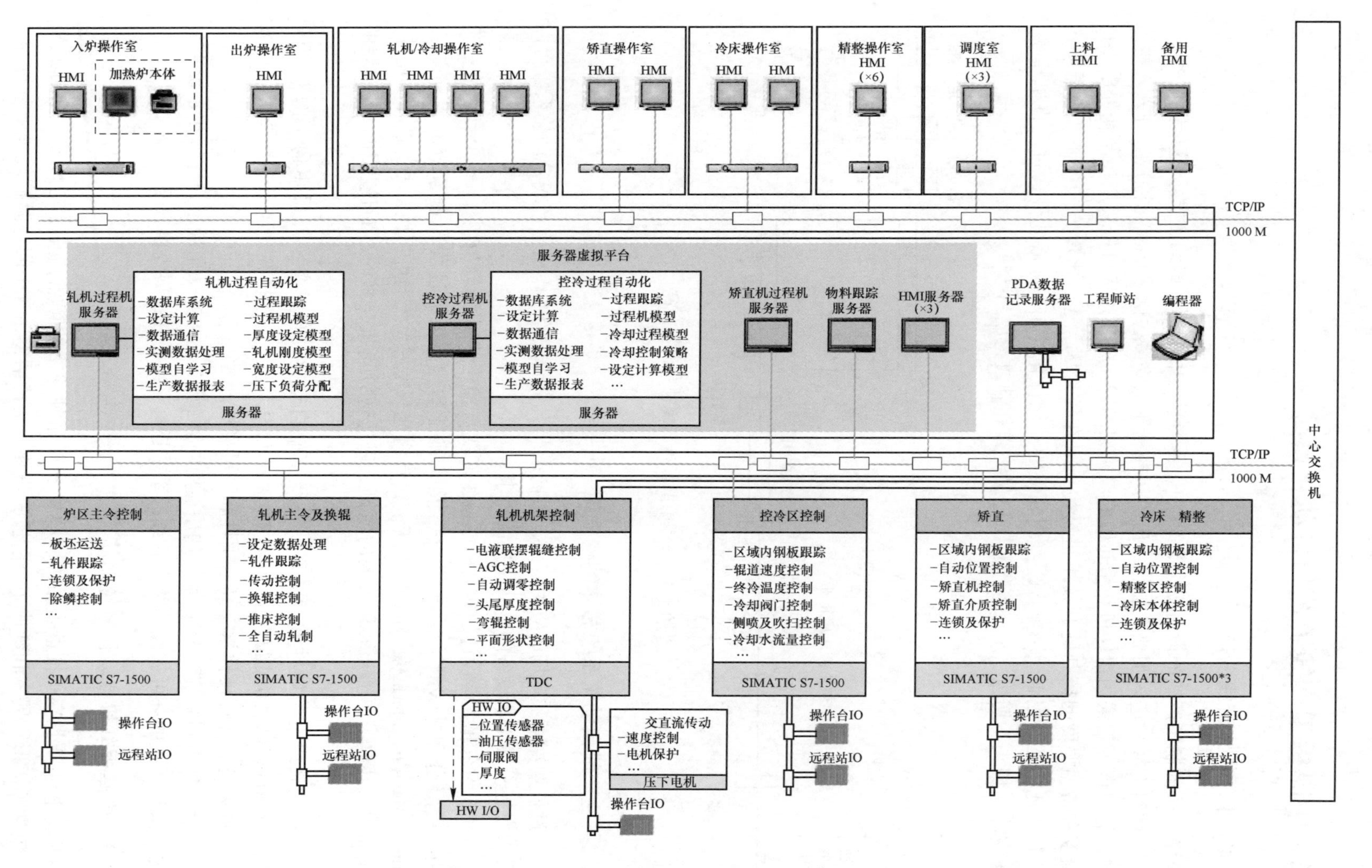


图1-5 中厚板轧线自动化系统结构

这些生产工艺特点决定其比常规带钢热连轧和冷连轧机组具有更大的灵活性，因此在设计轧机自动化系统功能时需要充分考虑生产工艺特点。

按照多年的现场应用，中厚板轧机自动化控制系统可按功能进行清晰划分。一级基础自动化功能模块分为垂直方向控制、水平方向控制和其他辅助控制三大功能模块，如图1-6所示。垂直方向控制重点完成厚度、板形、平面形状等核心工艺控制功能。水平方向控制完成辊道、主机、推床等控制功能。辅助控制功能主要包括换辊、液压站等控制功能。

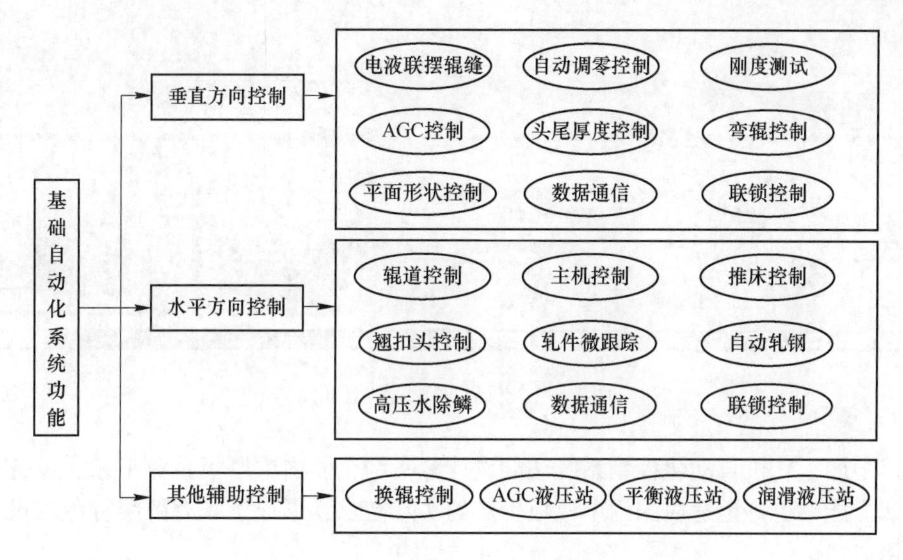


图1-6　一级基础自动化功能模块

二级过程控制系统功能模块分为系统平台、非控制功能和控制功能三个互相嵌套的功能模块，如图1-7所示，在控制功能模块中完成核心的工艺模型设定任务。

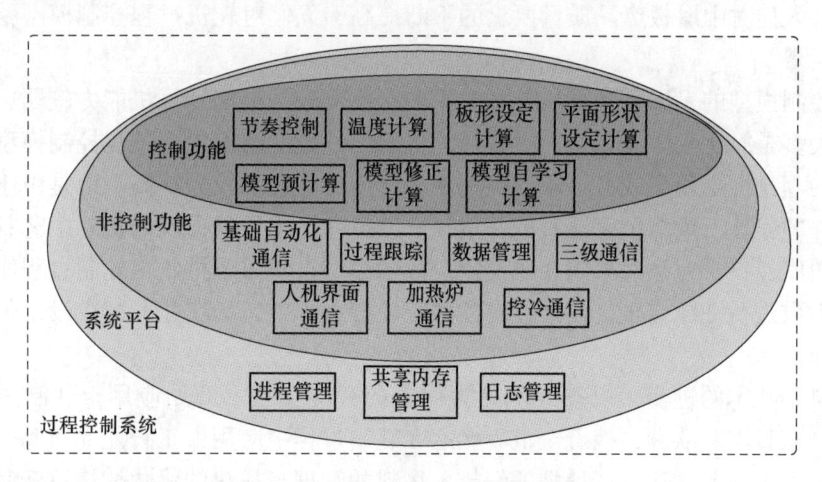


图1-7　二级过程控制系统功能模块

HMI系统将一级基础自动化和二级过程控制系统的显示和操作需求整合到统一的画面系统中，典型操作画面如图1-8所示。

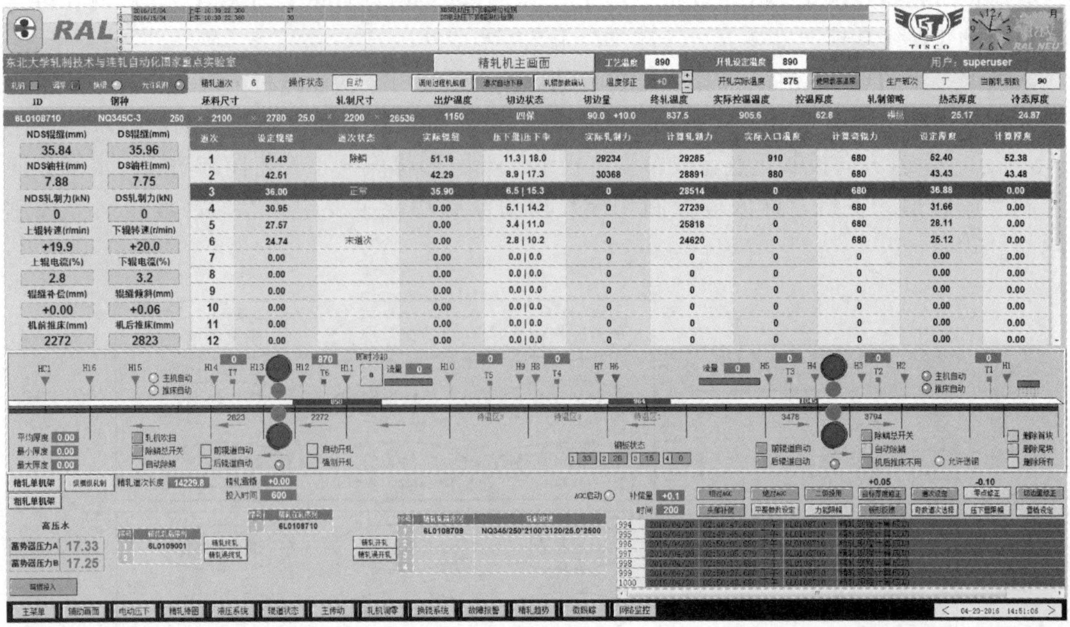

RAL
东北大学轧制技术与连轧自动化国家重点实验室
精轧机主画面
工艺温度 890 开轧设定温度 890 用户：superuser
精轧道次 6 操作状态 自动 温度修正 +0 开轧实际温度 875 生产班次 丁 当前轧制数 90

| ID | 钢种 | 坯料尺寸 | 轧制尺寸 | 出炉温度 | 切边状态 | 切边量 | 终轧温度 | 实际控温温度 | 控温厚度 | 轧制策略 | 热态厚度 | 冷态厚度 |
|---|---|---|---|---|---|---|---|---|---|---|---|---|
| 6L0108710 | NQ345C-3 | 250 × 2100 × 2780 | 25.0 × 2200 × 26536 | 1150 | 四保 | 90.0 +10.0 | 837.5 | 905.6 | 62.8 | [illegible] | 25.17 | 24.87 |

NDS辊缝(mm) 35.84　DS辊缝(mm) 35.96
NDS油柱(mm) 7.88　DS油柱(mm) 7.75
NDS轧制力(kN) 0　DS轧制力(kN) 0
上辊转速(r/min) +19.9　下辊转速(r/min) +20.0
上辊电流(%) 2.8　下辊电流(%) 3.2
辊缝补偿(mm) +0.00　辊缝倾斜(mm) +0.06
机前推床(mm) 2272　机后推床(mm) 2823

| 道次 | 设定辊缝 | 道次状态 | 实际辊缝 | 压下量\|压下率 | 实际轧制力 | 计算轧制力 | 实际入口温度 | 计算弯辊力 | 设定厚度 | 计算厚度 |
|---|---|---|---|---|---|---|---|---|---|---|
| 1 | 51.43 | 除鳞 | 51.18 | 11.3 \| 18.0 | 29234 | 29285 | 910 | 680 | 52.40 | 52.38 |
| 2 | 42.51 | | 42.29 | 8.9 \| 17.3 | 30368 | 28891 | 880 | 680 | 43.43 | 43.48 |
| 3 | 36.00 | 正常 | 35.90 | 6.5 \| 15.3 | 0 | 28514 | 0 | 680 | 36.88 | 0.00 |
| 4 | 30.95 | | 0.00 | 5.1 \| 14.2 | 0 | 27239 | 0 | 680 | 31.66 | 0.00 |
| 5 | 27.57 | | 0.00 | 3.4 \| 11.0 | 0 | 25818 | 0 | 680 | 28.11 | 0.00 |
| 6 | 24.74 | 末道次 | 0.00 | 2.8 \| 10.2 | 0 | 24620 | 0 | 680 | 25.12 | 0.00 |
| 7 | 0.00 | | 0.00 | 0.0 \| 0.0 | 0 | 0 | 0 | 0 | 0.00 | 0.00 |
| 8 | 0.00 | | 0.00 | 0.0 \| 0.0 | 0 | 0 | 0 | 0 | 0.00 | 0.00 |
| 9 | 0.00 | | 0.00 | 0.0 \| 0.0 | 0 | 0 | 0 | 0 | 0.00 | 0.00 |
| 10 | 0.00 | | 0.00 | 0.0 \| 0.0 | 0 | 0 | 0 | 0 | 0.00 | 0.00 |
| 11 | 0.00 | | 0.00 | 0.0 \| 0.0 | 0 | 0 | 0 | 0 | 0.00 | 0.00 |
| 12 | 0.00 | | 0.00 | 0.0 \| 0.0 | 0 | 0 | 0 | 0 | 0.00 | 0.00 |

图 1-8 人机界面系统典型画面

上述中厚板轧机自动化控制系统功能设计紧密结合国内中厚板企业工艺、设备和生产管理现状，能够更好地适应国内中厚板生产的实际需求，形成了具有鲜明特色的设计、使用和应用风格。

## 1.2.4 中厚板轧机过程控制模型及其发展趋势

轧机过程控制模型作为中厚板生产线自动化系统的核心，其精度直接影响最终产品的质量。随着人们对中厚板产品质量要求的不断提高，人们对轧机过程控制模型精度的要求也越来越高。

过程控制模型的发展与计算机技术的发展密不可分。早期计算机能力较弱，轧制过程数学模型大多是简化公式或表格。随着计算机软硬件技术的发展，过程控制模型开始大量使用复杂的理论推导模型或者经验回归模型，模型精度有了较大提高。但是由于现场条件与模型条件的偏差，模型精度还有进一步提升的空间。为了根据现场实际工艺状态来提高模型设定精度，自学习被引入到在线设定。数学模型自学习通过收集轧制过程实测信息对模型中的系数进行在线修正，使之能自动跟踪轧制过程状态的变化，减少设定值与实际值之间的偏差。

随着科学技术的进步，以神经网络为代表的智能化技术开始应用于轧制过程模型优化。首先是在日本和欧洲，接着全世界掀起在轧制过程中应用人工智能的热潮。目前在轧制生产线的各个环节，从生产计划的编排、坯料的管理、加热的优化燃烧、轧制设定计算及厚度和板型控制，到成品库的管理等都有人工智能方法成功运用的案例。

人工智能在轧制领域应用的意义是深远的。它引起了人们对轧制过程本质认识方法的革命。由于轧制过程具有多变量、非线性、强耦合的特征，因此利用传统方法，从基本假设出发，按照推理演绎的方法，导出某个或某些参数的计算公式，已经很难满足现代化高精度轧制过程控制的要求。其原因是要么假设条件偏离实际情况太多，所得出的解已经反映不了实际过程；要么所列出的方程太复杂，得不出显式的解析解。

人工智能避开了对轧制过程深层规律的探求，转而模拟人脑来处理那些实实在在发生了的事情。它不拘泥于原理，而是以事实和数据为根据，实现对过程的优化控制。过去轧机自动控制系统的缺憾和不足，是靠操作工头脑的判断、通过人工干预来弥补的。有了人工智能参与后，这部分工作可以通过计算机来实现：利用人工智能方法从生产线已经发生的过程中采集实际数据，经过处理后用于指导该条生产线的生产。这种优化针对性强，可靠性高，并且计算机具有反应速度快、计算精度高、存储容量大等优势，因此大数据和数字化技术可能带来的巨大价值正在被中厚板生产企业逐步认可和重视。

具体而言，在中厚板生产线上配备完备的检测装置和传感器，获得生产过程完备的数字化描述，对生产本身进行实时监控。生产所产生的数据经过快速处理、传递、分析与参数优化后，再反馈至生产过程中，将中厚板生产线升级成为可以自适应调整的具备人类智慧的数字化系统[10-13]。

## 1.3　中厚板生产线的数字化系统

中厚板生产线数字化系统的建设不是将现有的自动化系统推倒重来，而是要根据当前中厚板生产线自动化控制系统现状，在不影响现有自动化控制功能和控制精度的基础上，将数字化系统与现有系统无缝融合，通过数字化系统的应用，优化现有系统的功能，提升现有系统的控制精度。

### 1.3.1　中厚板轧线数字化系统的搭建

中厚板生产工序涉及加热、轧制、冷却与矫直、精整、热处理等工序，由众多工艺设备、自动化和信息化系统组成，涉及异构硬件、异构软件与异构网络。利用高速工业网络将各工序和各系统形成的数据孤岛联通，实现各工序之间的数据交互与协同，支撑中厚板流程的优化决策和智能服务。

搭建的数字化系统与现有系统通信，采集和收集生产过程中能够得到的全部数据，包括各种检测仪表和设备控制数据、生产实绩数据、模型设定数据、工艺数据、来料尺寸数据和成分数据、实验室检测数据、最终产品质量数据等信息，通过大数据分析和处理技术，存入数字化系统平台，作为模型智能化学习的基础。对于原系统缺失的数据需要新增检测仪表，采集的数据转换成平台内部统一、规范的数据协议、格式，并与原系统数据进行融合，以满足各类业务场景需求。

以轧区为例，数字化系统的框架结构如图 1-9 所示。开发和新增中厚板轧制过程的关键检测仪表，实现对中厚板轧制过程的尺寸形状、位置角度和异常工况的精确数字化描述。搭建轧机区的数字化平台，整合机理模型、大数据、机器学习、数字孪生等技术，实现中厚板轧制过程的尺寸形状、自动转钢、镰刀弯和翘扣头等工艺技术的数字优化控制。

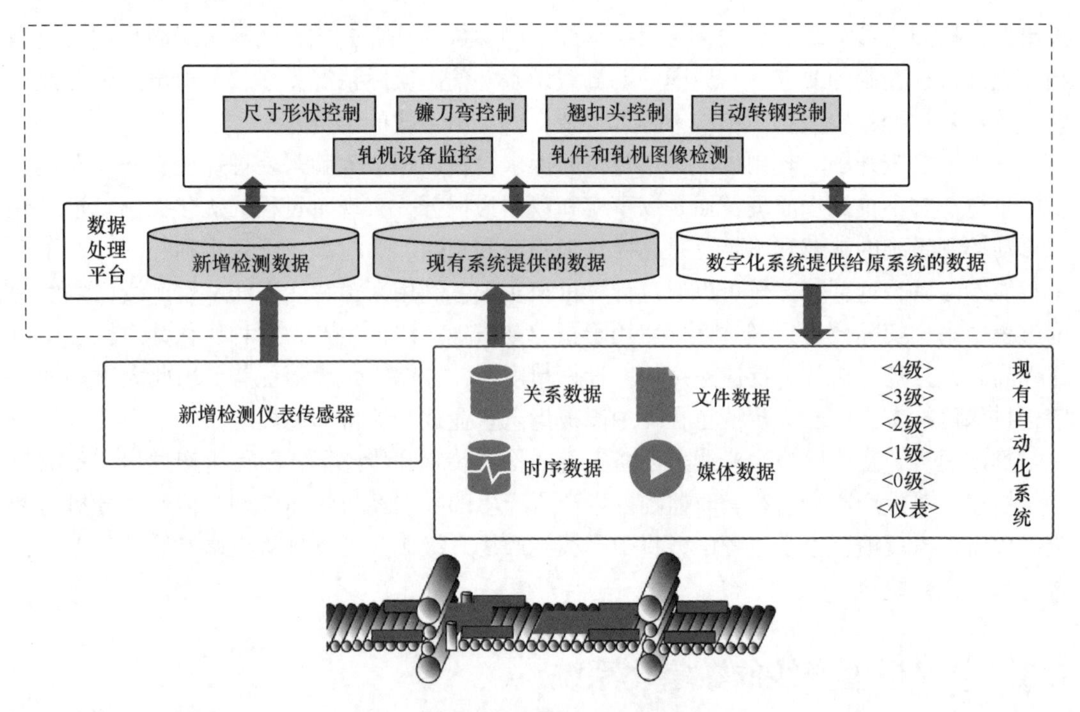


图 1-9 中厚板轧区数字化系统平台搭建

### 1.3.2 中厚板生产线数字化的技术需求和进展

随着科学技术的发展，数字化技术除了应用于轧制模型的智能优化外，还可以应用于中厚板生产线的很多方面。本节概括介绍相关的技术需求和进展，后续章节对典型的数字化技术应用展开详细的论述。

#### 1.3.2.1 中厚板生产线全流程温度控制

在中厚板生产过程中，温度对于最终产品的性能控制尤为关键。这些温度控制点包括铸坯出结晶器温度、铸坯冷却速度、钢坯加热温度、粗轧开轧温度、粗轧终轧温度、精轧开轧温度、精轧终轧温度、各道次轧制温度、轧后开冷温度、终冷温度（返红温度）、冷却速率等，还包括热处理过程中的温度，如热处理加热温度、升温速率、淬火冷速等。所以说，温度是中厚板生产控性和控形最重要的着力点，是钢板组织性能控制最重要的手段，也是每个工艺段的核心工艺参数。温度的均匀性又直接影响产品性能的稳定性和一致性。

目前在中厚板生产中，对于温度的控制还普遍关注于单个工艺环节的温度控制，缺少对全流程温度的综合控制，而产品性能的控制需要从全流程综合考虑，因此对中厚板材生产线全流程的温度进行智能化控制尤为重要。构建中厚板材生产线温控 CPS 可以实现对中厚板生产全流程的温度智能化控制，解决各冷却过程或环节中存在的温度均匀性、组织均匀性和性能（应力）均匀性等固有问题。

#### 1.3.2.2 中厚板组织性能预报

力学性能是用户关注的核心要素，因此组织性能预报与集约化生产受到普遍重视。然而在整个中厚板生产过程，加热、轧制和冷却过程中轧件内部组织演变情况处于“黑箱”状态，无法直接测量、观察。想要控制钢材内部组织，调整、改变其组织和性能，需要精确感知轧件内部的信息，需要系统具有模型感知的能力。通过基于数据驱动的机器学习和深度学习等人工智能理论研究，融合工艺机理、生产数据和经验知识，构建高保真度的组织性能演变数字孪生系统，可破解中厚板生产过程“黑箱”，为实现工艺精准、高效控制、缩短产品研发周期提供重要支撑。

在工业大数据的数字感知的基础上，基于物理冶金学研究，通过 AI 和机器学习等现代信息技术，可以实现成分—工艺—性能的精准预报，并可实现基于知识自动化和反向工程的工艺质量自主智能设计和系统集成。

#### 1.3.2.3 中厚板轧制过程自动转钢控制

中厚板轧制过程一般包含成形、展宽和延伸三个轧制阶段，板坯在各个轧制阶段转换时都需要进行转钢操作。目前中厚板生产线的自动化程度已经很高，特别在轧区，除了转钢操作均已实现自动控制。转钢操作成为中厚板轧区全自动控制系统中唯一需要人工操作的部分，是自动控制的瓶颈。自动转钢可使中厚板生产过程实现真正意义上的自动轧钢，无需人为干预，提高了生产效率，使生产工艺过程具备足够高的重现性和精确性。

自动转钢技术包括钢坯转角的快速识别与智能化控制，目前在实际生产中还未能大规模应用，国内有少数中厚板生产线对其进行了应用测试，但某些状态下转钢的处理与判断仍无法达到人工转钢水平。自动转钢技术未能广泛应用的主要原因包括：

(1) 转钢过程板坯角度检测需要在轧机附近恶劣环境下进行高速、精确自动测量，即对于板坯的检测需要考虑环境的影响。

(2) 板坯在转钢时异常情况下的快速、智能化处理，即系统需要具备对异常情况的自适应处理能力。例如，对于上翘和下扣轧件的转钢情况，如何通过学习人工操作经验，保证转钢过程顺利完成，以缩短转钢时间。

#### 1.3.2.4 中厚板轧制过程平面形状控制

中厚板多阶段轧制的生产工艺特点决定了如果坯型不合理，最终成品会有较大的头尾和边部不规则形状，影响成材率。平面形状控制是使中厚板最终产品矩形化、减小切头尾和切边损失、提高成材率的有效方法。平面形状控制的基本思想是对轧制终了的钢板形状进行定量预测，依据“体积不变原理”，将缺陷部分体积换算成在成形阶段和展宽阶段最末道次上给予的板厚超常分布量，该超常厚度分布量用于改善最终的矩形度。

平面形状控制技术需要在成形阶段和展宽阶段的末道次，通过液压厚度控制系统，在轧制过程中动态调整轧件厚度。目前中厚板轧机的平面形状控制普遍缺少实时检测手段，只能通过操作工观察控制效果来调整平面形状控制参数。如果能够增加检测手段，对轧制完成钢板的平面形状进行检测，根据平面形状控制效果，实时优化调整后续平面形状控制参数，则能够获得更好的控制效果。

#### 1.3.2.5 中厚板轧制过程镰刀弯控制

中厚板轧制过程中，由于钢板宽向温度不均、坯料楔形、咬入偏差及轧机机架两侧刚度不同等非对称轧制条件的影响，轧制后的钢板会呈现弧形，即产生镰刀弯现象。钢板的镰刀弯一旦产生，如果不采取一定的措施进行控制，将迅速发展，影响轧制过程的顺利进行，甚至会导致轧废。钢板镰刀弯是影响产品成材率的主要因素之一。但生产现场产生镰刀弯因素复杂多变，无法进行准确的在线诊断，并及时找出产生镰刀弯的原因。

目前国内外中厚板厂在钢板镰刀弯控制上普遍还是采用手动控制方式，操作人员根据监控画面，通过经验调整两侧辊缝差来实现镰刀弯的调整，但此法由于反馈滞后，控制效果较差。成品钢板的镰刀弯造成后续切边量增加，严重时造成生产事故，影响了产品成材率和轧机生产率。机器视觉技术通过检测轧制过程钢板的镰刀弯曲率，反馈给镰刀弯控制模型进行优化控制，可以实现对轧制过程中钢板镰刀弯的在线监控与智能化控制。

#### 1.3.2.6 中厚板轧制过程翘扣头控制

中厚板轧制由于咬入时厚度方向的不对称变形使得轧件上下表面金属的延伸量不一致，钢板产生翘扣头现象。影响轧件翘扣头的非对称因素多，影响规律不一致，当翘扣头发生时，如果调节不合适，可能会导致严重的设备损伤事故。

通过控制上下辊速差对轧件咬入瞬间头部弯曲控制是目前中厚板生产常见的控制方法。由于头部弯曲控制对于钢板厚度、压下量等因素敏感，而这些因素对头部弯曲的影响规律为非线性，因此当轧件出现头部弯曲后，难以准确地设定辊速差以消除头部弯曲。

通过机器视觉技术，在线测量不同轧制条件下钢板头部的弯曲情况，建立轧件头部弯曲与各影响因素之间的大数据库，开发轧件翘扣头模型，即可通过自主机器学习，实现对轧制过程轧件翘扣头的在线监控与智能化诊断。

#### 1.3.2.7 中厚板产线物料跟踪与物流管理

中厚板产线物料跟踪与物流管理是生产计划高效精准执行的关键。跟踪系统通过各种类型的传感器将各种物理量转变成模拟量信息物理系统，采集每台装备的生产工艺数据、加工过程质量参数和设备健康状态等数据和信息，并且依照顶层生产工艺的工序指令实现生产计划排产制定的钢板生产流程自动控制。中厚板产线全流程钢板跟踪与控制可实现设备、生产订单、计划排程、过程质量管理等一系列环节的数据、信息的整合与优化。高效的钢板跟踪与物流管理可大幅提升制造过程中应对个性化需求、柔性化制造、动态化决策等能力，为生产实现智能化制造提供必要和充分条件。传统跟踪数据采集量较少，数据丢失补入较为麻烦，造成数据质量不高。随着先进仪表的开发以及视觉识别等辅助技术的发展，中厚板产线物料跟踪和控制已经越来越精准和智能，先进的产线物料跟踪系统可以为大数据平台提供大量工艺大数据，为生产计划的优化和产品质量的分析提供基础。

#### 1.3.2.8 热处理线数字化应用

热处理生产是高品质中厚钢板生产的最后处理工序，工艺涉及正火、淬火和回火，生产流程包含抛丸、淬火或正火加热、淬火冷却、回火等多个高耗能装备，生产过程的数字化管理水平直接影响产品的质量稳定性与工厂碳中和目标的实现。利用大数据与机器学习技术研究热处理炉生产控制，对提升热处理产品质量稳定性、降低生产能耗、提升生产效率具有重要意义。

热处理也是实现钢材成形、成性的重要工序，决定着钢板的形状和性能。随着钢板产品在国民经济建设和国防工业应用领域的不断拓展和深化，产品个性化大规模定制生产特征日益增强，社会经济的发展对钢板的平面形状、外观轮廓精度、加工性能提出越来越多的要求，高平直度、低残余应力逐渐成为钢板生产水平的标志之一。然而，钢板工业化大生产过程中很难对平面形状、外观轮廓、残余应力等关键质量参数进行动态控制，制造过程中的“黑箱”特征十分明显，关键参数完全依赖离线方式获得，过程控制完全凭借人工经验且存在大滞后性，高质量要求与原料利用率、能耗成本、生产效率等关键指标之间的矛盾日益突出。开发高精度板形测量分析系统，进而拓展至智能化识别、分类、控制与自学习，实现高平直度、低残余应力钢板生产，对于推动钢铁工业智能化进步促进国民经济发展意义重大。

## 参 考 文 献

[1] 王国栋. 数字钢铁 [M]. 北京：冶金工业出版社，2023.

[2] 王国栋. 创建钢铁企业数字化创新基础设施加速钢铁行业数字化转型 [J]. 轧钢，2022，39 (6)：2-11.

[3] 王国栋，张殿华，孙杰. 建设数据驱动的钢铁材料创新基础设施加速钢铁行业的数字化转型 [J]. 冶金自动化，2023，47 (1)：2-9.

[4] 中国信息物理系统发展论坛，信息物理系统白皮书 [R]. 北京：工业和信息化部信息化和软件服务业司，国家标准化管理委员会工业标准二部，2017.

[5] The National Academies of Science Engineering Medicine. Frontiers of materials research：A decadal survey [R]. Washington DC USA：The National Academies Press，2019.

[6] 王国栋，刘振宇，张殿华. RAL 关于钢材热轧信息物理系统的研究进展 [J]. 轧钢，2021，38 (1)：1-7.

[7] 矫志杰，王君，何纯玉，等. 中厚板生产线的全线跟踪实现与应用 [J]. 东北大学学报 (自然科学版)，2009，30 (11)：1617-1620.

[8] 矫志杰，何纯玉，赵忠. 面向对象的中厚板轧线模拟系统设计开发 [J]. 哈尔滨工业大学学报，2015，47 (10)：59-63.

[9] 矫志杰，何纯玉，赵忠，等. 中厚板轧制过程高精度智能化控制系统的研发进展与应用 [J]. 轧钢，2022，39 (12)：52-59.

[10] 王国栋. 中国钢铁轧制技术的进步与发展趋势 [J]. 钢铁，2014，49 (7)：23-29.

[11] 王国栋. 钢铁全流程和一体化工艺技术创新方向的探讨 [J]. 钢铁研究学报，2018，30 (1)：1-7.

[12] V. B. 金兹伯格. 高精度板带材轧制理论与实践 [M]. 姜明东，王国栋，等译. 北京：冶金工业出版社，2002.

[13] 王国栋，刘相华. 金属轧制过程人工智能优化 [M]. 北京：冶金工业出版社，2000.

# 2　中厚板轧制工艺模型的数字优化技术

中厚板轧制工艺模型是中厚板产品尺寸精度和质量控制的保证。传统的中厚板轧制工艺模型一般基于经典理论模型推导或在经验公式的基础上获得。但受模型本身结构的限制和现场条件影响，即使采用了自适应技术，模型也难以保证足够精确。随着用户对中厚板的外在形状尺寸精度和内在性能质量的要求越来越高，人们对工艺模型提出了更高的要求，采用传统优化方法已经很难满足要求。

当前已进入大数据时代，现场实际生产数据就是最宝贵的资源。随着数字技术发展，采用大数据技术对中厚板生产过程中所产生的海量数据与信息进行大数据处理与挖掘，以现场生产数据为基础，采用大数据分析技术，是进一步提升工艺模型精度的有效手段。

目前，数字优化技术已大量应用于中厚板轧机工艺模型的优化。本章以典型的轧制力模型和轧制规程分配模型的数字优化应用为例，介绍相关数字优化技术在中厚板轧制工艺模型方面的优化应用。

## 2.1　轧制力模型的智能优化研究

中厚板生产过程中，轧制力预报精度对钢板厚度精度至关重要。随着用户对中厚板厚度、板形精度的要求越来越高，提高轧制力模型精度也越来越迫切。传统的轧制力计算都是基于经典的理论推导模型，根据现场条件进行必要的简化，获得可在线应用的简化形式。虽然可以通过在线的模型自学习方法提高设定精度，但模型由于本身结构或条件简化的原因，已经没有进一步提升精度的空间。

随着人工智能技术在轧制领域的广泛应用，采用智能优化方法预报轧制力的技术日趋成熟。目前，误差反向传播（BP）神经网络大量应用以提高轧制力预报精度，在线模型精度有了大幅度的改善。但是，基于梯度下降的 BP 算法容易陷入局部极值，存在一定的局限性。粒子群优化算法（Particle Swarm Optimization，PSO）作为一种新型的随机全局群智能优化算法因为简单可行以及效果显著而越来越广泛地被应用于神经元网络训练中。该方法可以有效地避免 BP 神经元网络易陷入早熟收敛和局部极小问题，并且算法结构简单、计算精度高，将 PSO 协同神经元网络方法应用于轧制力智能优化，并进一步采用量子粒子群优化算法（Quantum Particle Swarm Optimization，QPSO）解决早熟收敛的困扰，可以获得更好的优化效果。

### 2.1.1　误差反向传播神经网络

如图 2-1 所示，BP 神经网络具有输入层、输出层和至少一个隐含层，隐含层的数量没有理论上的限制，但通常只有一两层[1]。一些研究工作表明，三层及三层以上的 BP 神经网络，就可以应对任何复杂的数学问题[2-4]。

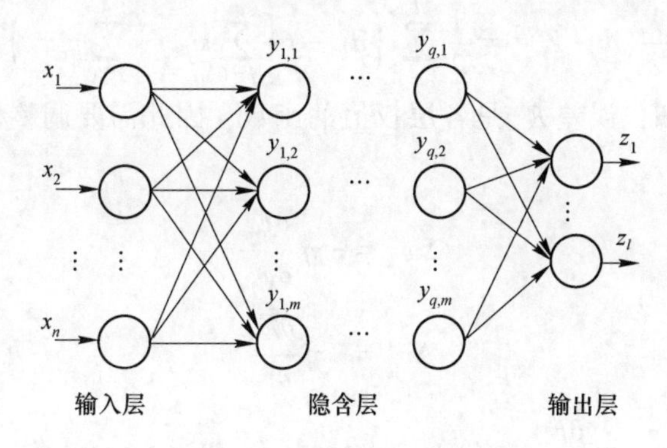


图 2-1 BP 神经网络拓扑结构

#### 2.1.1.1 BP 神经网络基本原理

BP 算法的学习过程由信号的正向传播与误差的反向传播两个过程组成。下面以三层 BP 神经网络为例，介绍其算法具体原理。

在三层 $n$-$m$-1 型 BP 网络中，网络的输入向量、隐含层输出向量和输出层输出向量分别设为：

$$\boldsymbol{X} = (x_1, x_2, \cdots, x_n)^{\mathrm{T}},\ \boldsymbol{Y} = (y_1, y_2, \cdots, y_j, \cdots, y_m),\ \boldsymbol{Z} = (Z_1, Z_2, \cdots, Z_k, \cdots, Z_l) \tag{2-1}$$

设置隐含层和输出层的阈值 $x_0$ 和 $y_0$ 均为-1，期望输出向量为：

$$\boldsymbol{d} = (d_1, d_2, \cdots, d_k, \cdots, d_l)^{\mathrm{T}} \tag{2-2}$$

输入层到隐含层之间的权值矩阵为：

$$\boldsymbol{V} = (V_1, V_2, \cdots, V_j, \cdots, V_m) \tag{2-3}$$

隐含层到输出层之间的权值矩阵为：

$$\boldsymbol{W} = (W_1, W_2, \cdots, W_k, \cdots, W_l) \tag{2-4}$$

对于输出层有：

$$Z_k = f(net_k) \qquad k = 1, 2, \cdots, l \tag{2-5}$$

$$net_k = \sum_{j=0}^{m} w_{jk} y_j \tag{2-6}$$

输入层到隐含层的转移函数一般选择为线性传递，即：

$$f(x) = x \tag{2-7}$$

对于隐含层有：

$$y_j = f(net_j) \qquad j = 1, 2, \cdots, m \tag{2-8}$$

$$net_j = \sum_{i=0}^{n} v_{ij} x_i \tag{2-9}$$

隐含层到输出层的传递函数一般选取 tansig 函数或者 sigmoid 函数，分别为：

$$\frac{1 - \mathrm{e}^{-x}}{1 + \mathrm{e}^{-x}} \quad 和 \quad \frac{1}{1 + \mathrm{e}^{-x}} \tag{2-10}$$

神经网络的输出值与期望输出值之间的误差为：

$$E_o = \frac{1}{2}(d - Z)^2 = \frac{1}{2}\sum_{k=1}^{l}\left\{d_k - f\left[\sum_{j=0}^{m} w_{jk} f\left(\sum_{i=0}^{n} v_{ij}x_i\right)\right]\right\}^2 \tag{2-11}$$

由式（2-11）可知，误差 $E_o$ 是各层权值的函数，因此需要调整权值与误差的负梯度成正比来降低误差。

$$\Delta w_{jk} = -\eta \frac{\partial E_o}{\partial w_{jk}} \tag{2-12}$$

$$\Delta v_{ij} = -\eta \frac{\partial E_o}{\partial v_{ij}} \tag{2-13}$$

令 $s_k^z = -\frac{\partial E_o}{\partial net_k}$，$s_j^y = -\frac{\partial E_o}{\partial net_j}$，代入式（2-12）和式（2-13），有：

$$\Delta w_{jk} = -\eta \frac{\partial E_o}{\partial net_k}\frac{\partial net_k}{\partial w_{jk}} = \eta s_k^z y_j \tag{2-14}$$

$$\Delta v_{ij} = -\eta \frac{\partial E_o}{\partial net_j}\frac{\partial net_j}{\partial v_{ij}} = \eta s_j^y x_i \tag{2-15}$$

对于输出层有：

$$s_k^z = -\frac{\partial E_o}{\partial z_k}\frac{\partial z_k}{\partial net_k} = -\frac{\partial E_o}{\partial z_k}f'(net_k) = d_k - z_k \tag{2-16}$$

对于隐含层有：

$$s_j^y = -\frac{\partial E_o}{\partial y_j}\frac{\partial y_j}{\partial net_j} = -\frac{\partial E_o}{\partial y_j}f'(net_k) = \left[\sum_{k=1}^{l}(d_k - z_k)w_{jk}\right]y_j(1 - y_j) \tag{2-17}$$

因此得到的权值调整公式为：

$$\Delta w_{jk} = \eta(d_k - z_k)y_j \tag{2-18}$$

$$\Delta v_{ij} = \eta\left[\sum_{k=1}^{l}(d_k - z_k)w_{jk}\right]y_j(1 - y_j)x_i \tag{2-19}$$

#### 2.1.1.2 BP 神经网络算法流程

BP 神经网络具体训练流程如图 2-2 所示。步骤如下：

（1）初始化权阈值。在区间［-1，1］内给定初始权值和阈值，并给定目标误差范围和最大训练次数。

（2）将样本集中的输入和输出参数传递给网络，并计算出隐含层和输出层的输出值。

（3）计算神经网络输出值和输出样本之间的误差。

（4）反向调整权值和阈值以降低误差，并更新权阈值。

（5）判断完成训练的样本是否是总的样本，如果是，则进行下一步，如果不是，则返回步骤（2）继续训练。

（6）当计算网络总误差满足预先设定的要求或达到最大训练次数时，训练结束；否则，返回步骤（2）。

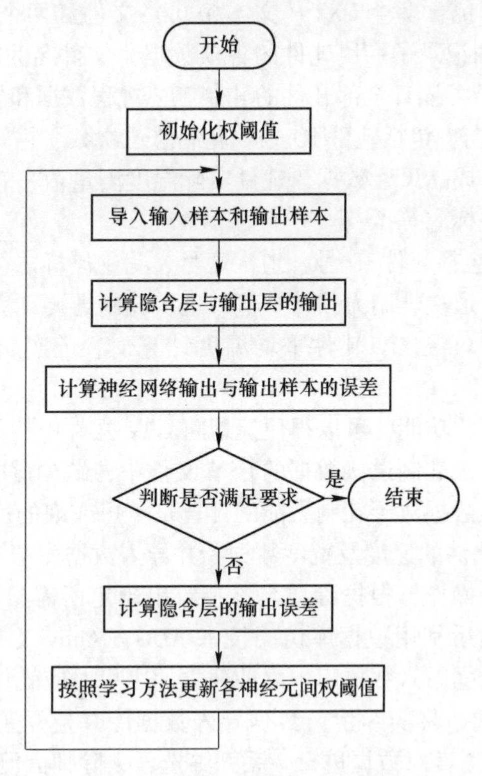


图 2-2 BP 神经网络计算流程图

### 2.1.2 BP 神经网络预测轧制力

#### 2.1.2.1 数据处理

在轧制力能模型的智能优化过程中，大量的数据存储与频繁调用是不可避免的，伴随着大量的数据输入和输出操作，需要一个存储方便、快速的数据库管理系统作为存储数据的工具。

常用数据库软件优缺点对比见表 2-1。

表 2-1 常见数据库软件

| 数据库名称 | 优点 | 缺点 |
| --- | --- | --- |
| MySQL | 程序体积小，运行速度较快，使用成本低，安全性高 | 不支持热备份，安全系统较为复杂而非标准 |
| SQL Server | 具有易用性、可伸缩性、集成性，性价比高 | 仅支持 windows |
| DB2 | 高可伸缩性和并行性 | — |
| Access | 处理少量数据时效率高，界面方便 | 数据存储量小，安全性差 |
| Oracle | 优越的操作性能和扩展能力 | 对硬件要求较高，价格昂贵，维护麻烦，操作复杂 |

（1）将所需数据写入数据库。某宽厚板轧机二级系统的现场数据是按日期建立文件夹

保存的，每一个文件夹都包含多个TXT（文本格式）文件和两个CSV（逗号分隔符）文件。每个TXT文件都详细记录了一块轧件的各项数据，文件名为轧件的ID号（pieceid）。两个CSV文件则分别记录了该日全部轧件的轧制工艺规程数据和轧制道次数据。

1）轧制工艺规程数据，包括轧件ID号、轧制总道次数、粗轧起始道次数、精轧起始道次数、坯料尺寸数据、成品尺寸数据、轧件实际温度测量值、轧件实际厚度测量值、板形数据及轧废标志和回炉标志等。

2）轧制道次数据，包括轧件ID号、道次序号、头中尾标志符、轧件入口厚度、压下量、道次轧制力实测值、道次轧制力预计算值、道次轧制力再计算值、轧件入口温度、轧制力自学习系数、轧件出口温度、轧件平均温度计算值、道次压下率、道次加工时间数据等。

通过SQL Server自带的功能，可以很便捷地将CSV文件中的数据导入数据库中，并形成相应的表。但是，在记录轧制道次数据的CSV文件中，缺少道次轧制速度数据以及道次轧件宽度数据。而这两项数据对于轧制力能的计算是不可或缺的。因此通过编写C++程序读取TXT数据文件中的轧件的速度及宽度数据，并导入数据库中。利用C++中fsteam库建立文件流对象对文件进行操作，根据参数名称字符串确定所需参数在文件中具体的行数、列数后，读取该参数。然后利用数据库访问技术ADO（ActiveX Data Objects），将读取到的轧制速度及轧件宽度数据写入数据库中之前建立的表里对应轧件ID的位置。

（2）对数据进行筛选。将实际生产数据导入数据库并建立了对应的表后，可以利用SQL Server数据库的查询语言对数据进行一系列筛选，去除掉因测量仪器误差、维修调试、新品种试轧以及程序记录错误而产生的垃圾数据。

（3）归一化处理。样本中各数据的数值差别大，量纲也各不相同，为了数据处理方便，在训练网络之前必须对其进行归一化处理，就是将数据转换到0~1范围内。归一化公式可选取如下：

$$X = \frac{x - x_{\min}}{x_{\max} - x_{\min}} \tag{2-20}$$

式中 $x$——原始数据；

$x_{\min}$——样本数据中被转换参数的最小值；

$x_{\max}$——样本数据中被转换参数的最大值；

$X$——归一化后数据。

#### 2.1.2.2 BP神经网络模型的构建

建立BP神经网络轧制模型的第一步是BP神经网络的构建。BP神经网络的构建包括：确定隐含层层数、确定输入参数和输出参数、确定隐含层神经元个数。只有先构建好合适的BP神经网络，才能更好地利用现场数据进行网络训练，最终建立高精度的BP神经网络轧制模型。

BP神经网络构建的具体方式如下。

A 网络结构的确定

首先确定隐含层层数。有研究表明，对于定义域为闭区间的连续函数，传递函数选用sigmoid函数或者tansig函数时，隐含层为单层的BP神经网络便可实现逼近。因此，为了结构简便，本节选用单隐含层的网络结构。

（1）输入节点。输入项应与输出项有明确关系，并且这些变量可以在实际生产中检测或计算得到。轧制力的影响项主要有轧件入口厚度、压下量、轧制速度、轧制温度、轧件宽度、轧辊半径以及材料的化学成分。在实际轧制中，化学成分对材料变形抗力的影响非常复杂，有些成分的含量即使变化微小，也会对变形抗力的大小及变化趋势造成非常显著的影响，然而材料的化学成分又无法全部都作为神经网络的输入项，一般都是只用比较具有代表性的 C、Mn 等。这使得采用材料的化学成分作为输入项的神经网络泛化能力不理想，只对特定的钢种有较好的预报效果。因此，本节神经网络输入项中并不包含材料的化学成分，而是对每一个钢种分别进行网络训练，将训练好的权阈值按钢种保存。

现场传统轧制模型是长期实践经验与理论分析相结合的成果，在短时间内无法被完全取代[5-6]。为此，将传统轧制力模型的计算值作为神经网络的输入参数。

最终确定神经网络的输入节点为：轧件入口厚度、压下量、轧制速度、轧制温度、轧件宽度、轧辊半径以及传统模型预报值。

（2）隐含层节点数。BP 神经网络的性能受隐含层节点数量的影响很大。通常是使用经验方法给出一个估值。下面是常用的几种给定隐含层节点数量的方法：

$$u = \sqrt{m + n} + a \tag{2-21}$$

$$u = \frac{Y}{10 \times (m + n)} \tag{2-22}$$

$$u = \log_2 m \tag{2-23}$$

$$u = \sqrt{mn} \tag{2-24}$$

$$u = 2m + 1 \tag{2-25}$$

式中 $u$——隐含层节点数；

$m$——输入层节点数；

$n$——输出层节点数；

$a$——0~10 之间的自然数；

$Y$——样本数。

（3）输出节点。输出项的选取和神经网络与传统数学模型的结合方式有关。前面说到，传统轧制模型在神经网络模型中有很高的重要性，如果神经网络模型完全脱离传统轧制模型，仅通过纯数据建立，就可能会产生偶然失准性，这会导致模型在某个生产节点产生较大的预报偏差，从而影响产品质量。因此，一般采用神经网络与传统数学模型结合的方式，在发现数据规律的基础上充分利用传统模型的预测效果，以实现更高精度的预测，提高生产效率。

神经网络与传统数学模型一般有加法与乘法两种结合方式。

1）加法结构（见图 2-3）：将数学模型的预报值和实际值之差作为输出项进行训练，然后将该预报偏差与数学模型预报值相结合进行误差修正。

2）乘法结构（见图 2-4）：将实测值与传统数学模型预报值的比值作为输出节点，训练后的网络在给定轧制条件下会输出相应的比例关系，将该比例关系与数学模型的预报值相乘即得最终预报值。

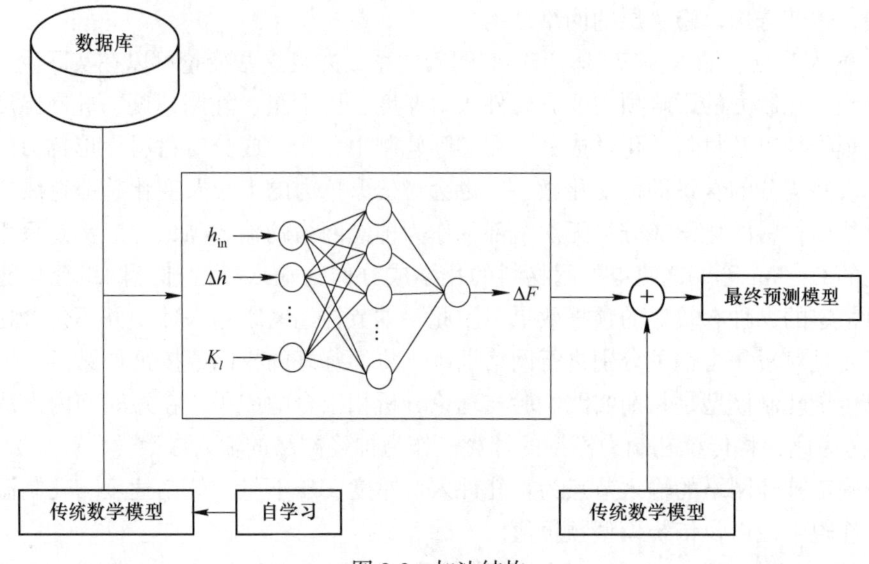


图 2-3 加法结构

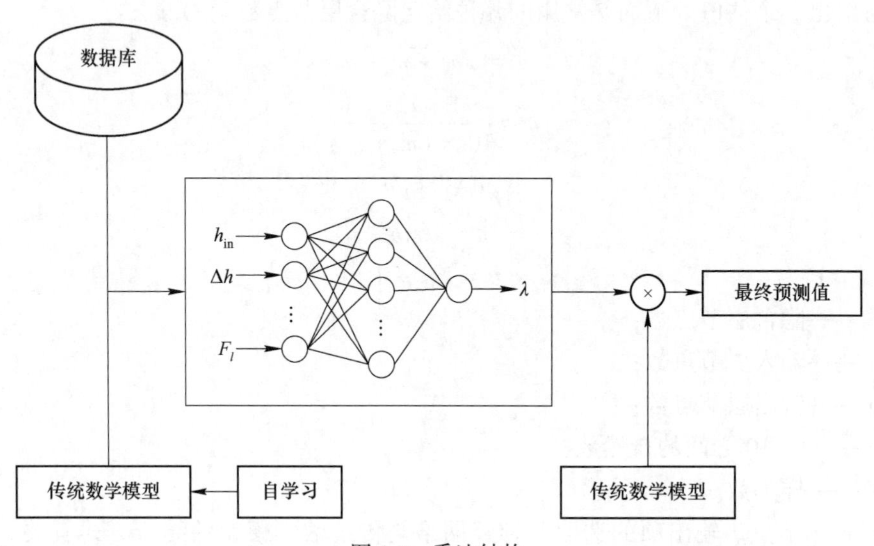


图 2-4 乘法结构

本节经过研究分析，最终选用乘法结构，将实测值与传统模型预报值的比值作为神经网络的输出项。

B 传递函数

传递函数是神经网络具有非线性运算能力的核心。已经证明 tansig 函数具有良好的逼近效果，所以本节选取的传递函数为 tansig 函数。

C 网络相关参数选取

（1）初始权阈值：在 BP 神经网络的训练过程中，初始权阈值的选取非常重要，是神经网络是否会陷入局部极值以及能否实现收敛的关键影响因素。一般选取范围为-1~1。

（2）学习速率：学习速率决定每次网络训练中权阈值的调整幅度，选取范围为 0.01~0.08。

D 训练函数的选择

考虑前面所建立的网络规模不大，而 LM（Levenberg-Marquardt）算法对于中等规模的网络来说，收敛速度最快、精确度较高，因此本节网络结构中训练函数选择为 trainlm( )。

最终确定的轧制力 BP 神经网络结构如图 2-5 所示。

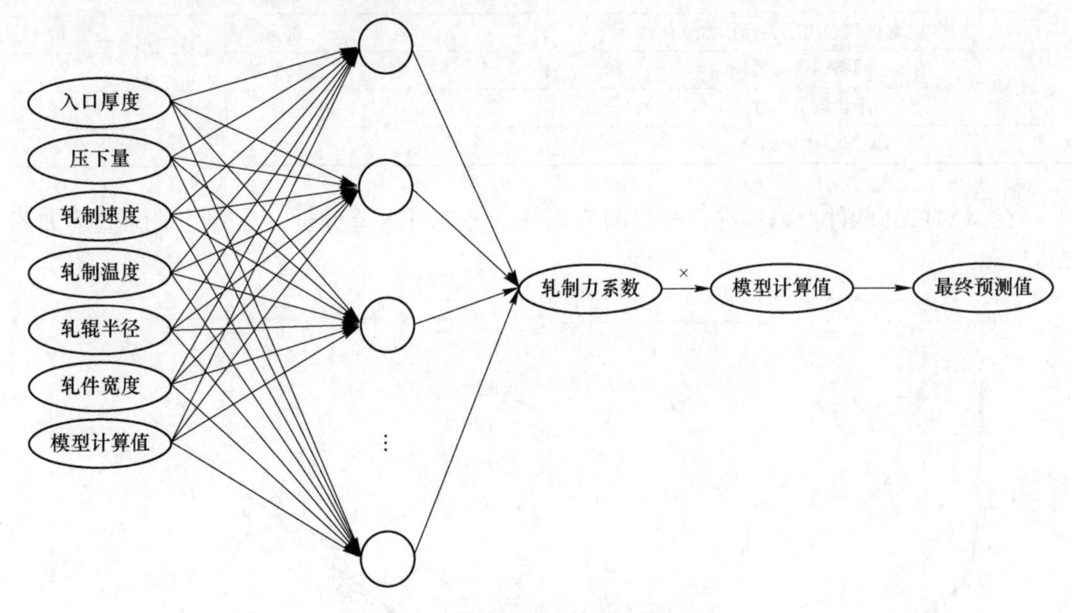


图 2-5 BP 神经网络轧制模型结构

本节选用式（2-21）来确定隐含层节点个数，得出网络隐含层节点数的可能范围为 4~14，通过评价网络的 $R^2$ 来判断隐含层节点数是否合适，试验结果见表 2-2。

**表 2-2 隐层节点试凑表**

| 隐层节点数 | 4 | 5 | 6 | 7 | 8 | 9 | 10 | 11 | 12 | 13 | 14 |
|---|---|---|---|---|---|---|---|---|---|---|---|
| $R^2$ | 0.7702 | 0.7758 | 0.7985 | 0.8215 | 0.8626 | 0.9014 | 0.9283 | 0.9553 | 0.9467 | 0.9301 | 0.9287 |

由表 2-2 可以看出，当隐层节点数为 11 时，网络训练的 $R^2$ 最高，为 0.9553，所以隐层节点选择为 11。

### 2.1.2.3 网络预报结果及分析

本章使用的实际数据来自某宽厚板厂宽厚板轧机生产现场采集的一批实际生产数据和相应的设定值，所有的数据均为稳态轧制数据。选取其中的轧制道次数据作为样本数据进行轧制力设定模型实际数据仿真。每块钢板的样本数据包括入口厚度、压下量、轧制速度、轧制温度、轧件宽度、轧辊半径、传统模型预报值、自学习系数以及轧制力实测值。

根据中厚板轧制工艺特点，选取轧件入口厚度、压下量、轧制速度、轧制温度、轧件宽度、轧辊半径以及传统模型预报值等 7 个影响因素作为神经网络的输入节点，神经网络的输出节点为轧制力比例系数即轧制力实测值与传统模型预报值的比值。其他网络参数设置见表 2-3。

表 2-3　BP 神经网络参数设定

| BP 神经网络参数 | 参数设定值 |
|---|---|
| 最大训练次数 | 5000 |
| 学习速率 | 0.1 |
| 输入层到隐含层传递函数 | tansig |
| 隐含层到输出层传递函数 | tansig |
| 网络训练函数 | LM 算法 |
| 隐含层节点数 | 11 |
| 训练误差目标值 | 0.01 |

在 MATLAB 软件上编程进行神经网络训练，并进行误差分析，最终的训练效果如图 2-6 所示。

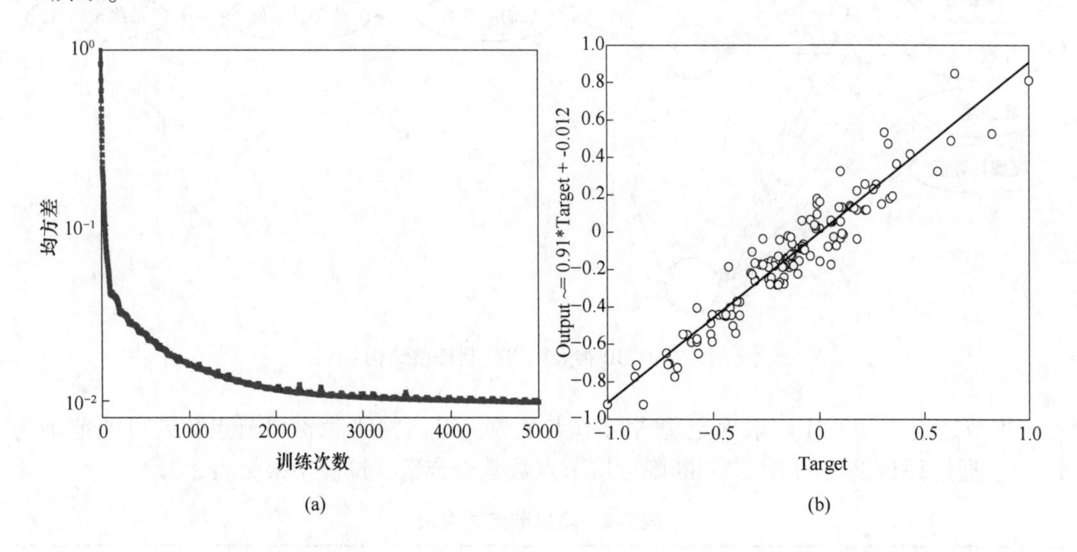


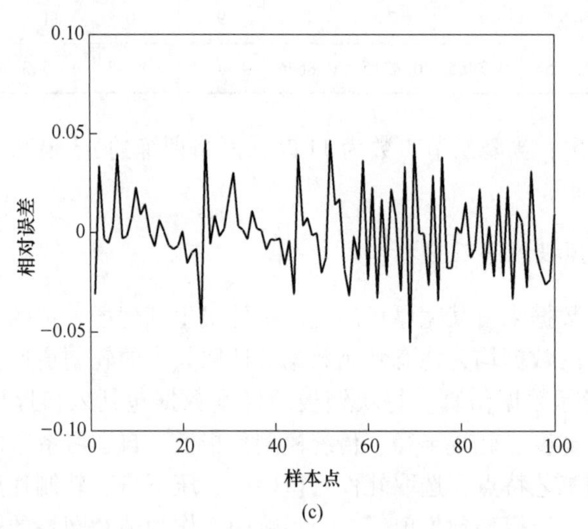


图 2-6　训练效果可视图

（a）均方差-训练次数；（b）$R^2$；（c）检测相对误差

由图 2-6 可以看出，在训练次数接近 4500 次时，均方差逼近 0.0098，$R^2$ 为 0.95525，预报结果相对误差大部分在 5%以内。将训练的结果保存，进行误差分析并与传统轧制数学模型进行对比，传统轧制力模型的最大预报误差为 10.69%，平均误差为 5.12%，而 BP 神经网络模型的最大预报误差为 6.95%，平均误差为 4.11%。通过对比可知，经过 BP 神经网络算法优化后的模型预报精度更高且更稳定。误差对比图如图 2-7 所示。

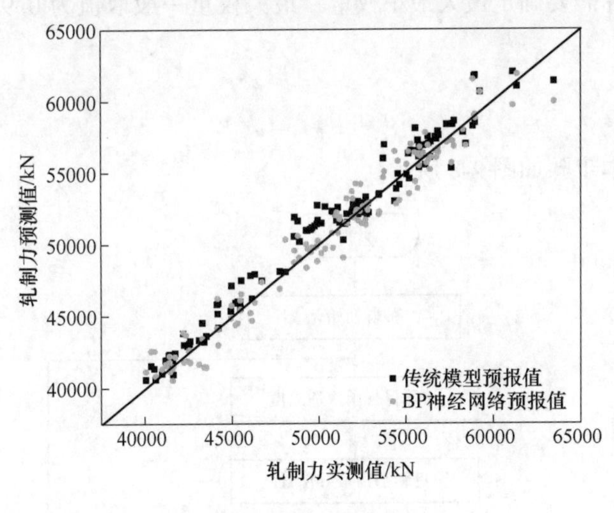


图 2-7　误差对比图

### 2.1.3　PSO 协同 BP 神经网络预报轧制力

#### 2.1.3.1　粒子群算法原理与流程

粒子群算法是 20 世纪 90 年代由美国科学家埃伯哈特和肯尼迪两人提出的，主要思想来源于对鸟类群体行为的研究[7]。在粒子群算法中，将优化问题的每个解视作搜索空间里的一只飞行着的鸟。每只鸟有不同的飞行方向和飞行速度，通过追寻鸟群中适应得最好的个体即适应度最优的解来完成对解空间的搜索。

粒子群算法的速度公式如下：

$$v_i^{k+1} = \omega v_i^k + c_1\nu(p_i^k - x_i^k) + c_2\varphi(p_g^k - x_i^k) \tag{2-26}$$

式中　$v_i^k$ ——粒子 $i$ 在第 $k$ 次迭代中的速度；

$p_i^k$ ——粒子 $i$ 在解空间中的个体最好位置；

$c_1$，$c_2$ ——学习因子；

$\nu$，$\varphi$ ——0~1 间的随机数；

$p_g^k$ ——粒子 $i$ 在解空间中的全局最好位置；

$\omega$ ——惯性因子；

$x_i^k$ ——粒子 $i$ 在第 $k$ 次迭代中的位置。

当惯性因子 $\omega$ 较小时，局部搜索能力较强；否则，全局搜索能力较强。计算公式如下：

$$\omega_i = (\omega_{max} - \omega_{min}) - \frac{t_{max} - t}{t_{max}} + \omega_{min} \tag{2-27}$$

式中　$\omega_{max}$，$\omega_{min}$——初始权重的最大值和最小值；

$t_{max}$——最大迭代次数；

$t$——当前迭代次数。

通常，根据实际需要确定最大最小权重，最大权重一般取值为 0.9，最小权重一般取值为 0.4[8]。

位移公式如下：

$$x_i^{k+1} = x_i^k + v_i^{k+1} \tag{2-28}$$

粒子群算法基本步骤如图 2-8 所示。

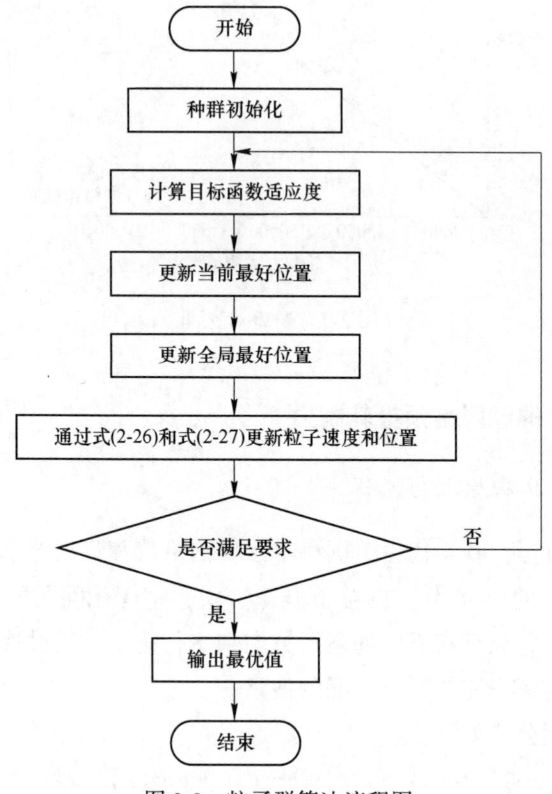


图 2-8　粒子群算法流程图

（1）在给定范围内，随机初始化粒子的速度和位置等算法参数。

（2）求出各个粒子的目标函数值（适应度）。

（3）将每个粒子的适应度与其历史适应度比对，如果当前适应度更好，则将其作为粒子的个体历史最优值。

（4）将每个粒子的历史最优值与群体内最优适应值进行比对，若更好，则将其作为当前的全局最好位置。

（5）更新粒子的速度和位置。

（6）若未达到终止条件，则转至步骤（2）。

#### 2.1.3.2 PSO-BP 神经网络算法实现

粒子群算法有着较强的全局搜索能力，但收敛效果欠佳，算法的鲁棒性与学习能力也不算强。而 BP 网络正好有非常强的鲁棒性与学习能力[9]。因此将两者相结合，构建 PSO-BP 神经网络。

算法具体步骤如下：

(1) 初始化粒子群，并生成初始种群。

(2) 将 BP 神经网络的权阈值作为 PSO 算法中的粒子位置向量，并以 BP 网络计算均方根误差（取对数）作为适应度评价函数。

(3) 计算个体的最优适应度和全局最优适应度，更新个体和全局最优位置，更新粒子的速度与位置。

(4) 评价全局最优适应度，判断是否满足预设定的条件，若满足条件，则输出 BP 神经网络初始权阈值，否则算法返回步骤（2）。

(5) 由优化后的 BP 神经网络对轧制力进行预测。

算法流程图如图 2-9 所示。

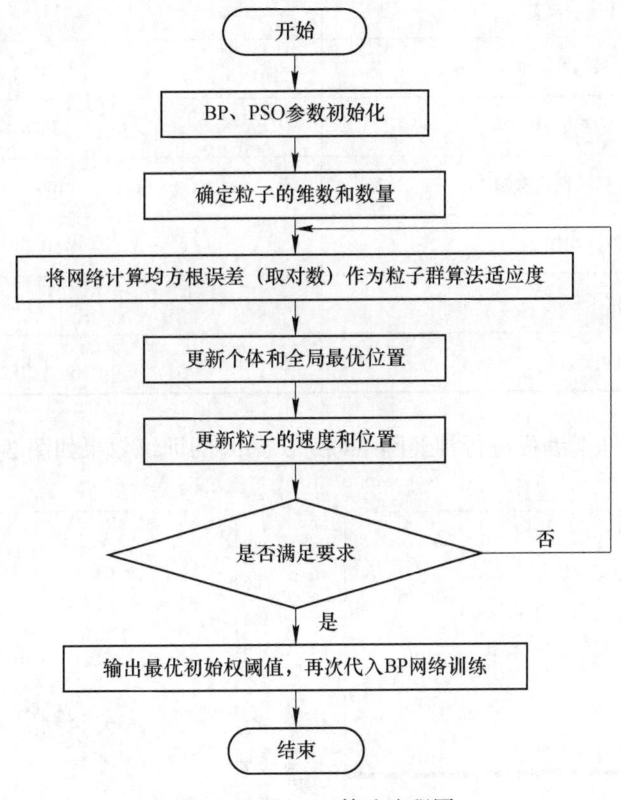


图 2-9 PSO-BP 算法流程图

#### 2.1.3.3 PSO-BP 神经网络预测结果与分析

本节使用前面采集的实际生产数据进行网络训练，选取其中的轧制道次数据作为样本数据进行轧制力设定模型实际数据仿真。每组样本数据包括入口厚度、压下量、轧制速度、轧制温度、轧件宽度、轧辊半径、传统模型预报值、自学习系数及轧制力实测值。

算法参数设置见表 2-4，构建 PSO-BP 神经网络结构后进行网络训练，并进行误差分析。

**表 2-4 PSO-BP 算法参数设定**

| PSO-BP 神经网络参数 | 参数设定值 |
|---|---|
| 最大训练次数 | 5000 |
| 学习速率 | 0.1 |
| 输入层到隐含层传递函数 | tansig |
| 隐含层到输出层传递函数 | tansig |
| 网络训练函数 | LM 算法 |
| 隐含层节点数 | 11 |
| 训练误差目标值 | 0.01 |
| 粒子群数目 | 50 |
| 粒子群算法迭代次数 | 100 |
| 种群规模 | 50 |
| 粒子速度 | [-1, 1] |
| $(c_1, c_2)$ | {2, 1.8} |

在 MATLAB 软件上编程进行神经网络训练，最终的训练效果如图 2-10 所示。

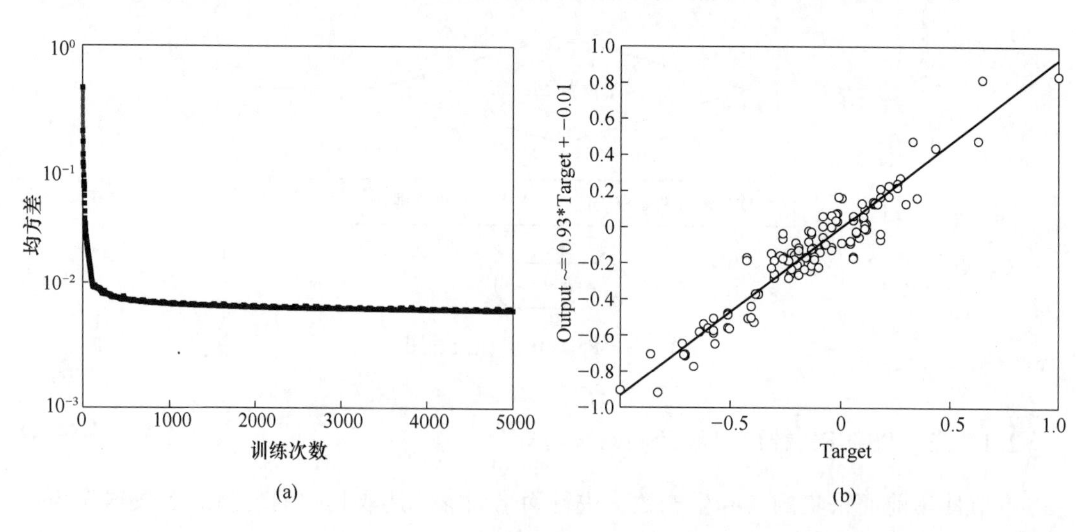

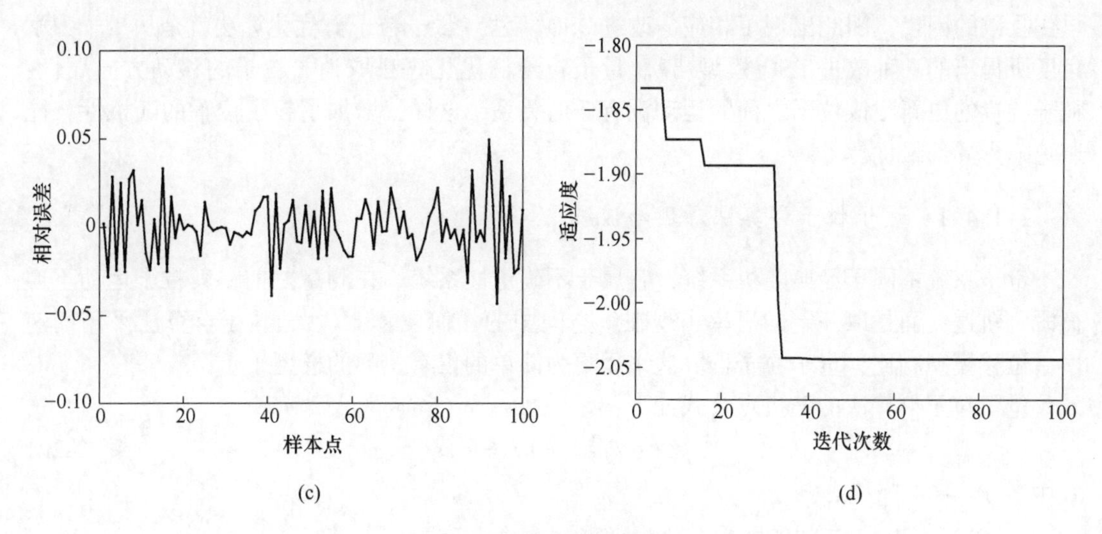


图 2-10 训练效果可视图

(a) 均方差-训练次数；(b) $R^2$；(c) 相对误差；(d) 粒子群适应度-迭代次数

由图 2-10 可以看到，在训练次数接近 3000 次时，均方差逼近 0.0064，初始均方差和最终均方差都要低于第 4 章建立的 BP 神经网络，且收敛速度更快。$R^2$ 为 0.9705，预报结果相对误差大部分在 4%以内。图 2-10（d）反映的是粒子群适应度随迭代次数的变化，迭代次数在 40 次左右时，粒子群适应度趋于稳定。对训练结果进行误差分析并与第 4 章建立的 BP 算法组合模型作对比，最大预报误差由 6.95%降低至 6.41%，平均误差由 4.11%降低至 3.57%。误差对比图如图 2-11 所示。

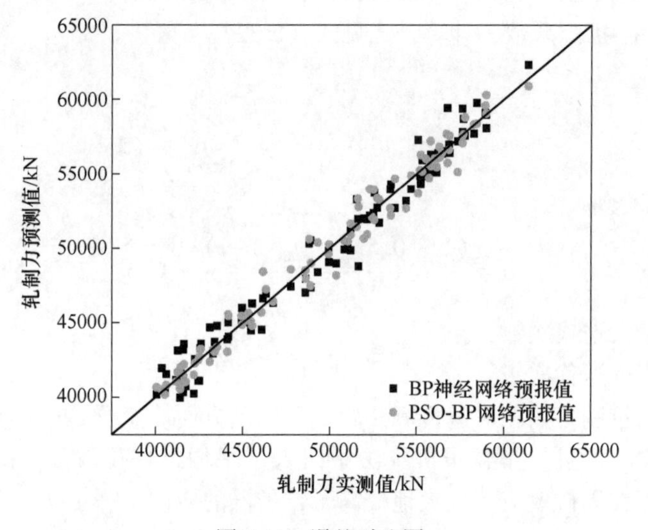


图 2-11 误差对比图

## 2.1.4 QPSO 协同 BP 神经网络预报轧制力

虽然 PSO 算法在函数优化、神经网络训练等领域获得了广泛应用，但是仍然容易遭受早熟收敛的困扰，因此出现了相应的改进 PSO 算法。量子粒子群优化算法就是从量子力学角度所提出的一种改进 PSO 模型[10]。量子粒子群优化算法取消了粒子的移动方向属性，粒子位置的更新跟该粒子之前的运动没有任何关系，这样就增加了粒子位置的随机性，能避免陷入局部最优。

#### 2.1.4.1 量子粒子群算法原理与流程

量子系统不同于经典随机系统，它属于不确定性系统。在测量之前，其粒子运动不遵循既定轨道，而是以一定的概率出现在解空间中的任何位置[11]。与粒子群算法采用的速度—位移模型相比，量子粒子群算法采用更为简单的仅有位移的模型。

量子粒子群算法的随机点公式如下：

$$p_{\mathrm{r},i}^{k} = \nu p_{\mathrm{b},i}^{k} + (1-\nu) g_{\mathrm{b}} \tag{2-29}$$

式中 $p_{\mathrm{r},i}^{k}$ ——随机点；

$\nu$ ——0~1 之间的随机数；

$p_{\mathrm{b},i}^{k}$ ——粒子 $i$ 在第 $k$ 次迭代时的个体最好位置；

$g_{\mathrm{b}}$ ——全局最优位置。

位移公式如下：

$$x_i^{t+1} = \begin{cases} p_{\mathrm{r}}^{t} + b\ln(u) & \nu \leqslant 0.5 \\ p_{\mathrm{r}}^{t} - b\ln(u) & \nu > 0.5 \end{cases} \tag{2-30}$$

式中 $u$ ——0~1 之间的随机数。

$$b = \rho \left| p_m^k - x_i^k \right|$$

式中 $p_m^k$ ——第 $k$ 次迭代时种群平均最好位置，计算公式见式（2-31）；

$\rho$ ——收缩-扩张系数，计算公式见式（2-32）。

$$p_m^k = \frac{\sum_{i=1}^{M} p_{\mathrm{b},i}}{M} \tag{2-31}$$

式中 $M$ ——种群规模。

$$\rho = \frac{(1-0.5) \times (t_{\max} - t)}{t_{\max}} + 0.5 \tag{2-32}$$

式中 $t_{\max}$ ——最大迭代次数；

$t$ ——当前迭代次数。

粒子群算法的控制参数相对遗传算法较少且控制方便。量子粒子群算法的控制参数较粒子群算法则更少，而且量子粒子群算法中引入了平均最好位置 $p_m$ 来评价适应度的值，这样就使粒子间存在等待效应，极大地提高了粒子群的协同工作能力，从而使得算法的全局搜索能力得到了提升[12]。

量子粒子群算法的具体步骤如下：

（1）设当前迭代次数 $t=0$，在问题解空间中初始化量子粒子群中每一个粒子的当前位置 $x_i^t$，并设定个体最好位置 $p_{\mathrm{b},i}^t = x_i^t$。

（2）由式（2-32）计算该粒子种群的平均最好位置。

(3) 对于粒子群中的每一个粒子 $p_i^t(1 \leqslant i \leqslant M)$，执行步骤（4）~(7)。

(4) 将每个粒子的个体最优值跟上一次迭代的个体最优值进行比较，若前者更好，则更新个体最优位置。

(5) 将每个粒子的个体最优值与群体内最优适应值进行比较，若前者更好，则更新当前的全局最优位置。

(6) 对粒子 $i$ 的每一维，根据式（2-29）计算得到一个随机点的位置。

(7) 根据式（2-30）计算粒子的新的位置。

(8) 若算法精度达到要求或迭代次数达到最大值 $t = t_{\max}$，算法结束；若算法的终止条件不满足，置 $t = t + 1$，返回步骤（2）。

算法流程图如图 2-12 所示。

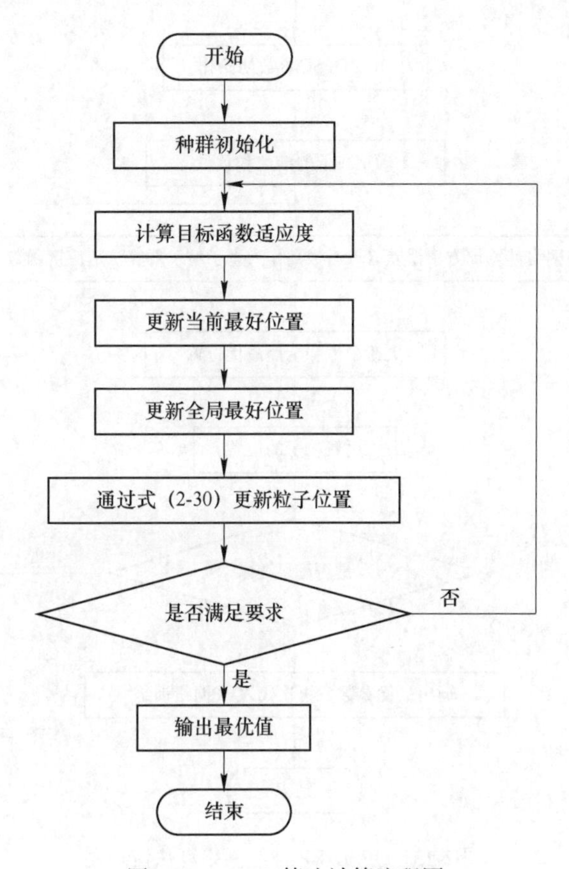


图 2-12 QPSO 算法计算流程图

#### 2.1.4.2 QPSO-BP 神经网络算法实现

QPSO-BP 算法与 PSO-BP 算法类似，同样是将 BP 神经网络的权阈值参数作为 QPSO 算法中的粒子位置向量，并以 BP 网络总误差函数（取对数）作为适应度评价函数，只是将其中的普通粒子变为量子行为粒子。

算法具体步骤如下：

(1) 初始化量子粒子群，并生成初始种群。

（2）将 BP 神经网络的权阈值参数作为 QPSO 算法中的粒子位置向量，并以 BP 网络计算均方根误差（取对数）作为适应度评价函数。

（3）计算个体的最优适应度和全局最优适应度，更新个体和全局最优位置，更新个体的位置。

（4）评价全局最优适应度，判断是否满足预设定的条件，若满足条件，则输出 BP 神经网络初始权阈值，否则算法返回步骤（2）。

（5）由优化后的 BP 神经网络对轧制力进行预测。

算法流程图如图 2-13 所示。

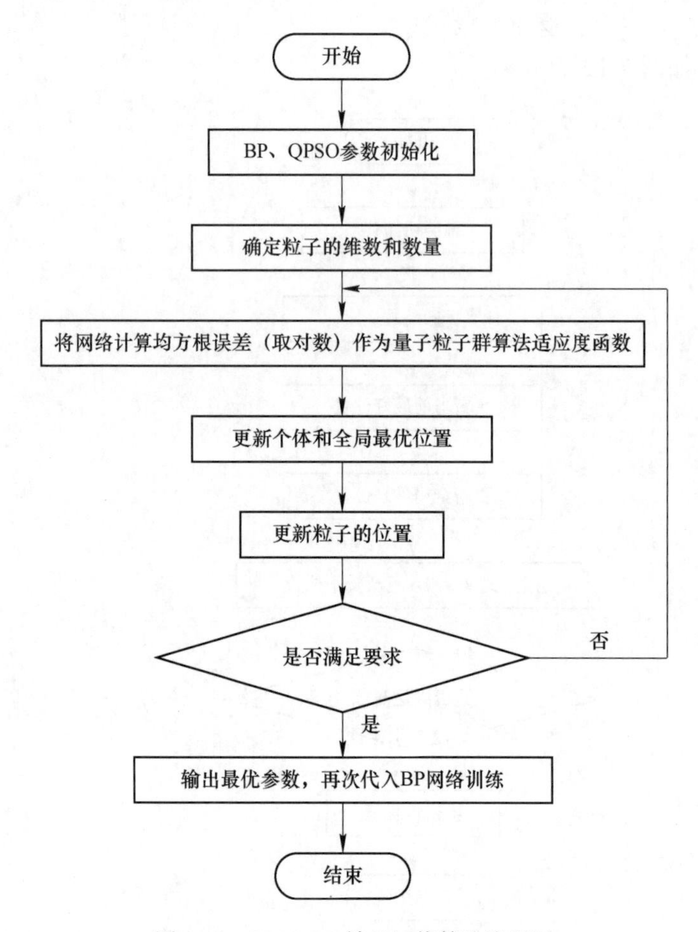


图 2-13 QPSO-BP 神经网络算法流程图

### 2.1.4.3 QPSO-BP 神经网络优化结果与分析

本节仍使用先前采集的实际生产数据进行网络训练，选取其中的轧制道次数据作为样本数据进行轧制力设定模型实际数据仿真。每组样本数据包括入口厚度、压下量、轧制速度、轧制温度、轧件宽度、轧辊半径、传统模型预报值、自学习系数以及轧制力实测值。

由前文分析，构建 QPSO-BP 神经网络模型后进行网络训练，并进行误差分析。算法参数设置见表 2-5。

表 2-5 QPSO-BP 算法参数设定

| QPSO-BP 神经网络参数 | 参数设定值 |
|---|---|
| 最大训练次数 | 5000 |
| 学习速率 | 0.1 |
| 输入层到隐含层传递函数 | tansig |
| 隐含层到输出层传递函数 | tansig |
| 网络训练函数 | LM 算法 |
| 隐含层节点数 | 11 |
| 训练误差目标值 | 0.01 |
| 粒子群数目 | 50 |
| 粒子群算法迭代次数 | 100 |
| 种群规模 | 50 |

在 MATLAB 软件上编程进行神经网络训练，并进行误差分析，最终的训练效果如图 2-14 所示。

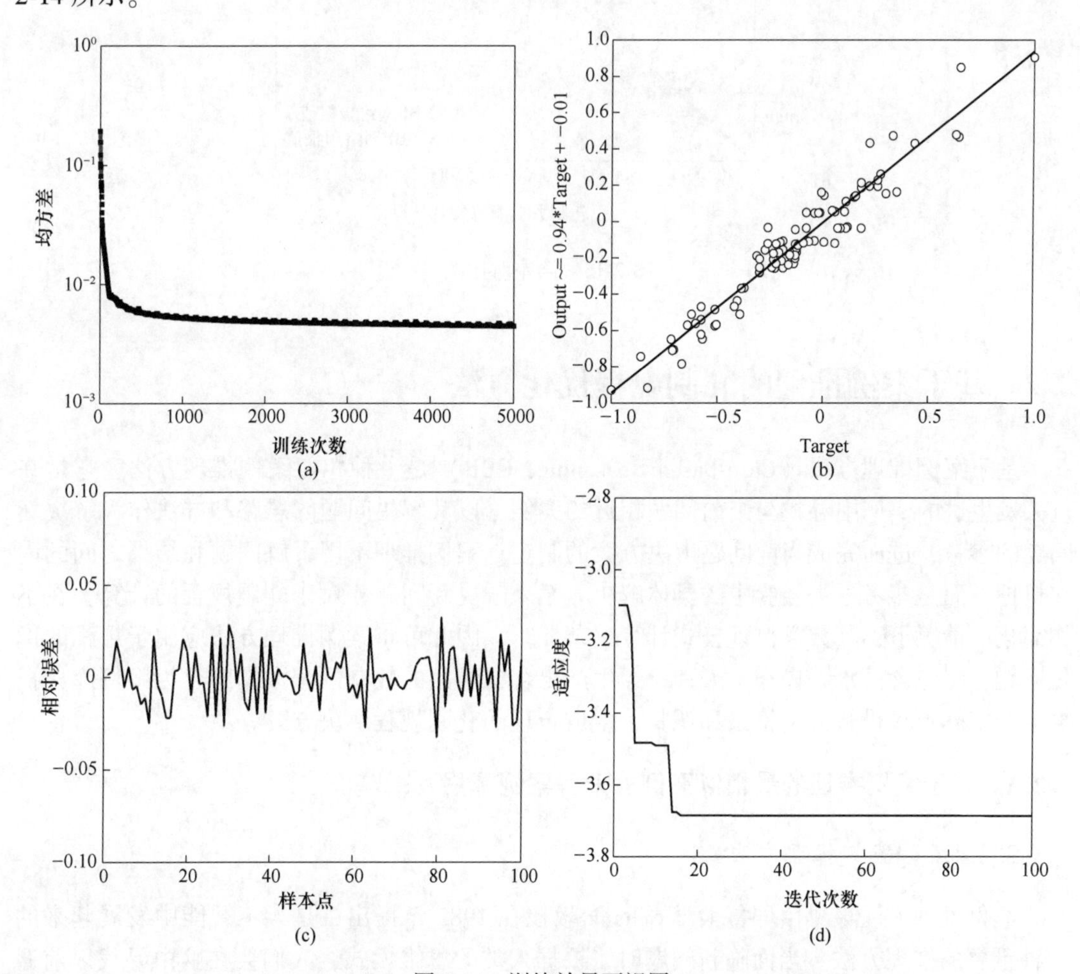


图 2-14 训练效果可视图

(a) 均方差-训练次数；(b) $R^2$；(c) 相对误差；(d) 粒子群适应度-迭代次数

由图 2-14 可以看到，在训练次数接近 2500 次时，均方差逼近 0.0046，$R^2$ 为 0.9795，预报结果相对误差大部分在 4%以内，粒子群适应度在迭代次数 20 次左右时趋于稳定，比 PSO-BP 算法收敛速度更快。对训练结果进行误差分析并与第 5.1 节中 PSO-BP 网络模型作对比，模型预报最大误差由 6.41%降低至 5.73%，平均误差由 3.57%降低至 2.91%。结果表明，经过 QPSO-BP 网络优化后的模型预测精度更高且更稳定。误差对比图如图 2-15 所示。

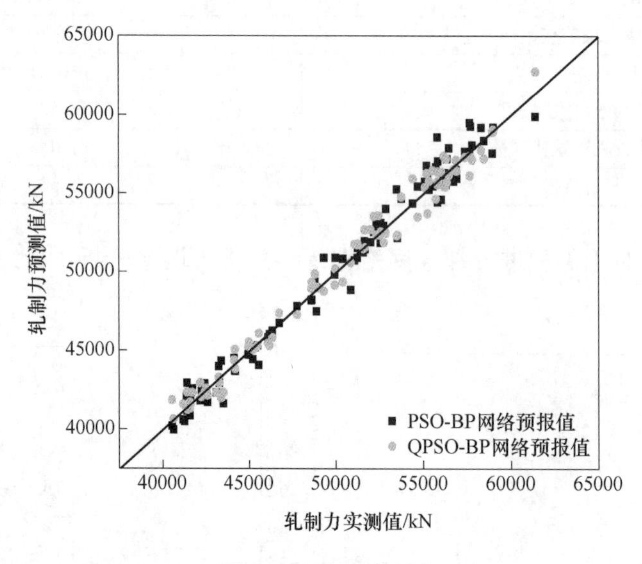


图 2-15　误差对比图

## 2.2 基于案例推理的轧制规程优化方法

基于案例推理方法（Case-based Reasoning，CBR）是一种相似案例推理方法，它是在过去发生过的实例中寻找与当前问题相近的案例，以其解决问题的思路和方法作为解决新问题的参考，进而完成当前问题解决方案的制定。案例推理不用了解问题和结果之间的内在机理，而是参考过去经验中的具体解决方案来解决新问题。对于轧制规程的计算，在不作简化的情况下，其数学机理公式计算繁杂耗时，因此可将案例推理方法应用于规程的优化问题，将包含高水平操作工人和已经生产出合格产品的轧制规程数据整合为案例库，根据生产实际要求进行案例检索和调整，生成合理的轧制规程解决方案。

### 2.2.1 基于案例推理的最相似案例检索和案例重用判断

#### 2.2.1.1 案例推理方法

案例推理方法最早由耶鲁大学 Schank 教授在 1982 年提出，是人工智能中发展起来的一种重要的推理方法。当面临新问题时，根据人类的思维模式，人们会在脑中寻找以前遇到过的类似的事情，进行对比，然后根据过去解决类似问题的经验和教训来解决现在所遇到的问题。

案例是对以往问题求解的一个总结，其中蕴含了无法以规则形式表达的专家求解问题的深层知识和经验[13]。案例推理是一种重要的机器学习方法，将目前面临的新问题称为目标案例，将过去解决的问题称为源案例。其推理过程可以看作是一个 4R（Retrieve, Reuse, Revise, Retain）的循环过程，即相似案例检索、案例重用、案例的修改和调整、案例存储四个步骤的循环，如图 2-16 所示。在进行检索前，需对新问题进行描述，即选择问题的特征将案例表示成特定的形式，以方便 CBR 系统的检索。案例的检索是整个系统运行的前提，检索出的最相似案例将作为新问题求解的依据。当检索出的案例解决方案符合当前问题的求解时，则直接应用源案例的方法解决目标案例。如果不能直接应用，则对其进行修改和调整以适应新的案例。新案例被解决后，就形成了可再利用的资源，可将其加入案例库中，存储起来，这既是学习也是知识获取。这个过程的循环利用与存储，即为案例推理系统的运行步骤。

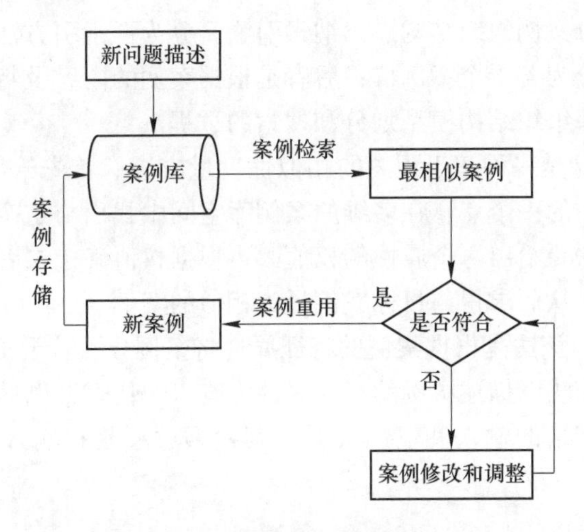


图 2-16　案例推理过程

A　案例表示

案例表示实际上是将过去解决问题的实例表示成案例的形式，即把实例中的知识用特定的符号或语言编译成一组计算机可以识别的数据结构，存储在数据库中。案例的表示是将实际问题转换成案例，其表示的具体方式会影响案例推理的效率。合理的案例表示应至少包括问题的描述及相应的解决方案，即为<问题描述；解决方案>。目前常用的案例表示方法有以下几种：

(1) 框架（Frame）理论。Minsky 从心理学角度出发，认为人们会将解决问题的过程以框架的结构存储在人脑中，当遇到新问题时，将从记忆中寻找合适的框架，从而解决问题[14]。在框架理论中，案例的表示就是提取实例的特征属性，以框架的形式将其表示出来，其中对知识的表示形式可以为数字、字符串和布尔值。

(2) 可扩展的标记语言（Extensible Markup Language, XML）[15]。这是由万维网联盟（W3C）创建的一组规范，是描述数据语法标签的规则集[16]。其对案例的表示一方面可以描述案例的结构形式，另一方面也可以提取问题本身的知识，进而描述案例本身。

(3) 案例特征属性表示法。该方法将可以区分出不同案例的特征属性提取出来，这些属性将有助于判别案例是否与其他案例相似，将其组成一个集合，则该集合可用来表示相应的案例，即 Case = {属性 1，属性 2，…，属性 $n$}，可与神经网络相匹配使用。

（4）基于面向对象的案例表示。该方法将案例表示为对象的集合，其中对象是具体的实例，而每个对象都是由一组属性和属性值来描述的。

B 案例检索

案例检索的过程是一个查找和匹配的过程。其最终要达到以下两个目标：检索出来的案例应尽可能的少；检索出来的案例应尽可能的与当前案例（目标案例）相似或匹配。常用的检索方法有以下几种[12,17]：

（1）知识引导法。该法是根据相应的领域知识，确定每个特征属性的重要程度，对不同的属性给定不同的权值，并依据权值大的特征属性进行案例检索。

（2）归纳索引法。该法是以案例最有价值并且差别最大的属性作为标志进行分类，并利用这些特征属性划分案例组织结构。归纳索引法又分为群索引方法和结构索引法。前者是将案例进行聚类，分为若干个案例群；后者是根据案例的内容及特征属性进行分类，其检索过程就是对案例库组织结构模型划分和搜索的过程。

（3）最近邻法。这是一种基于距离的相似性度量方法。首先给出案例间距离的定义，将目标案例视为空间中的一个点，在多维的案例库空间中找出与这个点最近的点，即为相似案例。利用这种方法要给出每个属性的权值，再根据权值确定二者的距离，然后计算两个案例之间的相似度，从而求得与目标案例最为相似的案例。

（4）神经网络法。该法是根据案例的特征属性将案例分为若干子类，再分别进行神经网络的训练和记忆。该法以描述案例的特征属性为输入，代表案例的解决方案或者案例索引为输出，从而得到网络的输入和输出关系。其检索过程是在输入目标案例的特征属性后，输出相应的结果。

C 案例重用

案例的重用就是用解决旧案例的经验和方法来解决新问题。案例重用包括思路重用和过程重用[18]。前者是将过往的思考方式应用到当前问题的解决上。后者则是将整个解决问题的思路和步骤，以及相应的控制手段全部应用到当前问题上。本章的案例重用是过程重用，当检索出的源案例与目标案例的相似度达到一定精度 $\varepsilon$，就以其规程数据来解决当前的问题，或者以当前最相似案例的解决方案作为参考。

D 案例修改

最相似的案例与当前问题的解决方案还有一定的差距，需要经过修改和调整才能使用。案例修改应对不同的场合给出具体的修订方案，其根据案例调整和修改的执行者分为系统修改和用户修改两类[17]。系统修改是根据提前设定好的方法进行修订和调整，然后直接应用。用户修改是根据用户本身的要求和指标对最相似案例进行人工修改。案例修改根据修改的方法有结构修改和诱导修改两种[18-19]。结构修改就是应用规则或公式修改检索出的案例解决方案以应用到当前问题；诱导修改就是重用得出以前案例结果的规则或公式。采用诱导修改时，需要存储如何得出案例解决方法的步骤和知识，以便改写时应用。

E 案例存储

经过修改和调整后的案例称为新案例。新案例的保存是对案例库的扩充和维护，可使案例库更加完备。对于新案例，如果用户认为有价值，并且是当前案例库所缺少的案例，就可以将其加入案例库中，以备将来使用；如果用户觉得不需要或者可以由现在库中已有案例重现出来，则可以忽略该新案例。同时为了提高系统解决问题的效率，也需要对不经常使用和过时的案例进行删除。案例的存储学习和无效旧案例的去除，是维持案例库正常运行的重要步骤。

#### 2.2.1.2 最相似案例检索

在案例库的历史案例中检索相似案例及其解决方案，对比新旧案例的差异，通过对旧案例解决方案的修改得到新案例解的过程就是案例推理[20]。本节通过案例推理检索最相似轧制规程，首先综合考虑影响负荷分配的多种因素，并根据现场操作工人的丰富经验，选取特征属性分别为：钢种（St）、坯料长度（$L$）、坯料宽度($W$)、坯料厚度($H$)、成品宽度($w$)、成品厚度($h$)、开轧温度($T$)、终轧温度($t$) 和平均辊径($D$)。然后对数据进行清洗和分类后，将数据按图 2-17 所示的结构建立实际数据库，其中一个类别号包含多个有相似特征属性的子案例。

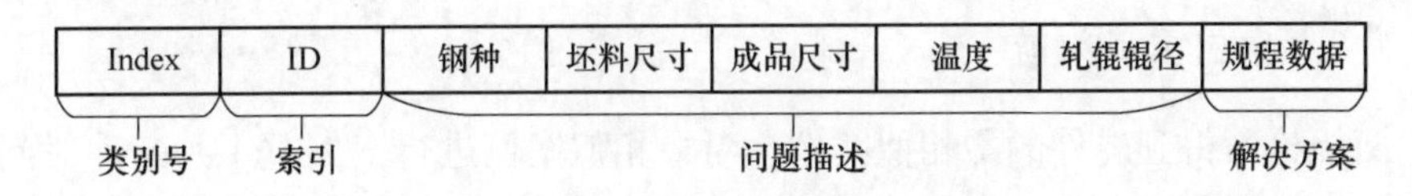


图 2-17 案例表示结构

为了快速找到最相似案例，将案例的检索分成两部分：初次检索和二次检索，如图 2-18 所示。初次检索采用 LMBP 网络挖掘实际数据库，有如下结构：一个输入层（特征属性）、一个输出层（类别号）和一个隐层，传递函数选用 tansig 函数：

$$f(x)=\frac{2}{1+e^{-2x}}-1 \tag{2-33}$$

LM 算法是梯度下降法和高斯—牛顿法的结合算法，以其改进 BP 网络，定义整体误差函数为：

$$E(w)=\frac{1}{2}\sum_{t=1}^{q}(y_t-c_t)^2=\frac{1}{2}\sum_{t=1}^{q}\mathbf{e}(w)^2=\frac{1}{2}\mathbf{e}^{\mathrm{T}}(w)\mathbf{e}(w) \tag{2-34}$$

权阈值更新公式为：

$$W(k+1)=W(k)-[\boldsymbol{J}^{\mathrm{T}}(w_k)\boldsymbol{J}(w_k)+\mu I]^{-1}\boldsymbol{J}^{\mathrm{T}}(w_k)\mathbf{e}(w_k) \tag{2-35}$$

经 LMBP 网络训练输出网络的预报值，即包含目标案例的类别号，如图 2-18（a）所示，经初次检索，检索出类别号，其子案例中就包含目标案例。初次检索大大减小了最近邻法[21]搜索的范围，降低了时间成本。

二次检索在初次检索的类别号包含的子案例里再次检索，得到与目标案例最相似的案例，案例之间的相似度计算采用欧氏距离公式：

$$\mathrm{sim}(X_i,\ T)=1-\mathrm{d}(X_i,\ T)=1-\left[\sum_{j=1}^{m}(w_j\delta(X_{ij},\ T_j))^2\right]^{\frac{1}{2}} \tag{2-36}$$

式中 $w_j$ ——第 $j$ 个特征属性的权重；

$\delta(X_{ij},\ T_j)$ ——目标案例 $T$ 与子案例 $X_i$ 在第 $j$ 个特征属性上的差异度。

如图2-18（b）所示，运用最近邻法从类别9包含的子案例中检索出与目标案例最相似的案例。

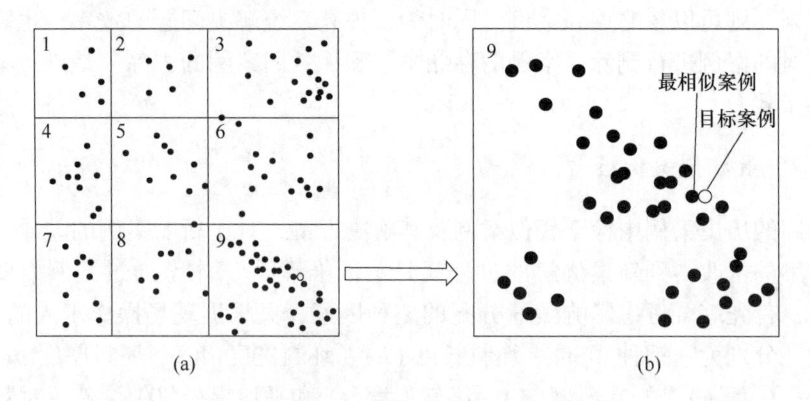


图2-18 案例检索示意图
（a）初次检索；（b）二次检索

#### 2.2.1.3 案例重用判断

通过两级检索得到轧件的最相似案例，对最相似案例进行案例重用判断。对问题描述项设置不同的重用判断条件，钢种要求精确匹配，其他特征属性在可重用限制条件内，即可认为案例可以重用。重用判断条件可以表述为：

轧件钢种（$\mathrm{St}_1$）与其最相似案例的钢种（$\mathrm{St}_2$）满足如下精确匹配：

$$\mathrm{St}_1 = \mathrm{St}_2 \tag{2-37}$$

其他特征属性满足如下限制条件：

$$\begin{cases} |H_1 - H_2| \leqslant H_\mathrm{d} \\ |W_1 - W_2| \leqslant W_\mathrm{d} \\ |L_1 - L_2| \leqslant L_\mathrm{d} \\ |h_1 - h_2| \leqslant h_\mathrm{d} \\ |w_1 - w_2| \leqslant w_\mathrm{d} \\ |T_1 - T_2| \leqslant T_\mathrm{d} \\ |t_1 - t_2| \leqslant t_\mathrm{d} \\ |D_1 - D_2| \leqslant D_\mathrm{d} \end{cases} \tag{2-38}$$

式中 $H_1$，$W_1$，$L_1$，$h_1$，$w_1$，$T_1$，$t_1$，$D_1$——轧件特征属性中的坯料厚度、坯料宽度、坯料长度、成品厚度、成品宽度、开轧温度、终轧温度、平均辊径；

$H_2$，$W_2$，$L_2$，$h_2$，$w_2$，$T_2$，$t_2$，$D_2$——最相似案例的坯料厚度、坯料宽度、坯料长度、成品厚度、成品宽度、开轧温度、终轧温度、平均辊径；

$H_\mathrm{d}$，$W_\mathrm{d}$，$L_\mathrm{d}$，$h_\mathrm{d}$，$w_\mathrm{d}$，$T_\mathrm{d}$，$t_\mathrm{d}$，$D_\mathrm{d}$——轧件特征属性与其最相似案例特征属性的差距可接受范围的最大值。

根据轧件特征属性，通过两级检索，可从实际数据库中快速挖掘出最相似轧制规程数据。若最相似案例可以重用，则将其规程作为最终规程用于现场轧制；若不能重用，可以对最相似案例的规程数据做一些调整来作为最终规程数据。调整方法为将最相似规程作为初始值，用 GAPSO 算法[22]围绕目标函数对最相似规程进行优化。

### 2.2.2 基于群智能算法的案例修改模型

案例推理的方法是从以前解决过的问题中寻找与当前问题最相似的案例，并且以其解决方法为参考，利用其具体的方法和思路来尝试解决新问题。但是新问题的解决往往和旧问题之间存在一定差距，这时候旧问题的解决方法需要稍加修正，才能继续使用。本书提出以基于粒子群优化算法进行案例的修改，通过案例检索寻得最相似的案例，作为修改算法的初始值，然后根据现场实际情况制定目标函数和约束条件，最终得到与当前问题相符的解决方案。粒子群算法简单易于执行，但是存在一定的缺陷，因此提出使用遗传算法来改进粒子群算法，使得整个修改算法计算稳定可靠。

#### 2.2.2.1 遗传和粒子群算法介绍

A 遗传算法（GA）

J. H. Holland 借鉴生物在自然界中的遗传和进化过程，将串编码技术应用于自然和人工系统自适应行为研究中，在 1975 年提出了一种随机搜索算法，即为遗传算法。对于待求解的问题，将每个可能的解编码为染色体个体，而所有的个体组成一个种群。在进行迭代计算时，通过目标函数计算个体的适应度值，根据适应度值，对个体进行更新，此过程称为遗传。遗传算法通过选择、交叉、变异等操作产生新一代群体，并使得群体进化到包含或接近最优解的状态。

遗传算法计算流程如图 2-19 所示，其主要实现步骤有：

(1) 编码。把需要的特征进行编号，每个特征作为一个基因，一个解就是一串基因的组合。常用的编码技术有二进制编码、格雷码编码、浮点数编码、符号编码和多参数联编码等方法[23]。

(2) 初始种群。初始种群的生成可以随机产生，也可以根据问题的领域知识随机选取满足要求的初始种群。

(3) 适应度函数（目标函数）。适应度用来评价每个个体的优劣程度。将代表个体的特征属性值代入适应度函数中，用以评估个体，并作为后续遗传操作的依据。

(4) 选择。选择的目的是从群体中选出优良的个体，将他们的优良基因繁衍给下一代。根据适应度的评价，具有较高适应度的个体，有更高的概率

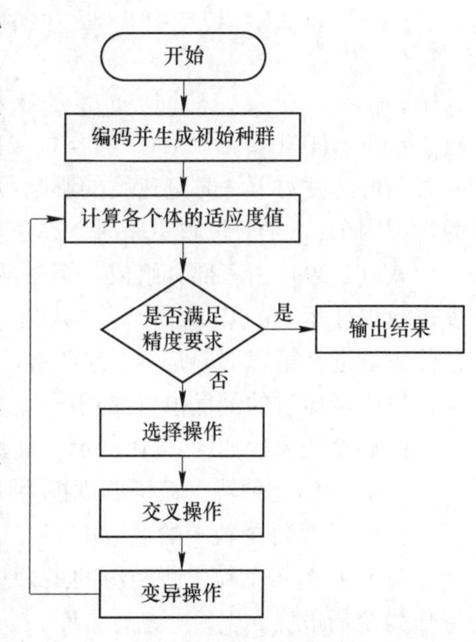


图 2-19 遗传算法流程

为后代做出贡献。常用的选择算子是轮盘赌算子。

(5) 交叉。这是最主要的遗传操作。以一定的概率挑选两个染色体，并按照规定的模式交换其中的基因，从而产生组合了父辈特征的新个体。该操作有助于产生优良的个体。常见的交叉算子有实质重组、离散重组、线性重组、单点交叉、均匀交叉、多点交叉和减少代理交叉[23]。

(6) 变异。在群体中随机选择一定数量的个体，对于选中的个体以一定概率随机改变串结构数据中的某个基因，形成一个新个体。

遗传算法具有一定的并行搜索特征和全局搜索能力，利用进化过程获得的信息自行组织搜索时，适应度大的个体具有更高的存活概率，且其交叉和变异操作能够保持种群多样性；但是在迭代计算后期，往往会出现早熟或者收敛到局部极值等问题，对于有约束问题的求解，一般限于简单的约束条件，对于高维、多约束、多目标的优化问题计算效率不高[23-25]。

B 粒子群优化算法

粒子群优化算法是一种基于群体的随机寻优技术，在寻优过程中，对问题本身的依赖性小，是通过群体中个体之间的竞争与合作实现种群的进化[26]。粒子的飞行方向和距离由一个速度 $v$ 决定。在算法求解过程中，粒子会根据自身的最优解（称为个体最优 $p_{\text{best}}$）和整个种群的最优解（称为全局最优 $g_{\text{best}}$）来更新自己的位置。

如果粒子种群规模为 $m$，目标搜索空间为 $D$ 维，则第 $i$ 个粒子的位置可表示为 $x_i = (x_{i1}, x_{i2}, \cdots, x_{iD})$，$i = 1, 2, \cdots, m$，每个粒子的位置就是一个潜在的解。第 $i$ 个粒子的速度为 $v_i = (v_{i1}, v_{i2}, \cdots, v_{iD})$，其个体迄今为止所达到最好的位置为 $p_i = (p_{i1}, p_{i2}, \cdots, p_{iD})$，整个群体目前所达到的最好的位置为 $p_g = (p_{g1}, p_{g2}, \cdots, p_{gD})$，那么粒子 $i$ 的速度和位置更新将遵循以下公式：

$$v_{ij}(t+1) = wv_{ij}(t) + c_1 r_1(p_{ij}(t) - x_{ij}(t)) + c_2 r_2(p_{gj}(t) - x_{ij}(t)) \tag{2-39}$$

$$x_{ij}(t+1) = x_{ij}(t) + \zeta v_{ij}(t+1) \tag{2-40}$$

式中，$v_{ij} \in [-v_{\max}, v_{\max}]$，$v_{\max}$ 是最大速度，当搜索空间在 $[-x_{\max}, x_{\max}]$ 中，则可设定 $v_{\max} = \lambda x_{\max}(0.1 \leqslant \lambda \leqslant 1.0)$；$j = 1, 2, \cdots, D$；$t$ 为当前进化代数；$w$ 为惯性权重，表示前一时刻的速度对下一时刻速度的影响程度；$r_1$、$r_2$ 为分布于 [0，1] 之间的随机数；$c_1$、$c_2$ 为学习因子；$\zeta$ 是对位置更新时，在速度前乘上的系数，称为约束因子。

式（2-39）由三部分组成：第一部分表示粒子对先前时刻速度的继承，依据自身的速度进行惯性运动；第二部分为“认知”部分，表示依据个体行为信息，向自身经历过的最佳位置靠近；第三部分是“社会”部分，依据粒子种群之间的协作过程和信息交换，逐渐向群体中经历过的最优位置靠近[27]。

PSO 算法流程如图 2-20 所示，其具体步骤为：

(1) 初始化种群，粒子群规模为 $m$，设定满足限制条件的初始位置和速度。

(2) 计算每个粒子的适应度。

(3) 找出每个粒子所经历的最好位置作为个体最优 $p_{\text{best}}$，并找出当前全局的最好位置作为全局最优 $g_{\text{best}}$。

(4) 根据式（2-39）和式（2-40）更新粒子的速度和位置。

(5) 重新找寻粒子的个体最优和全局最优。

(6) 如果迭代达到精度或者最大次数，算法结束，输出解；否则，返回步骤（2）。

相关参数分析[28-30]：

(1) 种群规模 $m$ 。Shi 和 Eberhart 认为粒子群的种群规模对算法的收敛效果影响不大。另外，Carlisle Anthony 和 Dozier Gerry 在文献中认为种群数量保持在 30 左右，搜索效果较好；当有较大种群规模时，可以保证算法得到较可靠的收敛效果，但同时算法的计算时间也会相应变长。

(2) 惯性权重 $w$ 。前一次飞行的运动速度对当前状态的影响，调节其值的大小，可影响算法的收敛效果。当它的数值较大时，有较好的全局搜索能力。其值较小时，有利于局部的搜索。调整合适的惯性值大小可以提高算法整体性能。

(3) 学习因子 $c_1$、$c_2$。代表个体的经验和群体的经验在算法寻优过程中所占比重，反映粒子间的信息交流，体现个体间的交流和协作，设置较大和较小的 $c_1$、$c_2$ 值都不利于粒子的寻优搜索。为了得到较好的搜索结果，在迭代计算过程中，学习因子各值总的来说保持 $c_1$ 值的变化趋势是先大后小，$c_2$ 是先小后大，即在初期更全面地搜索解空间，而在接近最优的位置时，注重全局信息，避免陷入局部极值。

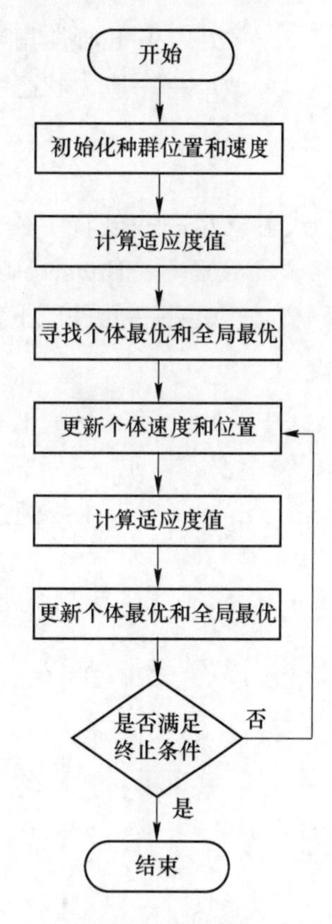


图 2-20 粒子群优化算法流程图

粒子群算法是一种随机的搜索算法，粒子之间的交流产生的群体智能指导优化，以自身的速度来决定算法的走向，能更快收敛到最优解，其适合在动态、多目标优化环境中寻优，与传统的优化算法相比具有更快的计算速度和更好的全局搜索能力[27]。粒子群算法简单，设置参数少，且对种群的大小不特别敏感，但也存在着精度较低、易发散等缺点。并且粒子算法进行到后期，粒子向最优解方向聚拢，粒子趋于一致，收敛速度变得缓慢，基本停滞，无法继续进行，所能达到的精度比遗传算法低[31]。

遗传算法的全局搜索能力强于粒子群算法，但求解精确解效率较低，局部搜索能力较差；粒子群算法简单，收敛速度快，局部搜索能力较强[32]，但在迭代后期粒子容易失去多样性，影响收敛速度。如果综合两种算法的优点，利用遗传算法的全局搜索能力和粒子群算法收敛速度快的特点，同时在搜索后期，遗传算法的遗传操作可增加种群的多样性，加强局部搜索能力，两种算法取长补短，优化效果更明显[33-34]。

#### 2.2.2.2 轧制规程优化使用的数学模型

A 轧制力模型

考虑中厚板轧制特点，采用 Sims 轧制力模型。

$$P = 1.15\sigma B l' Q_{\mathrm{p}} \tag{2-41}$$

式中 $\sigma$ ——平均变形抗力；

$B$ ——轧件宽度；

$l'$ ——轧辊弹性变形下的接触弧长，$l' = \sqrt{R'\Delta h}$ ；

$R'$——轧辊压扁半径；

$Q_p$——应力状态系数。

$$R' = R_0\left(1 + \frac{CP}{\Delta hB}\right) \tag{2-42}$$

式中 $R_0$——轧辊半径；

$C$——Hitchcock 常数；

$\Delta h$——轧件压下量。

$$Q_p = a_1 - a_2\varepsilon_i + (a_3 + a_2\varepsilon_i - a_4\varepsilon_i^2)l'/h_m \tag{2-43}$$

式中 $\varepsilon$——压下率；

$h_m$——平均厚度；

$a_1$，$a_2$，$a_3$，$a_4$——通过实际数据回归得到的常数。

$$\sigma = \sigma_0\exp\left(a_1\frac{T}{T_0} + a_2\right)\left(\frac{\mu}{\mu_0}\right)^{\left(a_3\frac{T}{T_0}+a_4\right)}\left[a_6\left(\frac{e}{e_0}\right)^{a_5} - (a_6 - 1)\frac{e}{e_0}\right] \tag{2-44}$$

式中 $\sigma_0$, $a_1$, $a_2$, $a_3$, $a_4$, $a_5$, $a_6$——与材料化学成分有关的系数，根据实际数据回归得到；

$T$——温度；

$T_0$——基准变形温度；

$\mu$——对数应变下的变形速率；

$\mu_0$——基准应变速率；

$e$——对数应变；

$e_0$——基准对数应变。

B 轧制力矩模型

$$M = 2P\chi l' \tag{2-45}$$

式中 $\chi$——力臂系数。

$$\chi = a_1 + a_2\frac{h_m}{l'} + a_3\left(\frac{h_m}{l'}\right)^2 + a_4\sqrt{1 - \varepsilon} \tag{2-46}$$

式中 $a_1$, $a_2$, $a_3$, $a_4$——根据实际数据回归得到的常数。

C 轧制功率模型

$$N = \frac{M}{\eta}\omega \tag{2-47}$$

式中 $\omega$——角速度；

$\eta$——传动效率。

#### 2.2.2.3 目标函数与约束条件

对于中厚板轧制规程分配，需要考虑：

(1) 使各个道次设备负荷均匀化，合理运用设备；

(2) 最后若干道次轧制力递减，保证板形。

考虑以上两点可建立多目标函数，见式（2-48）。

$$J = \alpha \sum_{i=1}^{n} (\Delta h_i)^2 + \beta \sum_{i=2}^{n} \left( \frac{F_{i-1} - \gamma F_i}{P_{max}} \right)^2 \tag{2-48}$$

式中　$n$——道次数；

$F_i$——单位宽度轧制力，$F_i = \frac{P_i}{B_i}$；

$\alpha$，$\beta$——权重系数；

$\gamma$——常数，取值1.1。

对以上目标函数的建立可解释为：$\sum_{i=1}^{n} \Delta h_i = H - h$，对所有的$i$，当且仅当$\Delta h_i$相等时，$\sum_{i=1}^{n} (\Delta h_i)^2$的值最小，从而实现了使最优解有各道次负荷均等的趋势，$\beta$取合适值，使得仅在板形前的道次考虑负荷均等；对$\sum_{i=2}^{n} \left( \frac{F_{i-1} - \gamma F_i}{P_{max}} \right)^2$求极小值，理想状态是$F_{i-1} - \gamma F_i = 0$，由于$\gamma = 1.1$，因此实现了$F_{i-1} > F$的目标，使得最优解中，轧制力有递减的趋势，$\alpha$取合适值，使得仅在最后几道次考虑板形。

生产实际约束条件为：

$$\begin{cases} 0 < P_i \leqslant P_{max} \\ 0 < M_i \leqslant M_{max} \\ 0 < N_i \leqslant N_{max} \\ \varepsilon_{min} \leqslant \varepsilon_i \leqslant \varepsilon_{max} \end{cases} \tag{2-49}$$

式中　$P_i$，$M_i$，$N_i$，$\varepsilon_i$——各道次轧制力、各道次轧制力矩、各道次轧制功率、各道次压下率；

$P_{max}$，$M_{max}$，$N_{max}$，$\varepsilon_{max}$——道次最大允许轧制力、道次最大允许轧制力矩、道次最大允许轧制功率、道次最大允许压下率；

$\varepsilon_{min}$——道次最小允许压下率。

将上述约束条件均转化为如下形式：

$$C_i(x) \leqslant 0 \tag{2-50}$$

根据罚函数法，构建适应度函数：

$$\text{fitness}(x) = J + \varphi u \sum C_i(x) \tag{2-51}$$

$$u = \begin{cases} 1 & C_i(x) \leqslant 0 \\ 0 & 其他 \end{cases} \tag{2-52}$$

式中　$\varphi$——罚因子。

当迭代点满足所有约束条件时，适应度函数为目标函数式（2-48）；若不满足，根据罚函数法，构建目标函数的增广函数式（2-51），即为适应度函数，适应度函数会因为惩罚项的增加而变大，在优化算法中该迭代点会被淘汰，经数次迭代得到满足约束条件的目标函数的最优解。

#### 2.2.2.4　基于GA-PSO的案例修改模型

经过案例检索得到的与当前最相似的案例，与实际应用还有一定的差距，需要进行一定的优化修改。将 GA 算法与 PSO 算法结合应用，综合 GA 算法的全局搜索能力和遗传操作带来的群体多样性，以及 PSO 算法的快速寻优的能力，取长补短，对最相似案例进行修改，使之符合当前实际情况的应用。

A GA 算法

GA 算法主要是依靠交叉和遗传操作对种群进行更新。本节选择轮盘赌算法作为选择算子，然后以概率 $p_c$ 进行两点交叉操作，最后再以概率 $p_m$ 进行非均匀变异，完成种群的更新扰动。

其中交叉算子为：

$$x'_{1ij} = \alpha x_{1ij} + (1-\alpha)x_{2ij} \tag{2-53}$$

$$x'_{2ij} = \alpha x_{2ij} + (1-\alpha)x_{1ij} \tag{2-54}$$

非均匀变异算子为：

$$x'_{ij} = x_{ij} + \delta \tag{2-55}$$

$$\delta = \gamma(1 - \alpha^{(1-t/t_{\max})b}) \tag{2-56}$$

$$\gamma = |x^j_{\max} - x_{ij}| \tag{2-57}$$

式中 $\alpha$——[0, 1]的随机数；

$x^j_{\max}$——粒子位置的上限；

$x_{ij}$——粒子中被选择的特征元素；

$b$——系统参数，它决定了随机扰动对进化代数 $t$ 的依赖程度[23]。

B PSO 算法

PSO 算法的粒子速度和位置更新依据式（2-39）和式（2-40）计算。为了改善算法在复杂计算过程中早熟收敛和陷入极值等问题，对其参数的取值计算进行改进。其中惯性权重采用正弦惯性权重 $w = 0.4 + 0.5\sin(\pi t/t_{\max})$，学习因子 $c_1$ 和 $c_2$ 采用反余弦加速因子[30]，取值范围为 [0.5, 1.5]，$c_s = 0.5$，$c_e = 1.5$。计算公式为：

$$c_1 = c_s + (c_e - c_s)\left[1 - \frac{\arccos\left(\frac{-2t}{t_{\max}} + 1\right)}{\pi}\right] \tag{2-58}$$

$$c_2 = c_e + (c_s - c_e)\left[1 - \frac{\arccos\left(\frac{-2t}{t_{\max}} + 1\right)}{\pi}\right] \tag{2-59}$$

C GA-PSO 算法

PSO 算法搜索到后期，粒子位置趋向同一化，多样性越来越差，算法有停滞现象。为了改善这种情况，以改进的 PSO 算法作为主体，以 GA 算法作为辅助，能够在 PSO 算法计算后期，扰动种群，增加种群的多样性，避免陷入局部极值。基于案例推理的规程优化计算流程如图 2-21 所示。其具体计算步骤如下：

（1）读取由案例检索得到的与当前问题最相似的案例作为 GA-PSO 的初始值，通过对各道次出口厚度 $h$ 和负荷分配系数 $\alpha$ 上下浮动一定比例，产生种群数为 40 的初始种群，并随机分配初始速度 $v$。

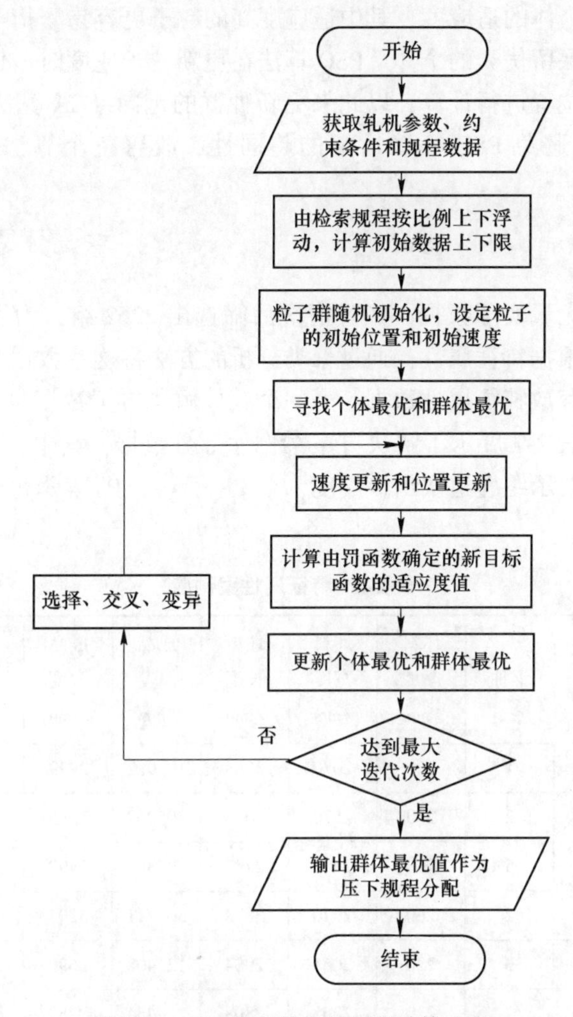


图 2-21 基于案例推理的规程计算流程

(2) 计算每个粒子的适应值 fitness，并确定初始局部极值点 $g_{\mathrm{best}}$ 和全局极值点 $z_{\mathrm{best}}$。

(3) 进行遗传算法的选择交叉操作，通过轮盘赌算法挑选出粒子，以概率 $p_c$ 根据式(2-53) 和式 (2-54) 进行交叉操作。

(4) 根据式 (2-55) 进行非均匀变异操作，以概率 $p_m$ 完成变异，生成新的个体，更新种群。

(5) 根据遗传算法扰动后生成的种群，再根据式 (2-39) 和式 (2-40) 更新粒子的速度和位置。

(6) 按照罚函数法计算适应度值，并确定局部最优值和全局最优值。

(7) 根据目标函数计算各个粒子的适应度值，确定新的局部最优和全局最优。

(8) 如果达到最大迭代次数，输出最终的结果，否则，跳到步骤 (3) 继续迭代计算，直至达到截止条件。

在 GA-PSO 算法中，以 PSO 算法作为整个优化算法的主体，GA 算法扰动种群，并且其交叉和变异操作起到增加粒子多样性的作用。以 GA-PSO 更新的种群和计算的适应度值作为基础，判断各个个体的适应度，其中适应度高的粒子更容易繁衍下去，将优良的基因遗传给下一代，并且保留优秀的个体。PSO 算法在更新粒子速度时，依然按照之前寻找的方向和全局最优粒子位置进行计算，以此来更新种群的走向。GA 算法作为整个优化修改算法的辅助算法，以避免 PSO 算法后期的趋同性，改善整个算法的收敛效果和寻优效果。

#### 2.2.2.5 实际应用

本章从现场采集大量实际数据，经过清洗后筛选出 2262 组，为了方便检索，首先对钢种进行编号，然后根据特征属性，通过聚类分析的方法将这些数据分成 9 个类别，并建立两个案例库，一个存放特征属性数据，另一个存放解决方案数据。表 2-6 展示了特征属性案例库部分数据；表 2-7 展示了解决方案案例库部分数据，其中，$h_1$，$h_2$，…，$h_n$ 表示每道次出口厚度，$h_n$ 表示终轧道次出口厚度，$P_1$，$P_2$，…，$P_n$ 表示每道次轧制力，$P_n$ 表示终轧道次轧制力。

**表 2-6 特征属性案例库**

| 类别号 | ID | 钢种 | 坯料厚度/mm | 坯料宽度/mm | 坯料长度/mm | 成品厚度/mm | 成品宽度/mm | 入口温度/℃ | 出口温度/℃ | 轧辊直径/mm |
|---|---|---|---|---|---|---|---|---|---|---|
| 1 | 1930821436 | 1 | 260 | 2070 | 3068 | 19.982 | 2999 | 1171 | 830 | 1142.21 |
| 2 | 1910860003 | 2 | 260 | 2570 | 4037 | 30.267 | 2665 | 1168 | 800 | 1191.27 |
| 3 | 1920810749 | 5 | 150 | 2570 | 2797 | 10.306 | 3490 | 1220 | 680 | 1207.93 |
| 4 | 1910860001 | 2 | 260 | 2570 | 3878 | 56.711 | 3295 | 1176 | 820 | 1191.27 |
| 5 | 1920788551 | 3 | 220 | 2065 | 2904 | 12.408 | 3690 | 1176 | 840 | 1207.93 |
| 6 | 1920776453 | 7 | 220 | 2065 | 2808 | 12.454 | 2750 | 1179 | 820 | 1207.93 |
| 7 | 1910855207 | 1 | 260 | 2570 | 3016 | 50.020 | 3710 | 1168 | 800 | 1207.93 |
| 8 | 1910846540 | 4 | 260 | 2570 | 3573 | 15.657 | 3895 | 1170 | 840 | 1151.78 |
| 9 | 1910846531 | 5 | 260 | 2570 | 4328 | 23.662 | 4415 | 1158 | 840 | 1142.21 |

**表 2-7 解决方案案例库**

| ID | | 1930821436 | 1910860003 | 1920810749 | 1910860001 | 1920788551 | 1920776453 | 1910855207 | 1910846540 | 1910846531 | … |
|---|---|---|---|---|---|---|---|---|---|---|---|
| 出口厚度/mm | $h_1$ | 238.789 | 252.365 | 137.628 | 241.696 | 201.928 | 201.942 | 238.884 | 238.952 | 249.204 | … |
| | $h_2$ | 212.793 | 222.421 | 120.613 | 221.114 | 177.494 | 182.251 | 212.754 | 216.793 | 225.738 | |
| | $h_3$ | 188.339 | 194.481 | 104.479 | 201.994 | 154.601 | 163.952 | 188.178 | 195.674 | 203.641 | |
| | $h_4$ | 165.217 | 163.982 | 79.5604 | 175.557 | 132.976 | 134.556 | 164.955 | 175.706 | 182.742 | |
| | ⋮ | | | | | | | | | | |
| | $h_n$ | 19.982 | 30.267 | 10.306 | 56.711 | 12.408 | 12.456 | 50.020 | 15.657 | 23.662 | |

续表 2-7

| ID | | 1930821436 | 1910860003 | 1920810749 | 1910860001 | 1920788551 | 1920776453 | 1910855207 | 1910846540 | 1910846531 | … |
|---|---|---|---|---|---|---|---|---|---|---|---|
| 轧制力/kN | $P_1$ | 25194 | 34167 | 16076 | 44313 | 21417 | 29415 | 31145 | 29425 | 21173 | … |
| | $P_2$ | 44282 | 36959 | 24226 | 43470 | 38125 | 28123 | 44166 | 45250 | 51043 | |
| | $P_3$ | 43507 | 37989 | 24510 | 42112 | 38511 | 27337 | 43473 | 45157 | 51100 | |
| | $P_4$ | 40744 | 40764 | 48908 | 47034 | 38441 | 41845 | 41234 | 44573 | 49815 | |
| | ⋮ | | | | | | | | | | |
| | $P_n$ | 43636 | 56579 | 43756 | 50395 | 57474 | 59468 | 41924 | 53020 | 53946 | |

选取现场 50 个待轧坯料（待轧坯料序号用 A 表示），采用两级检索从特征属性案例库中检索 50 个与待轧坯料最相似案例（最相似案例 ID 用 B 表示），然后可从解决方案案例库中得到最相似案例的规程数据。表 2-8 是检索结果部分数据，展示了坯料 A 和它的最相似案例 B 的特征属性对比情况以及检索所用时间。

**表 2-8　检索结果**

| 序号 | 钢种 | 坯料厚度/mm | 坯料宽度/mm | 坯料长度/mm | 成品厚度/mm | 成品宽度/mm | 开轧温度/℃ | 终轧温度/℃ | 平均辊径/mm | 检索用时/s |
|---|---|---|---|---|---|---|---|---|---|---|
| A1 | Q345qD | 150 | 2107 | 2690 | 8.334 | 3220 | 1257 | 820 | 1150.78 | 0.125 |
| B1 | Q345qD | 150 | 2107 | 2690 | 8.334 | 3220 | 1255 | 820 | 1150.78 | |
| A2 | AH36 | 220 | 2064 | 2905 | 10.357 | 3340 | 1222 | 840 | 1198.02 | 0.124 |
| B2 | AH36 | 220 | 2064 | 2884 | 10.357 | 3340 | 1222 | 840 | 1198.02 | |
| A3 | Q235D | 260 | 2070 | 3041 | 27.632 | 2725 | 1120 | 850 | 1181.25 | 0.109 |
| B3 | Q235D | 260 | 2070 | 4290 | 26.754 | 2755 | 1160 | 840 | 1181.25 | |
| A4 | AH36 | 260 | 2570 | 2717 | 14.426 | 3590 | 1207 | 680 | 1204.79 | 0.125 |
| B4 | AH36 | 260 | 2424 | 2570 | 14.408 | 3310 | 1180 | 680 | 1204.79 | |

最相似案例重用判断规则采用表 2-9 中各项值，B1 和 B2 可以作为 A1 和 A2 的直接重用案例。而 B3 和 B4 虽然是 A3 和 A4 的最相似案例，但不符合重用规则，还需要基于最相似案例采用 GA-PSO 算法进行进一步的优化。优化计算结果对应的延伸阶段规程数据见表 2-10，从出口厚度值可以看出，优化不能重用的最相似案例，可以得到目标规程分配结果。与实际轧制后的轧制力数据的对比分析如图 2-22 和图 2-23 所示，优化后前面道次负荷趋于均衡分配，充分发挥了设备能力，后面几道次轧制力且呈递减趋势，利于板形控制，符合制定的优化目标。

表 2-9 轧件和其最相似案例各特征属性差距可接受范围的最大值

| $L_d$ /mm | $W_d$ /mm | $H_d$ /mm | $w_d$ /mm | $h_d$ /mm | $T_d$ /℃ | $t_d$ /℃ | $D_d$ /mm |
|---|---|---|---|---|---|---|---|
| 50 | 10 | 1 | 20 | 0.02 | 5 | 2 | 10 |

表 2-10 运用优化方法前后轧件规程数据对比

| 道次 | A3 | | | | | A4 | | | | |
|---|---|---|---|---|---|---|---|---|---|---|
| | 出口厚度/mm | | | 轧制力/kN | | 出口厚度/mm | | | 轧制力/kN | |
| | 实际 | 最相似 | 优化 | 实际 | 优化 | 实际 | 最相似 | 优化 | 实际 | 优化 |
| 0 | 197.480 | 195.432 | — | — | — | 169.936 | 173.908 | — | — | — |
| 1 | 159.480 | 161.432 | 157.545 | 43960 | 42087 | 142.831 | 148.982 | 145.042 | 41248 | 43154 |
| 2 | 121.839 | 131.520 | 128.175 | 48677 | 42187 | 115.566 | 123.966 | 118.100 | 44483 | 44555 |
| 3 | 88.215 | 104.695 | 101.972 | 50525 | 42290 | 88.458 | 99.011 | 92.928 | 51905 | 50599 |
| 4 | 60.000 | 84.531 | 80.573 | 53533 | 42986 | 61.773 | 74.311 | 68.366 | 63938 | 59990 |
| 5 | 48.396 | 66.876 | 64.611 | 42751 | 41091 | 45.030 | 50.000 | 47.978 | 52267 | 57928 |
| 6 | 41.433 | 51.698 | 48.001 | 35322 | 40972 | 32.996 | 37.163 | 34.190 | 47084 | 49803 |
| 7 | 36.046 | 39.279 | 38.452 | 32585 | 37342 | 24.942 | 27.711 | 26.131 | 46000 | 46803 |
| 8 | 32.166 | 31.506 | 32.134 | 26969 | 33864 | 19.957 | 21.255 | 20.813 | 46807 | 47250 |
| 9 | 27.632 | 26.754 | 27.632 | 23209 | 29684 | 16.631 | 17.030 | 17.232 | 41645 | 42377 |
| 10 | — | — | — | — | — | 14.426 | 14.408 | 14.426 | 36875 | 37684 |

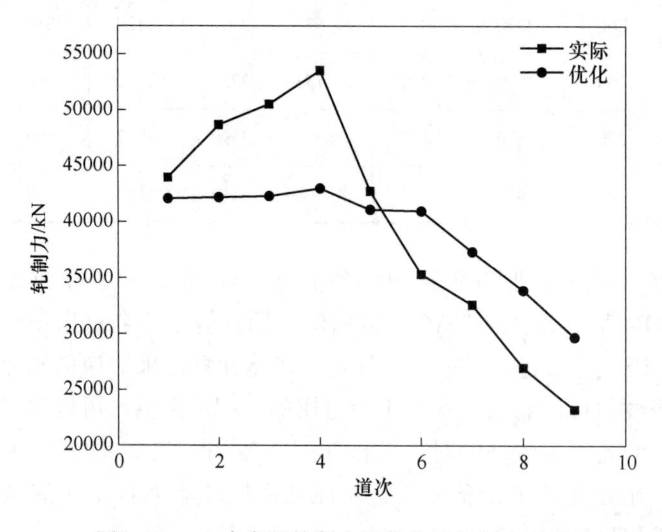


图 2-22 A3 中实际轧制力和优化后轧制力对比

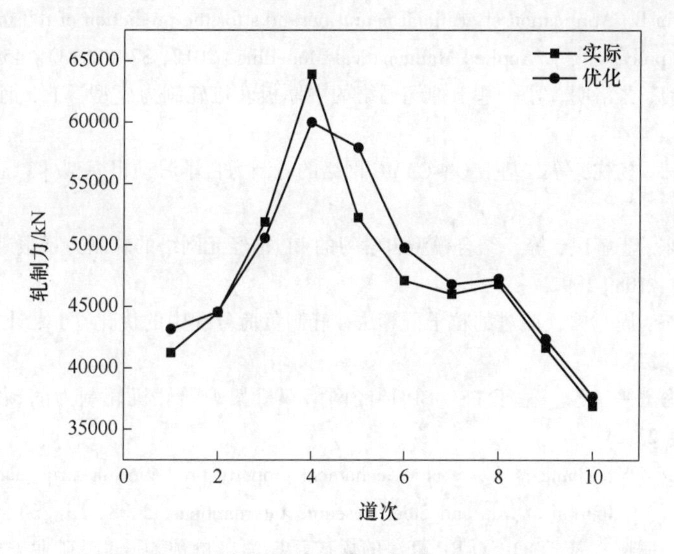


图 2-23 A4 中实际轧制力和优化后轧制力对比

图 2-24 为使用传统方法和使用本章方法进行轧制规程分配计算时间对比情况，A1 和 A2 的最相似案例可以直接重用，计算时间为检索时间，分别为 0.125 s 和 0.124 s。A3 和 A4 的最相似案例不能直接重用，优化计算总时间为最相似案例检索和 GA-PSO 优化时间之和，由于最相似案例检索已经给出相对合理的初值，因此优化计算总时间分别为 0.437 s 和 0.454 s。A1、A2、A3 和 A4 运用传统方法进行规程分配的计算时间分别为 0.67 s、0.77 s、0.81 s 和 0.72 s。

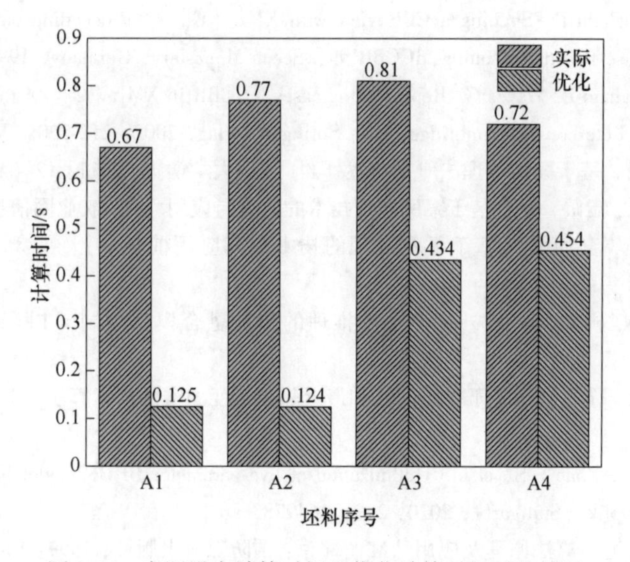


图 2-24 实际设定计算时间和优化计算时间对比情况

## 参 考 文 献

[1] 周政. BP 神经网络的发展现状综述 [J]. 山西电子技术, 2008 (2): 90-92.

[2] Mahdi B, Hosein B. Application of artificial neural networks for the prediction of roll force and roll torque in hot strip rolling process [J]. Applied Mathematical Modelling, 2012, 37 (2013): 4593-4607.

[3] 韩丽丽, 孟令启, 张洛明, 等. 基于神经网络的中厚板轧机轧制力模型 [J]. 钢铁研究学报, 2007, 19 (6): 95-98.

[4] 赵文姣, 闫洪伟, 杨枕, 等. 基于 CA-CAMC 网络的轧制力自学习预报模型 [J]. 冶金自动化, 2016, 40 (2): 7-10.

[5] 胡贤嘉, 王昭东, 于解民, 等. 结合模型自学习的 BP 神经元网络的轧制力预报 [J]. 东北大学学报, 2002, 23 (11): 1089-1092.

[6] 李荣雨, 张卫杰, 周志勇. 改进的粒子群算法在轧制负荷分配中的优化 [J]. 计算机科学, 2018, 45 (7): 214-218, 225.

[7] 王智, 张果, 王剑平, 等. 基于 PSO-BP 神经网络双机架炉卷轧机轧制力的预测 [J]. 钢铁研究, 2017, 45 (3): 23-26.

[8] Wang P, Huang Z Y, Zhang M Y, et al. Mechanical property prediction of strip model based on PSO-BP neural network [J]. Journal of Iron and Steel Research International, 2008, 15 (3): 87-91.

[9] 程加堂, 艾莉, 熊燕. 基于 IQPSO-BP 算法的煤矿瓦斯涌出量预测 [J]. 矿业安全与环保, 2016, 43 (4): 38-41.

[10] 宜亚丽, 韩晓铠, 金贺荣. 带夹层不锈钢复合板异步轧制数值模拟 [J]. 塑性工程学报, 2020, 27 (6): 79-86.

[11] 孙俊, 方伟, 吴小俊, 等. 量子行为粒子群优化: 原理及其应用 [M]. 北京: 清华大学出版社, 2011.

[12] 张铁, 阎家斌. 数值分析 [M]. 北京: 冶金工业出版社, 2007.

[13] 汤文宇. CBR 的应用研究 [D]. 南京: 南京邮电大学, 2007.

[14] 汤文宇, 李玲娟. CBR 方法中的案例表示和案例库的构造 [J]. 西安邮电学院学报, 2006, 11 (5): 75-78.

[15] Hayes C, Cunningham P. Shaping a CBR view with XML [C] // Proceeding of the Third International Conference on Case-Based Reasoning, ICCBR'99, Seeon Monastery, Germany, 1999, 1650: 468-481.

[16] Coyle L, Cunningham P, Hayes C. Representing cases for CBR in XML [C] // In Proceedings of 7th UK CBR Workshop. Peterhouse, Cambridge, UK: Springer Verlag, 2002: 212-220.

[17] 侯玉梅, 许成媛. 基于案例推理法研究综述 [J]. 燕山大学学报, 2011, 12 (4): 102-108.

[18] 房文娟, 李绍稳, 袁媛, 等. 基于案例推理技术的研究与应用 [J]. 农业网信息, 2005 (1): 13-17.

[19] 张光前, 邓贵仕, 李朝晖. 基于事例推理的技术及其应用前景 [J]. 计算机工程与应用, 2002 (20): 52-55.

[20] 邱华东, 田建艳, 杨双庆, 等. 基于案例推理的热轧融合模型控制 [J]. 钢铁, 2015, 50 (4): 88-94.

[21] 俞峥峥, 朱芳来, 徐立云. 基于神经网络和最近邻相似度的实例检索算法 [J]. 机电一体化, 2014, 20 (11): 63-67.

[22] Liu Y Y, Dai J J, Zhao S S, et al. Optimization of five-parameter BRDF model based on hybrid GAPSO algorithm [J]. Optik (Stuttgart), 2020, 219: 164978.

[23] 周明, 孙树栋. 遗传算法原理及应用 [M]. 北京: 国防工业出版社, 1999: 15-59.

[24] 李岩, 袁弘宇, 于佳乔, 等. 遗传算法在优化问题中的应用综述 [J]. 山东工业技术, 2019 (12): 242-243.

[25] 周月波. 遗传算法在物流系统中的应用研究 [D]. 重庆: 重庆交通大学, 2014.

[26] Kennedy J, Eberhart R C. Particle swarm optimization [J]. Proceedings of the IEEE International Conference on Neural Networks Perth Australia, 1995: 1942-1948.

[27] 杨英杰．粒子群算法及其应用研究［M］. 北京：北京理工大学出版社，2017.

[28] Shi Y H, Eberhart R C. Empirical study of particle swarm optimization ［C］// Congress on Evolutionary Computation, 2002: 1945-1950.

[29] Carlisle A, Dozier G. An off-the-shelf PSO ［J］. Proceedings of the Particle Swarm Optimization Workshop, Indianapolis, IN, USA, 2001: 1-6.

[30] 李丽，牛奔．粒子群优化算法［M］. 北京：冶金工业出版社，2009.

[31] 徐海，刘石，马勇，等．基于改进粒子群游优化的模糊逻辑系统自学习算法［J］. 计算机工程与应用，2000（7）：62-63.

[32] 车海军，刘畅，孙晓娜，等．基于遗传粒子群算法的冷连轧轧制规程优化设计［J］. 轧钢，2009，26（1）：22-25.

[33] Kao Y T, Zahara E. A hybrid genetic algorithm and particle swarm optimization for multimodal functions ［J］. Applied Soft Computing, 2008, 8: 849-857.

[34] Kuo R J, Han Y S. A hybrid of genetic algorithm and particle swarm optimization for solving bi-level linear programming problem—A case study on supply chain model ［J］. Applied Mathematical Modelling, 2011, 35: 3905-3917.

# 3　中厚板轧制尺寸精度的数字化控制技术

外形尺寸精度是中厚板产品最重要的质量指标，随着客户对中厚板产品质量要求的提升，尺寸精度指标方面的要求也越来越苛刻。针对尺寸精度控制，传统建模和控制方法经过长期发展已经比较完善，其计算和控制精度趋于极限，可挖掘的潜力有限。因此人们期望采用数据驱动的数字化技术，以进一步提升尺寸控制精度。

本章重点介绍与中厚板产品厚度和宽度控制精度提升相关的数字化控制技术研究工作。

## 3.1　轧件全平面厚度精度的数字化控制技术

### 3.1.1　非稳定段智能化多点设定厚度控制

中厚板在可逆轧制过程中，轧件头部咬入阶段是不稳定的阶段，头部的轧制力与中部轧制力相比常常有较大的差值，这导致在轧件头部与中部处的轧机弹跳量不同，从而引起厚度差异。轧件头部厚度偏差主要是受温度的影响。当轧件较厚时，头尾温度与中部温度差异很小，轧件的最大轧制力发生在加热炉加热时的黑印处；当轧件逐渐变薄时，由于头尾的冷却速度要大于中部，头尾与中部的温差逐渐增大，而加热炉两个导轨引起的黑印由于热传导作用逐步扩散，此时的最大轧制力发生在头尾两端。图 3-1 和图 3-2 分别表示了不同厚度的轧件轧制过程中轧制力分布。

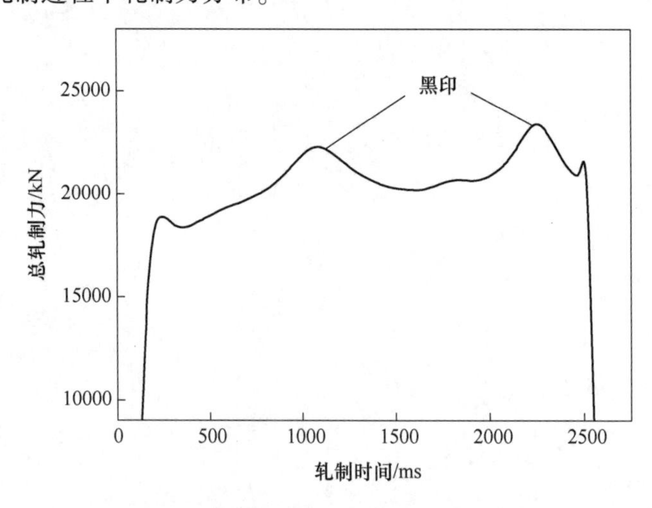


图 3-1　厚度为 70 mm 轧件的轧制力分布

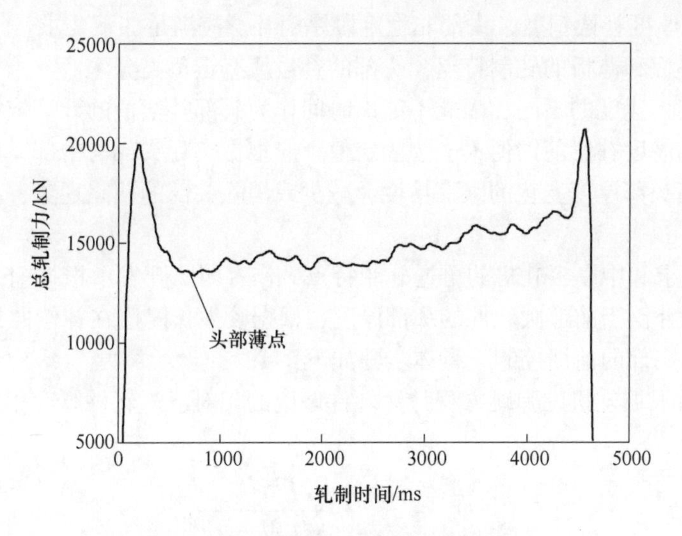


图 3-2 厚度为 16 mm 轧件的轧制力分布

常见的头部前馈补偿方法是在轧制前，利用液压系统使辊缝多压下一固定值，轧件咬钢后在固定时间内逐步以线性方式将辊缝恢复至正常设定值。这种补偿方法主要有以下缺点：

（1）轧制不同厚度钢板时，头部与中部的厚度差不同，以固定值作为头部的补偿量，适应范围窄。厚板与薄板的轧制力分布形式不同，厚板轧制时本来头部偏薄，补偿后头部与中部的厚度差会更严重。

（2）未考虑轧件的咬入速度。由于现场操作的随意性，不同厚度轧件咬入速度无法度量，用固定时间进行头部的补偿控制，补偿曲线常常无法与轧件头部厚度变化对应。

（3）较薄规格钢板轧制时，头部轧制力先增大后减小，常常在靠近头部处会有一段的轧制力小于中部平均轧制力，如图 3-2 所示，如果头部补偿位置未对应好，头部凹陷现象会加剧。

图 3-3 为厚度为 26 mm 的 Q345 轧件轧制过程的厚度波动曲线，采用常规的补偿方法，头部补偿量为 0.25 mm，补偿时间为 200 ms。从图中可以看出，头部补偿效果并不理想，头部存在着凹陷现象。在轧制过程如果负公差轧制量未控制好，这种头部凹陷现象常常导致成品的改判；为了保证成品的厚度公差，兼顾头部的凹陷，钢板中部就要偏厚，影响成材率。

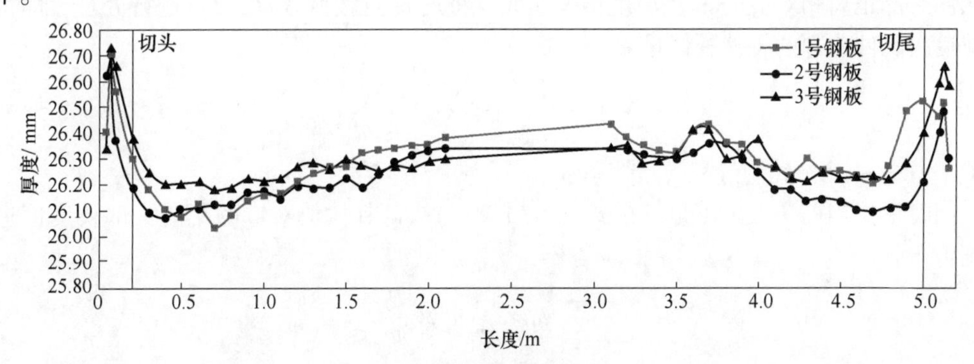


图 3-3 钢板的纵向厚度分布

为提高头部厚度补偿精度，头部非稳定段厚度补偿应满足如下要求：

（1）根据厚板和薄板的轧制特点，头部的补偿值有正负之分。

（2）由于咬入速度的不同，因此不能以时间作为头部补偿值的计算依据。

（3）头部的厚度补偿前馈值不应为固定值，应根据实际头部与中部厚度差进行计算。

（4）应提高头部厚度变化的跟踪精度，减少或消除头部的凹陷现象，减小同板差，提高成材率。

根据以上要求和中厚板轧机的可逆轧制特点，作者团队开发了根据前道次轧件尾部的厚度分布曲线来补偿当前道次轧件的头部厚度，根据咬入长度值在补偿曲线中寻找相应的头部补偿值进行头部的前馈控制，具体步骤如下：

（1）咬钢后根据轧机的弹跳方程计算轧件厚度的相对值。轧件厚度相对值如式（3-1）所示。

$$h_{act} = S_{act} + \frac{P_{act} - P_{zero}}{M} \tag{3-1}$$

式中 $h_{act}$——轧制过程的相对厚度；
$S_{act}$——轧制过程的实际辊缝；
$P_{act}$——实际轧制力；
$P_{zero}$——零点轧制力；
$M$——轧机刚度。

在 PLC 中开辟存储空间，在轧制过程中每间隔一定时间（10 ms）计算一次轧件的相对厚度及对应的轧制速度并存储。

（2）抛钢后对存储数据进行处理，得到中部平均厚度和与尾部距离 $d_i$ 相对应的 $n$ 点厚度变化曲线 $h_i$ 。

受到轧件尾部圆弧外端的厚度干扰，尾部的厚度数据并不能直接取尾部的 $n$ 点。要先从尾部向头部方向搜索轧件尾部厚度的最大值，将其作为基点，再依次向头部方向取 $m$ 点厚度值。

（3）将尾部 $m$ 点的厚度变化曲线与中部平均厚度相减得到尾部 $m$ 点的厚度差曲线 $\Delta h_i$ 。

（4）对尾部厚度偏差曲线 $\Delta h_i$ 进行处理，得到下道次头部的辊缝补偿曲线。

根据可逆轧制特点，将与尾部距离对应的 $n$ 点厚度偏差曲线逆向处理，即得到下道次与轧件头部距离相对应的 $m$ 点厚度偏差曲线，将这 $m$ 点按照式（3-2）进行处理，即得到当前道次轧件头部的辊缝补偿量 $C_i$ ：

$$\sum_{i=1}^{m} C_i = \sum_{i=1}^{m} \Delta h_i \times \left(1 + \frac{Q}{M}\right) \tag{3-2}$$

式中 $Q$——轧件轧制过程的塑性系数。

同时根据当前道次压下量，按式（3-3）对与头部补偿值对应的距离头部长度值进行修正：

$$\sum_{i=1}^{m} d'_i = \sum_{i=1}^{m} d_i \times \frac{H}{h} \tag{3-3}$$

式中 $d'_i$——辊缝补偿曲线中距离头部长度修正值；

$H$——当前道次入口厚度；

$h$——当前道次预测出口厚度。

当前道次咬钢后，按轧制速度计算轧件头部的轧制长度，在头部补偿曲线 $C_i$ 中搜索相对于轧件头部长度对应的补偿量，并利用液压系统改变辊缝值，实现头部补偿。

图 3-4 所示为厚度 25 mm 的 Q235 钢板倒数第二道次尾部的厚度偏差曲线。利用式 (3-2)、式 (3-3) 处理后，即可作为末道次的头部前馈补偿曲线。

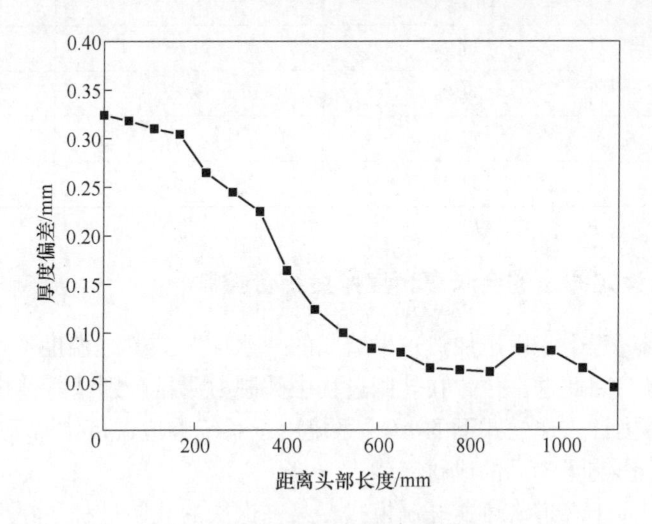


图 3-4 头部厚度前馈补偿曲线

图 3-5 所示为某 16 mm 钢板末道次头部补偿过程。根据头部厚度计算值可见，头部补偿曲线的投入极大地改善了头部与中部之间的厚差，减小了钢板的同板差，提高了成材率。

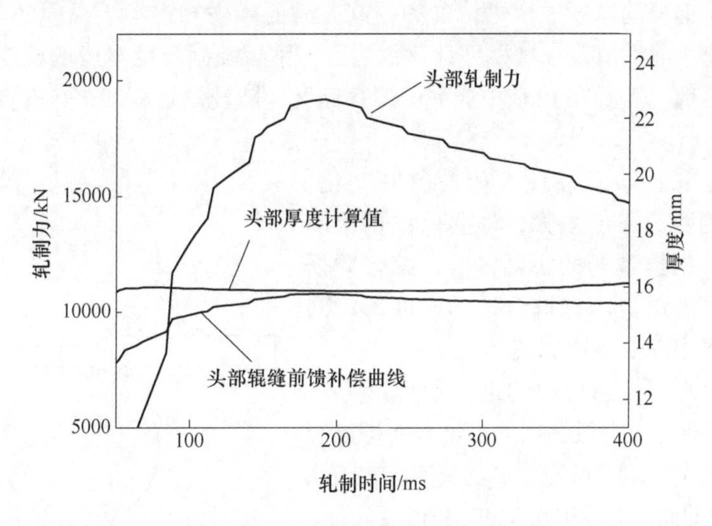


图 3-5 头部补偿过程

采用以上头部厚度自适应补偿方法对现场生产的一组钢板进行跟踪，见表 3-1，测量结果表明剪切后钢板的头部厚度与中部厚度之间厚度差可以控制在允许范围以内，不同规格的钢板靠近头部处没有明显的凹陷现象，表明此种头部补偿方法可以满足工程应用要求。

表 3-1 头部厚度与平均厚度对比 (mm)

| 成品目标厚度 | 头部厚度最大值 | 平均厚度 | 头部与平均厚度之差 |
|---|---|---|---|
| 10 | 9.89 | 9.71 | 0.18 |
| | 10.12 | 9.88 | 0.24 |
| 16 | 16.43 | 16.21 | 0.22 |
| | 16.17 | 15.98 | 0.19 |
| 40 | 39.78 | 39.63 | 0.15 |
| | 39.94 | 39.85 | 0.09 |
| 60 | 59.48 | 59.57 | -0.09 |
| | 59.79 | 59.91 | -0.12 |

### 3.1.2 基于多点设定方法的全长高精度厚度综合控制

中厚板在轧制过程中，由于加热炉中造成的“水印”或其他温度不均匀因素影响了钢板纵向的某一位置，因此这一位置在轧制过程中轧制力明显区别于其他位置，而这一位置长度很短，基于厚度计工作模式下的 AGC 系统由于系统响应温度常常无法消除厚度偏差，造成同板差过大，影响了产品的成材率[1-2]。

中厚板的轧制属于多道次可逆轧制模式，某一道次的轧制过程是在上一道次已轧制完成的基础上进行的，即当前道次轧制的入口厚度为上一道次轧制的出口厚度。利用这一特点，对钢板轧制过程进行加工历程的信息进行跟踪，针对厚度波动增加精确的前馈控制，提高同板差。

为了能够对钢板的厚度进行更精确的控制，需要预先知道钢板纵向的厚度分布情况，根据轧辊的转速、前滑值及厚度模型计算每道次与钢板轧制长度对应的厚度值。这一工作由基础自动化实现，需要在 PLC 中提前开辟存储区，随轧制过程的进行存储与钢板长度相对应的厚度值。

考虑钢板上一些位置厚度可能的急剧变化，两点厚度之间的距离不能太大，即要保证钢板厚度的跟踪精度。根据现场的实际经验，综合数据量的大小及控制精度要求选取合适的厚度跟踪间隔点，钢板厚度跟踪示意图如图 3-6 所示。

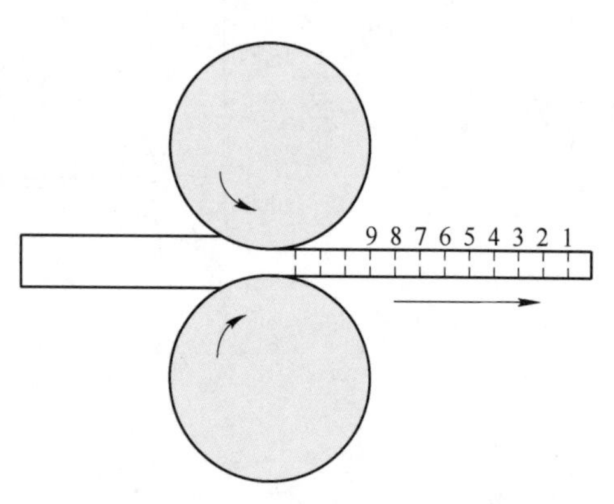

图 3-6 钢板纵向厚度跟踪计算

厚度计算是随着轧制过程的进行不断触发的，当一道次轧制完成时，钢板纵向的厚度分布即被存储在 PLC 缓冲区中，由于可逆轧制的特点，本道次的厚度跟踪数据即作为下道次轧件的入口厚度分布。

钢板厚度 AGC 控制属于反馈控制，控制系统根据轧制力、辊缝等数据的变化在线计算钢板的厚度，并与目标设定相比较，驱动液压系统消除厚度偏差，但对于类似“水印”等因素影响的厚度急剧变化区域，液压系统的响应会跟不上厚度的变化速度，导致这一区域的厚度偏差调节能力差[3]。

在已知钢板纵向厚度分布的基础上进行下道次的 AGC 调节时，将钢板的纵向厚度分布作为入口厚度，对于厚度 AGC 控制不仅使用原来的反馈 AGC 算法，还可以将预先获得的入口厚度信息加入到厚度控制中，缓解入口厚度变化大造成的液压响应慢来不及调整的问题，加入的厚度前馈算法具体步骤如下：

（1）每一道次当钢板咬入时根据辊速、前滑值计算与轧出长度对应的厚度变化值，存储于缓冲区中，作为钢板纵向厚度跟踪数据。

（2）头部厚度偏差单独实施控制，所以 AGC 控制是从头部控制之后开始进行的。

（3）原有的厚度反馈控制功能保留，即将实时计算厚度与目标设定厚度之差输入至 PI 控制器中，控制液压缸消除厚度偏差。

（4）从厚度缓冲区中提取当前道次轧出长度附近对应的入口厚度值，与入口厚度基准值进行比较，根据厚度偏差输出辊缝调整结果，并将结果输出控制液压缸消除入口厚度变化对板厚的影响。如果入口厚度变化很小时，以上控制对原有厚度控制系统基本无影响；当厚度变化大时，入口厚度就会影响液压缸的调节量，使厚度调节能力加大，即加入了前馈控制，前馈控制值利用式（3-4）计算。

$$\Delta S = \frac{Q}{M}\Delta H \tag{3-4}$$

式中 $\Delta S$——辊缝前馈控制量；

$Q$——轧件塑性系数；

$M$——轧机刚度；

$\Delta H$——跟踪厚度与入口基准厚度差值。

（5）当这一道次轧制完成时，钢板的纵向厚度跟踪结果同样被存储至缓冲区，为下一道次的厚度反馈和前馈控制做准备。

此法增加了利用钢板初始纵向厚度信息进行前馈厚度控制的功能，可以对类似“水印”等因素导致的钢板厚度急剧变化区域进行较好的自适应厚度控制，减小厚度偏差，提高了成材率。图 3-7 所示为通过可逆道次对“水印”位置进行跟踪后的补偿曲线，其基于多维信息的厚度前馈控制方案解决了钢板在小范围内厚度急剧变化厚度偏差难以控制的难题。

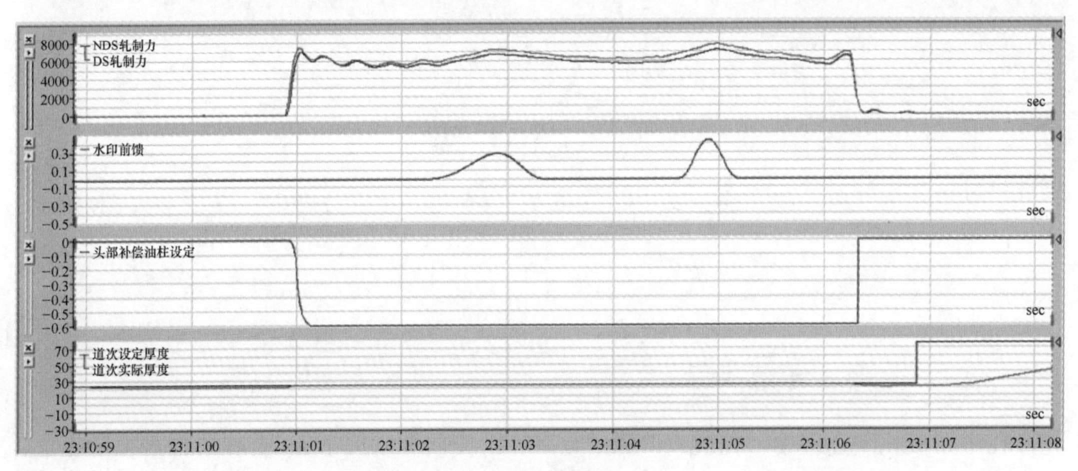


图 3-7 水印前馈控制曲线

## 3.2 轧件宽度尺寸精度的智能控制技术

轧件宽度是中厚板产品尺寸的另外一个非常重要的控制指标，其控制精度将直接影响产品的最终成材率。宽度太宽，在切边定尺时钢板长度不够，导致产品改判；反之，宽度太窄，无法达到产品的尺寸要求。因此，宽度精确控制是提高中厚板产品成材率的一个至关重要环节[4]。

### 3.2.1 中厚板轧制过程的宽度预测模型

中厚板轧制生产过程中，钢板可近似为一矩形材，钢板发生塑性变形时，金属除了沿轧制方向流动之外，还要沿宽度方向流动，如图 3-8 所示，沿宽度方向流动的部分占总变形体积的比例可用横向流动因子 $\alpha_k$ 表示，即

$$\alpha_k b_0(h_0 - h_1)l_0 = (b_1 - b_0)h_1 l_1 \tag{3-5}$$

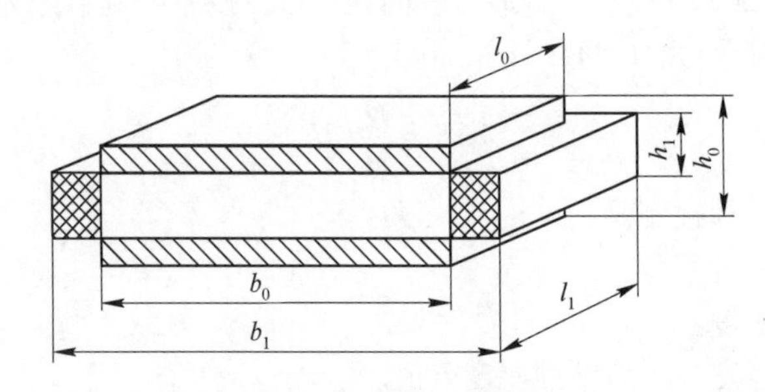


图 3-8 宽展变形示意图

由于 $b_0 h_0 l_0 = b_1 h_1 l_1$，因此可将 $l_1$ 替换，式（3-5）变为：

$$\alpha_k b_0(h_0 - h_1)l_0 = (b_1 - b_0)h_1 l_0 \frac{b_0 h_0}{b_1 h_1} \tag{3-6}$$

消元后可得：

$$\alpha_k \frac{h_0 - h_1}{h_0} = \frac{b_1 - b_0}{b_1} \tag{3-7}$$

$$\alpha_k \left(1 - \frac{h_1}{h_0}\right) = 1 - \frac{b_0}{b_1} \tag{3-8}$$

整理可得：

$$\beta_k = \frac{1}{1 - \alpha_k \left(1 - \frac{h_1}{h_0}\right)} \tag{3-9}$$

式中 $\beta_k$ ——展宽系数，$\beta_k = \frac{b_1}{b_0}$。

在中厚板轧制过程中，钢板入口侧的宽厚比对横向流动因子 $\alpha_k$ 有着非常重要的影响，宽厚比越大，横向流动因子 $\alpha_k$ 越小，其关系曲线如图 3-9 所示。

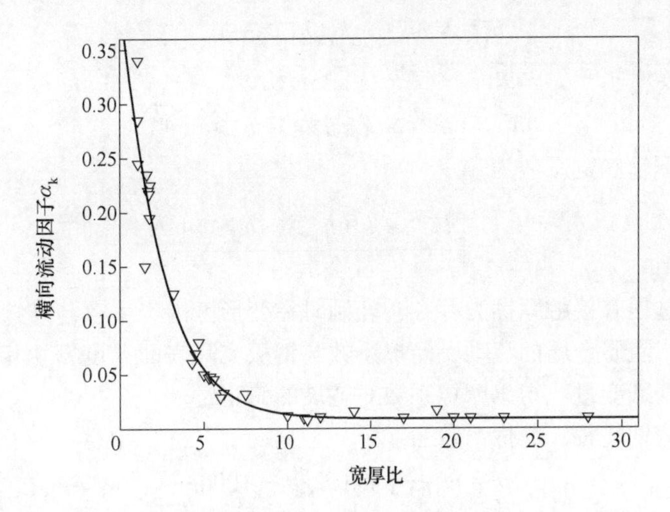


图 3-9 宽厚比与横向流动因子关系

取宽厚比与横向流动因子进行指数形式拟合，可得：

$$\alpha_k = k_1\left(\frac{b}{h}\right)^{k_2} \tag{3-10}$$

式中 $k_1$, $k_2$——拟合系数。

在小变形条件下，横向流动系数 $\alpha_k$ 才可以认为在变形过程中为常数。但对于多道次轧制过程，轧件的总压下量较大，所以可以采用微分形式进行进一步分析。

$$-\alpha_k \mathrm{d}b(bl) = \mathrm{d}b(h + \mathrm{d}h)(l + \mathrm{d}l) \tag{3-11}$$

按照体积不变定律，这项可用 $l + \mathrm{d}l$ 替换：

$$blh = (b + \mathrm{d}b)(h + \mathrm{d}h)(l + \mathrm{d}l)$$

$$l + \mathrm{d}l = \frac{lbh}{(b + \mathrm{d}b)(h + \mathrm{d}h)} \tag{3-12}$$

$$-\mathrm{d}hbl\alpha_k = \mathrm{d}b(h + \mathrm{d}h)\frac{lbh}{(b + \mathrm{d}b)(h + \mathrm{d}h)}$$

$$-\mathrm{d}b\alpha_k(b + \mathrm{d}b) = \mathrm{d}bh \tag{3-13}$$

方程展开之后为：

$$-\mathrm{d}b\alpha_k b + \mathrm{d}h\alpha_k \mathrm{d}b = \mathrm{d}bh \tag{3-14}$$

高阶元素 $\mathrm{d}h \cdot \mathrm{d}b$ 可以近似为 0，以简化各项：

$$-\mathrm{d}b\alpha_k b = \mathrm{d}bh \tag{3-15}$$

则：

$$-\mathrm{d}hk_1\left(\frac{b}{h}\right)^{k_2} b = \mathrm{d}bh$$

$$-k_1 h^{-k_2-1}\mathrm{d}h = b^{-k_2-1}\mathrm{d}b \tag{3-16}$$

$$-k_1\int_{h_0}^{h_1} h^{-k_2-1}\mathrm{d}h = \int_{b_0}^{b_1} b^{-k_2-1}\mathrm{d}b$$

$$-k_1 - \frac{1}{k_2}(h_1^{-k_2} - h_0^{-k_2}) = -\frac{1}{k_2}(b_1^{-k_2} - b_0^{-k_2})$$

$$b_1^{-k_2} = b_0^{-k_2} - k_1(h_1^{-k_2} - h_0^{-k_2}) \tag{3-17}$$

为了计算出宽展，式（3-17）改写成：

$$b_1 = [b_0^{-k_2} - k_1(h_1^{-k_2} - h_0^{-k_2})]^{-\frac{1}{k_2}} \tag{3-18}$$

可得多道次大压下量展宽系数为：

$$\beta_k = \frac{[b_0^{-k_2} - k_1(h_1^{-k_2} - h_0^{-k_2})]^{-\frac{1}{k_2}}}{b_0} \tag{3-19}$$

由于在宽展过程有接触摩擦力存在，轧制时在变形区内产生有与摩擦力相平衡的水平压应力和剪切力，阻碍金属的流动，摩擦系数与钢板实际表面温度密切相关，因此可将实测温度作为宽度辅助变量，得出摩擦系数对宽展的修正量。

对于高镍铬铸铁轧辊，摩擦系数为：

$$\mu = m_1 - [m_2(T_{mea} - 1000)] \tag{3-20}$$

式中 $m_1$, $m_2$——模型系数，$m_1$ 取值范围通常在 0.53 ~ 0.56，$m_2$ 取值范围通常在 0.00047 ~ 0.00053；

$T_{mea}$——测温仪实测温度，℃。

展宽系数为：

$$\beta_k = c\left(\sqrt{R_w\Delta h} - \frac{\Delta h}{2\mu}\right)\frac{[b_0^{-k_2} - k_1(h_1^{-k_2} - h_0^{-k_2})]^{-\frac{1}{k_2}}}{b_0} \tag{3-21}$$

式中 $R_w$——工作辊直径，mm；

$\Delta h$——当前道次压下量，mm；

$c$——模型常数。

宽度值为：

$$B_{rf} = c\left(\sqrt{R_w\Delta h} - \frac{\Delta h}{2\mu}\right)\frac{[b_0^{-k_2} - k_1(h_1^{-k_2} - h_0^{-k_2})]^{-\frac{1}{k_2}}}{b_0} \tag{3-22}$$

### 3.2.2 宽度智能控制技术

宽度设定模型在线运行过程中，在道次抛钢后若检测到钢板的实际宽度，可将该实测值用于模型校正，其校正系数为：

$$K_B = \frac{B_{rf}}{B_{mea}} \tag{3-23}$$

式中 $B_{rf}$——宽度模型计算值，mm；

$B_{mea}$——宽度实际测量值，mm。

由于轧件宽度、厚度、温度、钢种等多因素的影响，采用单一的校正系数 $K_B$ 对宽度模型进行校正并不能满足在线实际生产的要求，为了更精确地进行宽度模型在线校正，需要将 $K_B$ 按照不同的厚度族、宽度族、温度族以及钢种族进行区分。在宽度模型计算过程中，若当前道次所对应的族中并未进行过模型校正，采用族相关性分析，在所校正过的系数当中，找到相关系数最高的族，最后确定当前族所对应的校正系数 $K_B$。

对于厚度族，采用自然对数的形式来进行划分。如图 3-10 所示，横坐标为轧件的厚度，单位为 mm，纵坐标为轧件厚度的自然对数，由于这里 $\ln H$ 只是进行厚度族划分的一个中间过渡量，因此不用考虑其单位。

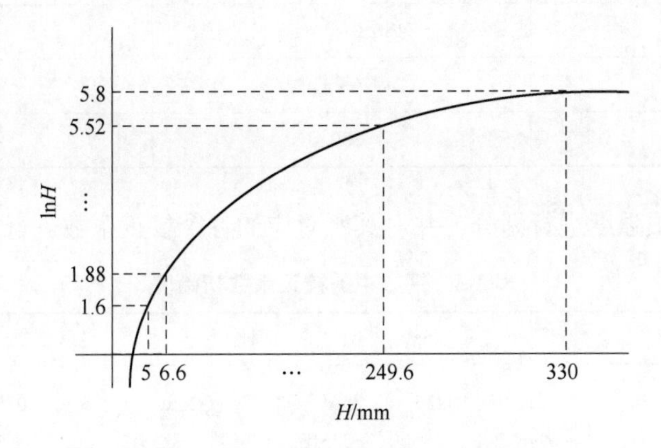


图 3-10　厚度层别划分示意图

厚度族划分的具体步骤是：首先确定轧制过程中厚度的上下限，这里设为 5 和 330，然后取它们的自然对数并均分为 15 份，得到 16 个厚度节点，最后分别取这 16 个节点的 e 指数即得到厚度族的各个厚度节点，每相邻的节点间即为厚度族的一族。在宽度模型中，校正系数 $K_B$ 按照不同的厚度族加以区分。

厚度族划分之后，需要对该族中各个校正系数进行初始化，见表 3-2。

**表 3-2　厚度族中的校正系数初始值**

| 厚度族 | 厚度区间/mm | 校正系数初始值 |
|---|---|---|
| 1 | <5 | 1.0 |
| 2 | 5~6.6 | 1.0 |
| 3 | 6.6~8.7 | 1.0 |
| 4 | 8.7~11.5 | 1.0 |
| 5 | 11.5~15.2 | 1.0 |
| 6 | 15.2~20.1 | 1.0 |
| 7 | 20.1~26.6 | 1.0 |
| 8 | 26.6~35.2 | 1.0 |
| 9 | 35.2~46.5 | 1.0 |
| 10 | 46.5~61.6 | 1.0 |
| 11 | 61.6~81.5 | 1.0 |
| 12 | 81.5~107.8 | 1.0 |
| 13 | 107.8~142.6 | 1.0 |
| 14 | 142.6~188.0 | 1.0 |

续表 3-2

| 厚度族 | 厚度区间/mm | 校正系数初始值 |
|---|---|---|
| 15 | 188.0~249.6 | 1.0 |
| 16 | 249.6~330.0 | 1.0 |
| 17 | >330.0 | 1.0 |

钢种族按照屈服强度进行划分，并对其所对应的各个校正系数进行初始化，见表 3-3。

**表 3-3 钢族中的校正系数初始值**

| 钢族 | 强度级别/MPa | 钢种 | 校正系数初始值 |
|---|---|---|---|
| 1 | 195~235 | Q195、Q235、Q235A、Q235B、Q235C、Q235D、Q235B2、20g、20R、SS400、S235JR、S235J0、S235J2、CCSA、CCSB、CCSD、ABA、ABB、ABD、BVA、BVB、BVD、GLA、GLB、GLD、LRA、LRB、LRD、NVA、NVB、NVD、KRA、KRB、KRD、RA、RB、RD、RIA、RIB、RID | 1.0 |
| 2 | 275~290 | S275JR、S275J0、S275J2 | 1.0 |
| 3 | 335~370 | Q345、Q345A、Q345B、Q345C、Q345D、Q345E、Q345B2、Q345B5、Q345qC、Q345qD、Q345qE、16MnR、16Mng、S355JR、S355J0、S355J2、CCSA32、CCSD32、CCSA36、CCSD36、ABAH32、ABDH32、ABAH36、ABDH36、BVAH32、BVDH32、BVAH36、BVDH36、GLA32、GLD32、GLA36、GLD36、LRA32、LRD32、LRA36、LRD36、NVA32、NVD32、NVA36、NVD36、KRA32、KRD32、KRA36、KRD36、RA32、RD32、RA36、RD36、RIA32、RID32、RIA36、RID36 | 1.0 |
| 4 | 390 | Q390 | 1.0 |
| 5 | 420 | Q420 | 1.0 |
| 6 | 460 | Q460 | 1.0 |
| 7 | 500 | 500D、X70 | 1.0 |
| 8 | 550 | 550D、X80 | 1.0 |
| 9 | 630 | X90 | 1.0 |

由于轧制温度 $T$、轧制入口厚度 $h$、轧制入口宽度 $B$ 以及钢种强度级别 $\sigma$ 不同，通过关联算法计算最近生产的 $n$ 块钢板以及当前正在轧制钢板的前 $m$ 道次的宽度模型校正系数与当前道次宽度模型校正系数的关联度，具体步骤如下：

（1）确定参考数列和比较数列，取当前道次参考数列为 $X_0 = \{T_0, h_0, B_0, \sigma_0\}$，取最近生产的 $n$ 块钢板所有道次以及当前正在轧制钢板的前 $m$ 道次比较数列为 $X_i = \{T_i, h_i, B_i, \sigma_i\}$。

（2）对参考数列和比较数列进行归一化处理，由于数列中各参数的物理意义不同，数

据的量纲也不一定相同，不便于比较，因此在进行灰色关联度分析时，一般都要进行归一化处理。归一化处理模型见式（3-24）

$$\tilde{x} = \frac{x_i - x_{\min}}{x_{\max} - x_{\min}} \tag{3-24}$$

式中 $x_{\min}$——数列中参数最小值；

$x_{\max}$——数列中参数最大值；

$\tilde{x}$——数列中参数归一化后计算值，取值范围为（0，1）。

归一化后的参考数列和计较数列分别为 $\tilde{X}_0 = \{\tilde{T}_0,\ \tilde{h}_0,\ \tilde{B}_0,\ \tilde{\sigma}_0\}$ 和 $\tilde{X}_i = \{\tilde{T}_i,\ \tilde{h}_i,\ \tilde{B}_i,\ \tilde{\sigma}_i\}$。

（3）计算参考数列与比较数列各个参数的灰色关联系数 $\xi_i(\tilde{T})$、$\xi_i(\tilde{h})$、$\xi_i(\tilde{\varepsilon})$ 和 $\xi_i(\tilde{\sigma})$。

（4）计算最近生产的 $n$ 块钢板以及当前正在轧制钢板的前 $m$ 道次的软测量模型校正系数与当前道次软测量模型校正系数的关联度 $r_i(\tilde{X}_0,\ \tilde{X}_i)$。

（5）根据各个道次与当前道次的灰色关联度，确定当前道次软测量模型校正系数，定义比较数列所对应的各个道次软测量模型校正系数为 $K_{\mathrm{B}i}$，则当前道次的校正系数 $K_{\mathrm{B0}}$ 为：

$$K_{\mathrm{B0}} = \frac{\sum_{i=1}^{N} r_i(\tilde{X}_0,\ \tilde{X}_i) \times K_{\mathrm{B}i}}{\sum_{i=1}^{N} r_i(\tilde{X}_0,\ \tilde{X}_i)} \tag{3-25}$$

宽度模型修正系数识别流程如图 3-11 所示。

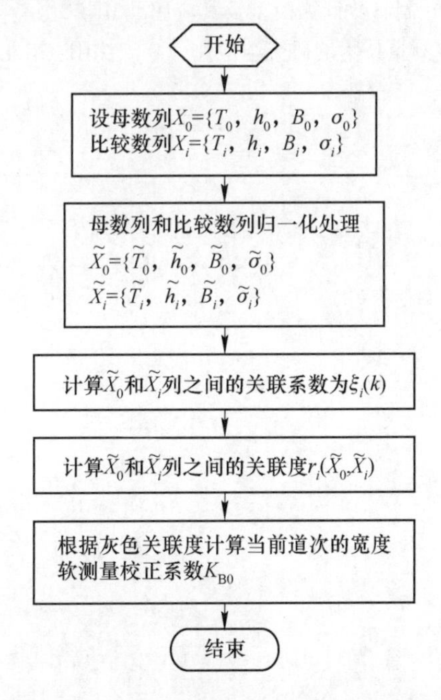


图 3-11 宽度软测量校正系数识别流程

将上述宽度软测量方法应用于某中厚板轧机生产当中，根据现场实际宽度值和模型计算宽度值相比较（见图 3-12），可以看出该宽度模型的精度比较高，宽度计算误差可控制在 0.4%之内。

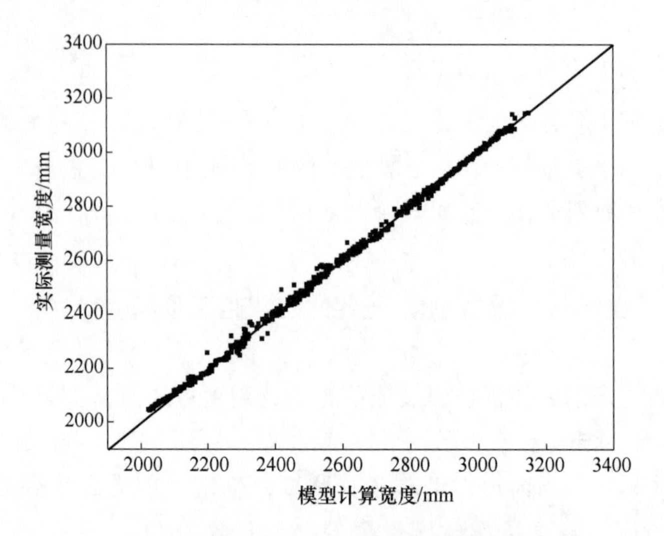


图 3-12 宽度模型计算与实际测量数据对比

## 参考文献

[1] 王君，王国栋．压力 AGC 模型综述［J］. 钢铁研究，2001（2）：54-57.

[2] 王君，牛文勇，王国栋．压力自动厚度控制（AGC）模型研究与改进［J］. 东北大学学报（自然科学版），2001，22（3）：323-326.

[3] 刘相华，胡贤磊，杜林秀．轧制参数计算模型及其应用［M］. 北京：化学工业出版社，2007.

[4] 丁敬国．中厚板轧制过程软测量技术的研究与应用［D］. 沈阳：东北大学，2009.

# 4 中厚板平面形状数字化控制技术

## 4.1 平面形状检测识别系统的配置和开发

### 4.1.1 平面形状检测识别系统配置

中厚板平面形状包括中厚板前后端部形状、侧边的形状及侧弯量的大小等。为了能够得到轧制过程中中厚板平面形状的变化规律，优化和修正数学模型，必须测量得到轧制过程中钢板的头部、尾部和边部的形状，因此需要有能准确检测轧件形状变化的手段。

平面形状检测系统主要包括图像采集与处理两个环节[1-5]。利用安装在轧机附近的工业 CCD 相机采集轧件的图像，通过高速图像数据采集卡将图像数字化后送入计算机，作为轧件尺寸辨识的对象，计算机对数字图像进行处理，提取边缘信息，得到最终轧件的平面尺寸[6-9]。

为了得到最终成品尺寸形状，在某中厚板车间轧机后辊道上方安装 CCD 相机（见图 4-1)，相机与计算机相连接，拍摄数据在计算机中进行处理。

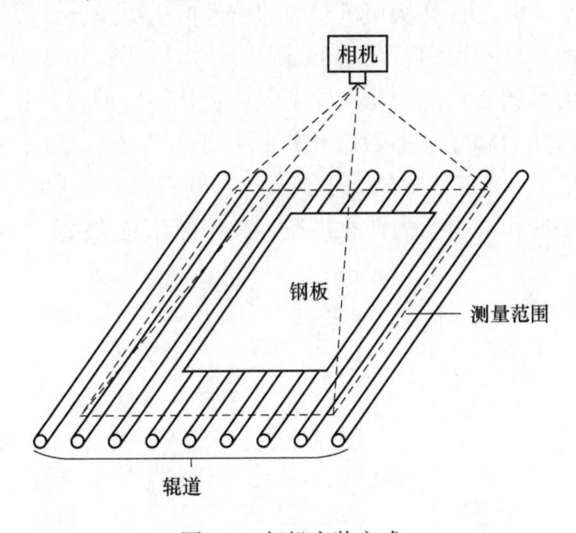


图 4-1　相机安装方式

### 4.1.2 平面形状检测识别系统开发

针对中厚板轧制过程中钢板图像的特点，采用国际上最新技术的千兆以太网相机采集钢板图像，经交换机和千兆光缆送至图像处理计算机中，基于图像处理算法对钢板图像进行直方图均衡、灰度变换、噪声过滤、边缘检测、边界跟踪、亚像素边缘定位以及轮廓测量等方面研究，优化识别算法，在识别速度和测量精度上达到平衡。采集图像的平面尺寸并计算的过程如图 4-2 所示。

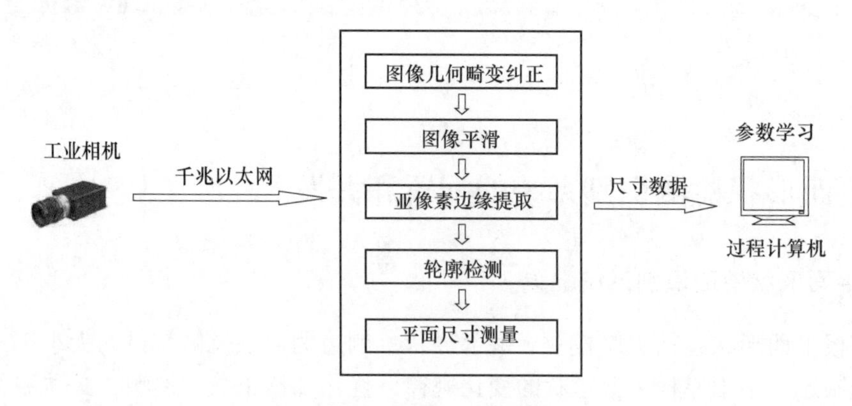


图 4-2  图像识别原理

图像处理过程不但要考虑生产环境对测量结果的影响，而且要对镜头畸变、高温钢板形成的“光晕”进行测量补偿，其采用先进的标定算法将图像坐标转换为世界坐标，获得实际轮廓尺寸表示，提供给过程计算机和基础自动化进行参数学习。分析系统的测量误差，使测量精度满足系统要求。

#### 4.1.2.1  相机标定模型

计算机视觉的基本任务之一是从相机获取的图像信息出发，计算三维空间中物体的几何信息，实现对物体的重建和识别。在这个过程中，需要明确物体表面某点与图像中对应点间的关系，而这个关系就是相机的几何模型，这些几何模型参数就是相机参数。通过实验与计算，确定相机的几何和光学参数、相机相对于世界坐标系的方位[10-15]的过程称为相机定标（或称为标定）。标定精度的大小，直接影响着机器视觉的精度。

在理论研究中采用的相机模型为针孔模型，其成像几何关系如图 4-3 所示。引入 3 个

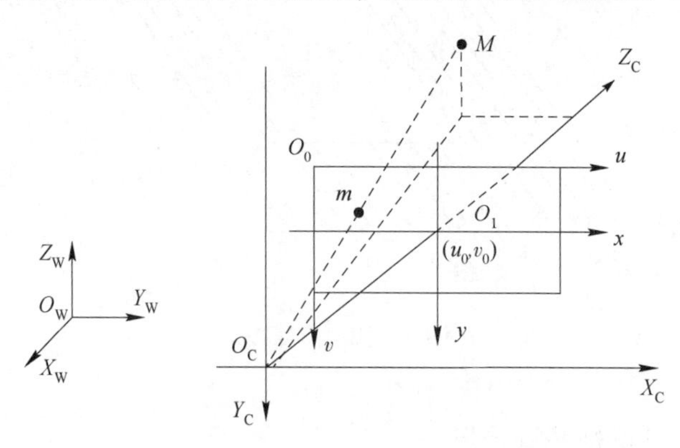


图 4-3  标定系统坐标系

坐标系，分别是图像坐标系、相机坐标系和世界坐标系。

A 图像坐标系

图像坐标系分为图像物理坐标系和图像像素坐标系两种，二者区别在于坐标轴的单位长度不一样，图像物理坐标系的坐标轴的单位长度为正常的物理长度，图像像素坐标系在每个坐标轴上的单位长度为像素的长度。$x$ 轴、$y$ 轴分别与 $u$ 轴和 $v$ 轴平行，坐标原点 $O_1$ 为相机光轴与图像平面的交点。若 $O_1$ 在 $u$、$v$ 坐标系中的坐标为（$u_0$，$v_0$），像素在 $x$ 轴、$y$ 轴方向的单位长度为 d$x$、d$y$，则有等式（4-1）成立。

$$\begin{pmatrix} u \\ v \\ 1 \end{pmatrix} = \begin{pmatrix} \frac{1}{\mathrm{d}x} & 0 & u_0 \\ 0 & \frac{1}{\mathrm{d}y} & v_0 \\ 0 & 0 & 1 \end{pmatrix} \begin{pmatrix} x \\ y \\ 1 \end{pmatrix} \tag{4-1}$$

B 相机坐标系

相机坐标系的原点 $O_C$ 在相机的光心上，$X_C$ 轴、$Y_C$ 轴与图像坐标系中的 $x$ 轴、$y$ 轴平行，$Z_C$ 轴为相机光轴，它与图像平面垂直，光轴与图像平面的交点即为图像坐标系的原点 $O_1$，$O_CO_1$ 的长度为相机的有效焦距 $f$。

C 世界坐标系

世界坐标系是一个假设的参考坐标系，其位于场景中某一固定的位置，用以描述相机的位置，由坐标原点 $O_W$ 和三个坐标轴 $X_W$、$Y_W$、$Z_W$ 构成。

世界坐标系和相机坐标系下点的齐次坐标分别为（$x_w$，$y_w$，$z_w$，1）和（$x_c$，$y_c$，$z_c$，1），则有：

$$\begin{pmatrix} x_c \\ y_c \\ z_c \\ 1 \end{pmatrix} = \begin{pmatrix} R & t \\ 0 & 1 \end{pmatrix} \begin{pmatrix} x_w \\ y_w \\ z_w \\ 1 \end{pmatrix} \tag{4-2}$$

式中 $R$，$t$——相机坐标系相对世界坐标系的正交单位旋转矩阵和平移向量。

根据相机针孔模型的成像原理，空间中的点 $M$（$x_w$，$y_w$，$z_w$，1）在相机坐标系下的坐标为（$x_c$，$y_c$，$z_c$，1），设它在相机成像平面上的投影为 $m$ =（$x$，$y$），则有：

$$s\begin{pmatrix} x \\ y \\ 1 \end{pmatrix} = \begin{pmatrix} f & 0 & 0 & 0 \\ 0 & f & 0 & 0 \\ 0 & 0 & 1 & 0 \end{pmatrix} \begin{pmatrix} x_c \\ y_c \\ z_c \\ 1 \end{pmatrix} \tag{4-3}$$

式中 $s$——非零常数。

假设世界坐标系中 $M$ 点的坐标为 $M$（$x_w$，$y_w$，$z_w$，1），它在成像平面上的像 $m$ 的坐标为 $m$（$u$，$v$，1），则有如下转换关系：

$$s\bar{m} = \begin{pmatrix} u \\ v \\ 1 \end{pmatrix} = \begin{pmatrix} \frac{1}{dx} & 0 & u_0 \\ 0 & \frac{1}{dy} & v_0 \\ 0 & 0 & 1 \end{pmatrix} \begin{pmatrix} f & 0 & 0 & 0 \\ 0 & f & 0 & 0 \\ 0 & 0 & 1 & 0 \end{pmatrix} \begin{pmatrix} R & t \\ 0 & 1 \end{pmatrix} \begin{pmatrix} x_w \\ y_w \\ z_w \\ 1 \end{pmatrix}$$

$$= \begin{pmatrix} a_x & 0 & u_0 & 0 \\ 0 & a_y & v_0 & 0 \\ 0 & 0 & 1 & 0 \end{pmatrix} (R \quad t) \begin{pmatrix} x_w \\ y_w \\ z_w \\ 1 \end{pmatrix}$$

$$= K(R \quad t)\bar{M} = P\bar{M} = p_1 p_2 M \tag{4-4}$$

由于受到像素形状的影响，像素坐标系的两个坐标轴相互间不是垂直的，因此矩阵 $\boldsymbol{K}$ 还应加上一个畸变因子 $\lambda$，即

$$\boldsymbol{K} = \begin{pmatrix} a_x & \lambda & u_0 \\ 0 & a_y & v_0 \\ 0 & 0 & 1 \end{pmatrix} \tag{4-5}$$

矩阵 $\boldsymbol{P}$ 称为相机的投影矩阵。由于决定矩阵 $\boldsymbol{K}$ 的 5 个参数只与相机模型的几何结构有关，因此其称为内部参数矩阵。($R$，$t$) 描述了相机在世界坐标系中的位置，故称为相机的外部参数矩阵。根据共线方程，在相机内部参数确定的条件下，利用若干个已知的物点和相应的像点坐标，就可以求解出相机的外部参数。通过计算得到的参数可以消除镜头畸变，获得图像中钢板的真实尺寸。

#### 4.1.2.2 图像处理算法

A 图像预处理

一般情况下，成像系统获取的图像受到种种条件限制和随机干扰，必须对原始图像采用灰度均衡、噪声过滤等手段进行预处理后，才可为系统所用。在进行图像预处理过程中，我们采用图像增强技术，即处理过程中选择性地突出感兴趣的特征，衰减不需要的特征，并且忽略图像预处理方法所带来的图像降质，从而提高有关信息的检测性，便于数据的抽取和识别。图像增强技术主要包括直方图修改处理、图像平滑处理、图像尖锐化处理技术等，在实际应用中可以采用单一方法处理，也可以采用几种方法联合处理，以便达到预期的增强效果[16-19]。

B 灰度直方图均衡化

设图像 $f$ 的灰度级范围 ($Z_1$，$Z_k$)，$P(Z)$ 表示($Z_1$，$Z_k$) 内所有灰度级出现的相对概率，称 $P(Z)$ 的图形为图像 $f$ 的直方图。

令原图灰度 $r$ 的范围归一化为 $0 \leqslant r \leqslant 1$。为使图像增强须对图像灰度进行变换，若增强图像的灰度用 $s$ 表示，则灰度的变换关系为：

$$s = T(r) \tag{4-6}$$

变换函数 $T(r)$ 须满足两个条件：

(1) $T(r)$ 是单值函数，它在 $0 \leqslant r \leqslant 1$ 范围内单调递增。

(2) $T(r)$ 在 $0 \leqslant r \leqslant 1$ 内满足 $0 \leqslant T(r) \leqslant 1$。

从 $s$ 反变换到 $r$ 的关系式可表示为：

$$r = T^{-1}(s) \quad 0 \leqslant s \leqslant 1 \tag{4-7}$$

这里假定 $T^{-1}(s)$ 也满足上述变换设定的条件。

设初始原图的灰度分布为 $P_r(r)$，经过灰度变换增强后图像的灰度分布为 $P_s(s)$。由于灰度变换关系式（4-6）为一单调变化的函数，且 $s$ 是随机变量 $r$ 的单调函数，由概率论可知，随机变量函数 $s$ 的概率分布密度函数为：

$$P_s(s) = \left[P_r(r)\frac{\mathrm{d}r}{\mathrm{d}s}\right]_{r=T^{-1}(s)} \tag{4-8}$$

具有均衡的灰度直方图的图像，即 $P_s(s) = k$ 时（归一化时 $k = 1$），图像有较好的对比度，这是人眼的视觉特性决定的。假设原图的灰度分布为 $P_r(r)$，采用如下灰度变换关系进行变换：

$$s = T(r) = \int_0^r P_r(w)\,\mathrm{d}w \tag{4-9}$$

由于式中：

$$\frac{\mathrm{d}r}{\mathrm{d}s} = \frac{1}{\mathrm{d}s/\mathrm{d}r} = \frac{1}{P_r(r)} \tag{4-10}$$

可以得到：

$$P_s(s) = 1 \quad 0 \leqslant s \leqslant 1 \tag{4-11}$$

由此可见，只要 $s$ 与 $r$ 的变换关系是 $r$ 的积分分布函数关系，则变换后图像的灰度分布密度函数是均匀的，这意味着各个像元灰度的动态范围扩大了。

直方图均衡化是一种常用的非线性点运算，它将一个已知灰度分布的图像进行非线性拉伸，将原始图像中不均匀的灰度分布变成均匀灰度分布，实现了图像对比度的增强。直方图变换对比如图 4-4 所示。可以看出，经过均衡化后，原始图像的直方图被拉平了，原始图像的对比度增强，质量有明显的提升。

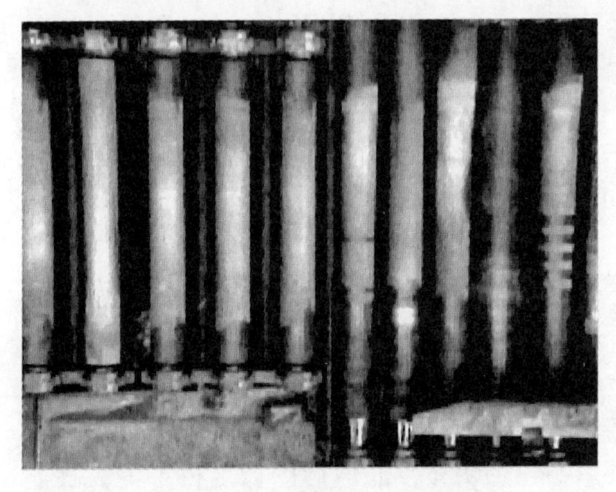

(a)

(b)

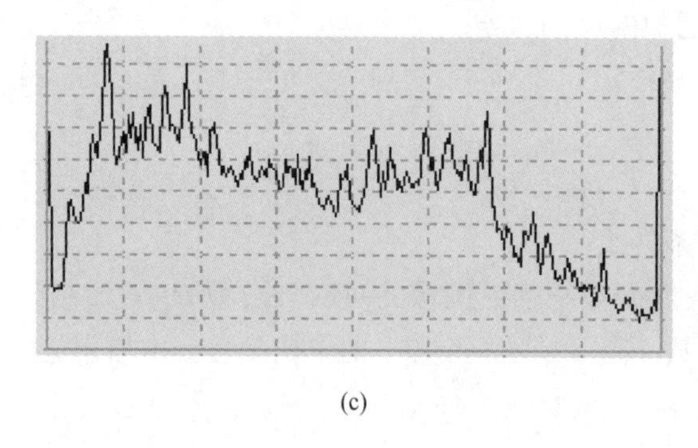

(c)

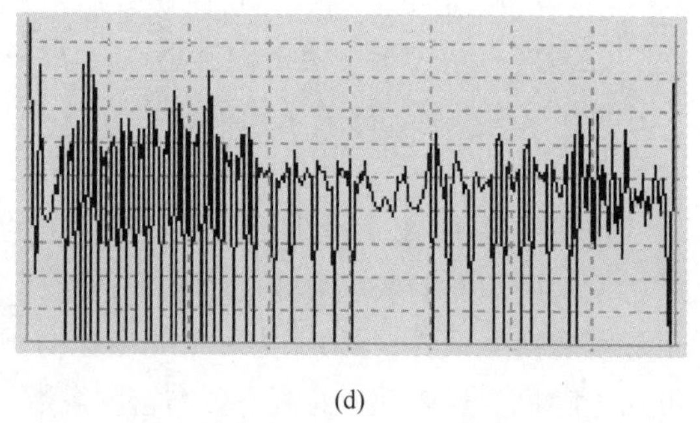

(d)

图 4-4 直方图变换对比

(a) 原始图像；(b) 原始图像对应的图像像素灰度分布；(c) 直方图均衡化后的图像；(d) 新图像对应的图像像素灰度分布

C 中值滤波

图像采集设备所获得的原始图像有很多噪声，平滑的目的是消除其中的噪声，降低噪声对图像的影响，使图像的背景变得均匀，同时图像中的细节保持原有特征，提高图像的质量。中值滤波是一种非线性信号处理方法，也是图像平滑处理中最常见的处理技术。它在一定条件下可以克服线性滤波器、最小均方滤波、平均值滤波等方法带来的图像细节模糊的缺点，而且对滤除脉冲干扰及图像扫描噪声最为有效，在实际运算过程中并不需要图像的统计特性，可以在保护图像边缘的同时去除噪声[20]。

(1) 传统的中值滤波。定义中值滤波窗口，如图 4-5 所示。将中值滤波窗口覆盖在原图像上，将窗口所覆盖的图像像素排序后，求得数列中值，最后用该值替换窗口覆盖图像的中心像素，即完成一次中值滤波处理。将滤波窗口对原图像，由左到右，由上到下逐一滤波，即可完成整幅图像的滤波。综上分析可知，这种方法对中心像素值的每一次确定均须将窗口覆盖的所有元素重新排序，它没有充分利用前后窗口的相互关系，是一种效率较低的处理方法。

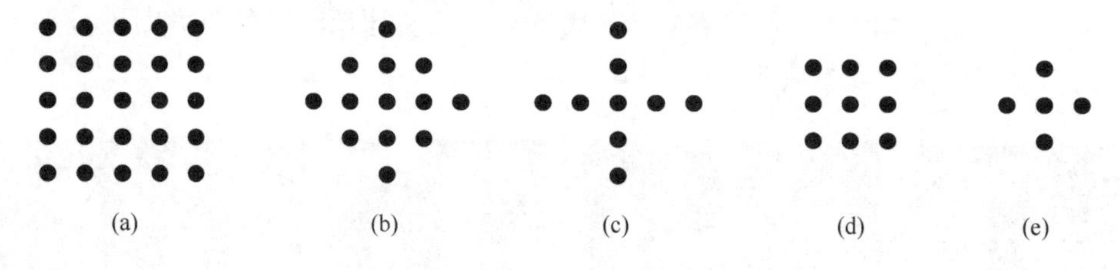

(a) (b) (c) (d) (e)

图 4-5 常用中值滤波器窗口形状

(a) 5×5 方形窗口；(b) 5×5 菱形窗口；(c) 5×5 十字窗口；(d) 3×3 方形窗口；(e) 3×3 十字窗口

(2) 快速中值滤波。设一幅图像的尺寸为 $M \times N$，取中值滤波窗口为 $k \times k$，$k$ 为奇数。当滤波窗口在原始图像上从左至右滑移时，从当前位置移动到下一位置的方法是：去除窗口左端一列像素，将与原窗口相邻接的一列像素加入到窗口中。由于窗口中原有的像素值是排序好的，因此只需对新加入的像素排序即可。图 4-6 为图像中值滤波前后的对比，可以看出，滤波前图像中存在明显的噪点，颗粒感明显，滤波后图像变得平滑，噪点大大减少。

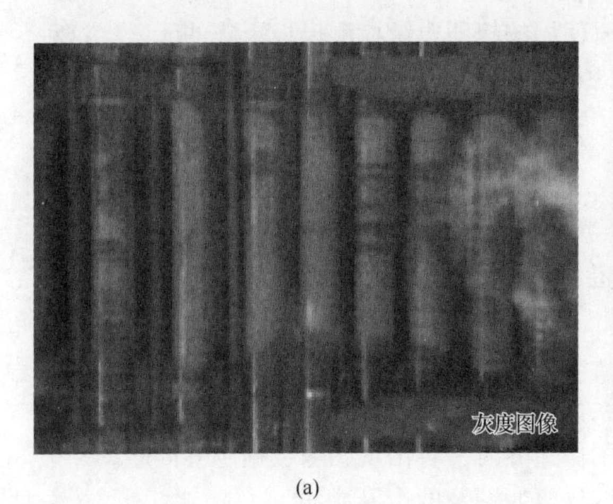


(a)

(b)

图 4-6 中值滤波图像对比

(a) 中值滤波前；(b) 中值滤波后

D 边缘检测

图像的边缘定义为在图像的局部区域内图像特征的差别，表现为图像上的不连续性(灰度的突变、纹理的突变、色彩的变化)。图像的边缘能勾画区域的形状，它能被局部定义和传递大部分图像信息。图像边缘信息的获取是计算机视觉技术的重要组成部分，是进行特征提取和形状分析的基础[21-24]，是图像分析和理解的第一步，因此，边缘检测可看作是处理许多复杂问题的关键。由于边缘是灰度值不连续的结果，为了计算方便，一般选择一阶和二阶导数来检测边缘。图 4-7 给出了图像边缘所对应的一阶和二阶导数曲线。

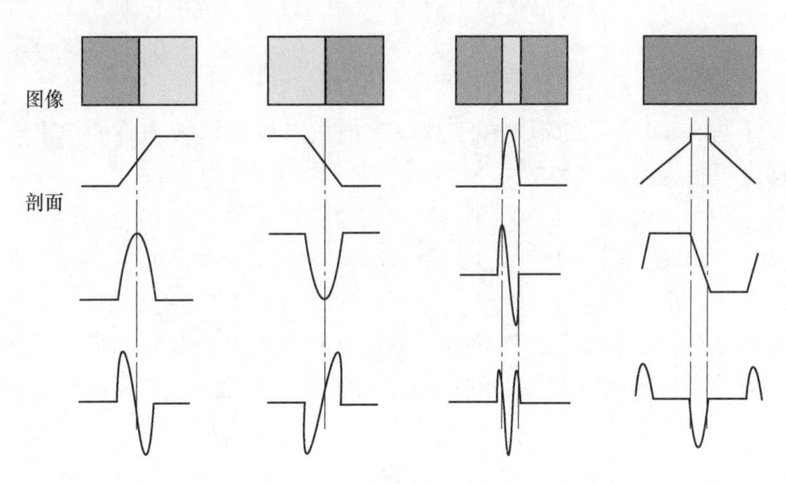


图 4-7 图像边缘及导数

经典的边缘提取方法是考察图像的像素在某个邻域内灰度的变化，利用边缘邻近一阶或二阶方向导数的变化规律检测边缘，这种方法称为边缘检测局部算子法。边缘检测算子检查每个像素的邻域并对灰度变化率进行量化，通常也包括方向的确定。边缘检测可使用很多种方法，其中绝大多数是基于方向导数采用模板求卷积的方法。

卷积可以看作是加权求和的过程。卷积时使用的权即边缘检测模板矩阵的元素，这种权矩阵也叫做卷积核，如下面的矩阵 $\boldsymbol{k}$ 为 3×3 的卷积核。

$$\boldsymbol{p} = \begin{bmatrix} p_1 & p_2 & p_3 \\ p_4 & p_5 & p_6 \\ p_7 & p_8 & p_9 \end{bmatrix} \qquad \boldsymbol{k} = \begin{bmatrix} k_1 & k_2 & k_3 \\ k_4 & k_5 & k_6 \\ k_7 & k_8 & k_9 \end{bmatrix} \tag{4-12}$$

对上面的 3×3 的区域 $\boldsymbol{p}$ 与卷积核 $\boldsymbol{k}$ 进行卷积后，区域 $\boldsymbol{p}$ 的中心像素 $p_5$ 表示如下：

$$p_5 = \sum_{i=1}^{9} p_i k_i \tag{4-13}$$

卷积核中各元素叫卷积系数。卷积核的系数大小、方向、排列次序决定了卷积的处理效果。在实际卷积计算中，当卷积核移动到图像边界时，会出现图像数据越界问题。一般的处理方式是忽略边界的数据或者在图像的四周复制图像的边界数据。

由于通常事先无法知道边缘的方向，因此必须选择那些不具备空间方向性和具有旋转不变性的线性微分算子。经典的一阶导数边缘检测算子包括 Robert 算子、Sobel 算子、Prewitt 算子等，它们都是利用了一阶方向导数在边缘处取得最大值的性质；拉普拉斯算子则是基于二阶导数的零交叉这一性质的微分算子。

Robert 算子的卷积模板为：

$$\boldsymbol{G}_x = \begin{bmatrix} 0 & -1 \\ 1 & 0 \end{bmatrix} \qquad \boldsymbol{G}_y = \begin{bmatrix} 1 & 0 \\ 0 & -1 \end{bmatrix} \tag{4-14}$$

Sobel 算子避免了 Robert 算子在像素之间内插值点上计算梯度的不足，这一算子重点放在接近于模板中心的像素点上，其模板形式为：

$$\boldsymbol{G}_x = \begin{bmatrix} -1 & 0 & 1 \\ -2 & 0 & 2 \\ -1 & 0 & 1 \end{bmatrix} \qquad \boldsymbol{G}_y = \begin{bmatrix} 1 & 2 & 1 \\ 0 & 0 & 0 \\ -1 & -2 & -1 \end{bmatrix} \tag{4-15}$$

Prewitt 算子与 Sobel 算子的不同在于其没有把重点放在模板中心的像素点上，它的两个方向上的梯度模板为：

$$\boldsymbol{G}_x = \begin{bmatrix} -1 & 0 & 1 \\ -1 & 0 & 1 \\ -1 & 0 & 1 \end{bmatrix} \qquad \boldsymbol{G}_y = \begin{bmatrix} 1 & 1 & 1 \\ 0 & 0 & 0 \\ -1 & -1 & -1 \end{bmatrix} \tag{4-16}$$

因为图像边缘有灰度的变化，图像的一阶偏导数在边缘处有局部最大或最小值，则二阶偏导数在边缘处会过零点（由正数到负数或由负数到正数）。二阶拉普拉斯微分算子的表达式为：

$$\nabla^2 f = \frac{\partial^2 f}{\partial x^2} + \frac{\partial^2 f}{\partial y^2} \tag{4-17}$$

拉普拉斯算子常见形式的梯度模板如下：

$$\boldsymbol{\nabla}^2 = \begin{bmatrix} 0 & 1 & 0 \\ 1 & -4 & 1 \\ 0 & 1 & 0 \end{bmatrix} \tag{4-18}$$

拉普拉斯算子输出出现过零点的时候就表明有边缘存在。拉普拉斯算子具有旋转不变性，但是不能检测出边界的方向信息且对噪声十分敏感，实际中很少单独使用。图 4-8 为利用 Sobel 算子检测得到的钢板边缘图像。

图 4-8 Sobel 算子边缘检测

E 亚像素定位

像素级精度曾经满足了工业检测精度的要求，也得到了广泛的应用，但随着工业检测精度要求的不断提高，像素级精度已不能满足检测的需求，亚像素算法应运而生。亚像素级精度的算法是在经典算法的基础上发展起来的，需要先用经典算法找出边缘像素的位置，然后使用周围像素的灰度值作为判断的补充信息，利用插值和拟合等方法，使边缘定位于更加精确的位置[25-29]。

图像中边缘点是灰度分布发生突变的点，它是物体的物理特性和表面形状的突变在图像中的反映，当成像系统点扩展函数位移不变、对称时，边缘点处灰度分布一阶导数达到极大值，二阶导数过零。一维阶跃边缘可以用式（4-19）来表示。

$$f(x) = \begin{cases} 1, & x \geqslant 0 \\ 0, & x < 0 \end{cases} \tag{4-19}$$

假设成像系统点扩散函数 $h(x)$ 是位移不变的、对称的，即 $h(x)$ 是 $x$ 的偶函数，并有 $h(0) = \max\{h(x)|_{x \in (-\infty, +\infty)}\}$，且存在一个正数 $\Delta x$，使得：

$$\begin{cases} h'(x) < 0, & x \in (0, \Delta x] \\ h'(x) = 0, & x = 0 \\ h'(x) > 0, & x \in [-\Delta x, 0) \end{cases} \tag{4-20}$$

那么，图 4-9（a）中的阶跃边缘经成像系统后得到图像 $g(x)$，如图 4-9（b）所示。

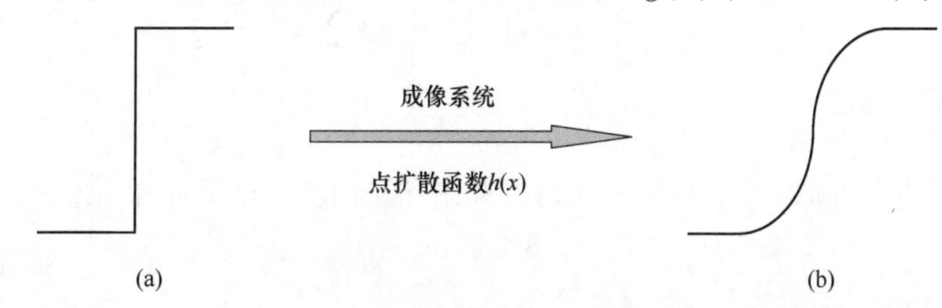


图 4-9 成像系统对边缘的加工

（a）理想阶跃边缘 $f(x)$；（b）实际图像边缘 $g(x)$

$$g(x)=f(x)h(x)=\int_{-\infty}^{\infty}f(x-t)h(t)\mathrm{d}t=\int_{-\infty}^{\infty}h(t)\mathrm{d}t \tag{4-21}$$

则：

$$\begin{cases}g'(x)=h(x)\\g''(x)=h'(x)\end{cases} \tag{4-22}$$

由式（4-21）、式（4-22）可知，理想边缘位置 $x=0$ 为图像 $g(x)$ 一阶导数极大、二阶导数过零的点。对于二维阶跃边缘，在边缘梯度方向存在相同的特点。

利用以上特点，可以得到亚像素边缘的位置。对于离散图像来说，由于其边缘的高频信息丢失，同时被噪声污染，因此亚像素边缘检测的任务是：首先利用被噪声污染的边缘低频信息重建边缘的连续图像，然后从连续图像中提取亚像素边缘位置。根据所重建的连续图像不同，亚像素边缘检测方法可以归为两类：

（1）重建理想边缘图像如图 4-6（a）所示，即建立理想边缘的参数化模型，并假设在理想边缘灰度分布和离散图像灰度分布之间存在一些统计特征不变量，这些不变量是理想边缘参数的函数，由不变关系建立方程可确定理想边缘的参数。

（2）重建空间离散采样前的连续图像如图 4-6（b）所示，即用具有解析表达式的光滑曲面来拟合离散边缘图像的灰度分布，并假设任何连续图像的灰度分布均可通过对离散图像的灰度分布进行曲面拟合精确重建，利用连续图像边缘特性即可确定亚像素边缘位置。

本章采用多项式拟合法对图像的理想边缘进行重建获得精确的边缘位置。设 $i$ 为边缘初始位置，$f(x)$ 为图像灰度函数，$I$ 为拟合区间，定义如下：

$$I=[i-4,\ i-3,\ i-2,\ i-1,\ i+1,\ i+2,\ i+3,\ i+4] \tag{4-23}$$

利用正交多项式（4-24）

$$\begin{cases}P_0(x)=1\\P_1(x)=x\\P_2(x)=x^2-\dfrac{20}{3}\\P_5(x)=x^2-\dfrac{59}{5}\times x\end{cases} \tag{4-24}$$

拟合出边缘函数后，对其求导，则在一阶导数最大处或二阶导数为零处，可得到边缘的亚像素位置 $T$ 为：

$$T=\frac{-\sum\limits_{x\in I}[P_2(x)\times f(x)]\Big/\sum\limits_{x\in I}P_2^2(x)}{3\times\sum\limits_{x\in I}[P_3(x)\times f(x)]\Big/\sum\limits_{x\in I}P_3^2(x)} \tag{4-25}$$

式中 $x$——像素位置坐标；

$f(x)$——像素灰度值。

得到钢板边缘的亚像素坐标后，就可以利用相机的标定结果计算出准确的轧件平面尺寸。

#### 4.1.2.3 平面形状轮廓重建

钢板图像离散化边缘的数据处理，得到代表轧后金属流动的特征表示。在中厚板轧后图像的检测过程中可能会受到环境光和其他因素的干扰，导致检测的边缘与实际值存在误差。为能够对识别的平面形状边界以平滑曲线表示，采用局部加权回归学习方法对边界点进行重建，利用局部加权回归学习方法（移动最小二乘法）对边界离散点进行曲线逼近，拟合函数为如下形式：

$$f(x) = \sum_{i=1}^{m} p_i(x) a_i(x) = \boldsymbol{p}^{\mathrm{T}}(x) a(x) \tag{4-26}$$

式中 $a(x)$——待定系数；

$p(x)$——基函数向量。

为得到较为精确的局部近似值，需使 $f(x_i)$ 和所选取的离散边界点值 $y_i$ 之差平方权最小，因此残差的离散 $L_2$ 范式为：

$$\boldsymbol{J} = \sum_{i=1}^{n} w(x - x_i)[f(x) - y_i]^2 = \sum_{i=1}^{n} w(x - x_i)[\boldsymbol{p}^{\mathrm{T}}(x_i) a(x) - y_i]^2 \tag{4-27}$$

权函数采用三次样条函数，其半径为 $r$，记 $s' = x - x_i$，$s = \frac{s'}{r}$，三次样条函数型如下：

$$\omega(s) = \begin{cases} \frac{2}{3} - 4s^2 + 4s^3 & s \leqslant \frac{1}{2} \\ \frac{4}{3} - 4s + 4s^2 - \frac{4}{3}s^3 & \frac{1}{2} < s \leqslant 1 \\ 0 & s > 1 \end{cases} \tag{4-28}$$

基于图像提取像素离散点表示的平面尺寸，通过最小二乘法求待定系数，即可重建边界的连续平滑曲线，如图4-10所示，重建后曲线表示参数可作为平面形状控制模型判断矩形率控制优劣的判断基准。

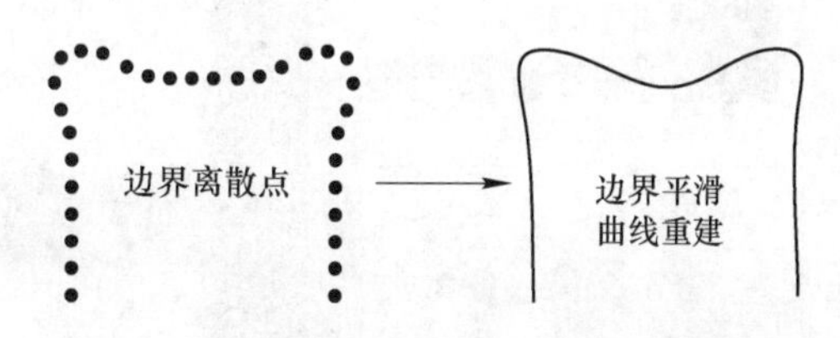


图4-10 根据边界离散点重建连续曲线描述

4.1.2.4 机器视觉系统检测方案

中厚板生产过程，基于轧件本身的热辐射，利用相机采集轧件图像进行平面尺寸测量。测量过程中，为提高测量精度，需考虑相机的安装位置以及现场水汽的防护。基于机器视觉方法对中厚板轧件的平面形状的测量采用如下步骤：

（1）获取成品图像，对图像进行直方图均衡化，得到图像 $P_1$。

（2）利用快速中值滤波算法对图像 $P_1$ 进行滤波，消除图像中不连续的噪点，得到图像 $P_2$。

（3）基于边缘检测算子，对图像 $P_2$ 进行卷积操作，得到钢板边缘图像 $P_3$。

（4）利用直方图双峰法对 $P_3$ 图像进行阈值分割，得到二值化图像 $P_4$。

（5）在二值化图像 $P_4$ 进行直线检测，得到轧件头尾和侧边的边界直线方程 $y = kx + b$。

（6）在图像 $P_3$ 中，建立与直线 $y$ 相垂直的多条等间距直线，接着求解这些直线通过轧件边界时像素值为最大值的点，得到 $n$ 个像素坐标 $(u_1, v_1)$，$(u_2, v_2)$，…，$(u_n, v_n)$。

（7）使用亚像素边缘定位算法，按照求解得到的 $n$ 个像素坐标 $(u_1, v_1)$，$(u_2, v_2)$，…，$(u_n, v_n)$，进行拟合得到实际的轧件边缘像素坐标 $(u_{s1}, v_{s1})$，$(u_{s2}, v_{s2})$，

…，$(u_{sn}, v_{sn})$。

（8）利用相机标定参数，将像素坐标 $(u_{s1}, v_{s1})$，$(u_{s2}, v_{s2})$，…，$(u_{sn}, v_{sn})$ 转换为世界坐标 $(x_{w1}, y_{w1})$，$(x_{w2}, y_{w2})$，…，$(x_{wn}, y_{wn})$。

（9）利用最小二乘法，将 $(x_{w1}, y_{w1})$，$(x_{w2}, y_{w2})$，…，$(x_{wn}, y_{wn})$ 拟合为曲线，判断这 $n$ 个实际边缘点与拟合曲线之间的均方差 $\sigma = \sqrt{\frac{1}{n-1}\sum_{i=1}^{n}(y - y_i)^2}$ 是否超出临界值。如果超出，剔除相应点，将剩下的点重新拟合，直至 $\sigma$ 满足要求。

（10）剩下的 $m$ 个点 $(x_{w1}, y_{w1})$，$(x_{w2}, y_{w2})$，…，$(x_{wm}, y_{wm})$，通过移动最小二乘法进行轮廓重建，得到最终的钢板平面形状。

基于 Windows7 系统，使用 Visual Studio 开发通用图像采集模块，协调工业相机、图像采集卡等外围硬件与图像应用程序之间的衔接，基于图像处理技术对采集钢板图像进行在线测量[30]，获得钢板在不同的延伸比和展宽比条件下的平面尺寸，测量速度小于 100 ms。开发的满足连续动态测量的平面尺寸智能感知系统如图 4-11 所示。

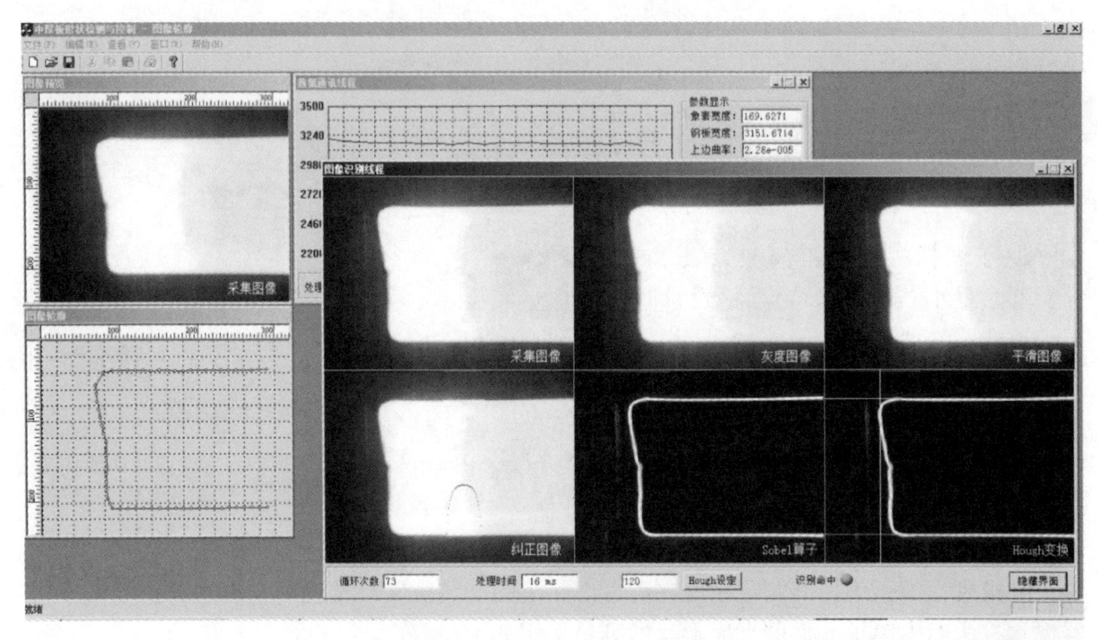


图 4-11 平面尺寸智能感知系统示意图

彩图资源

平面形状检测系统实现了完整的图像采集、轮廓识别、数据通信等功能，具体包括：

（1）自适应图像对比度，智能调整图像分割阈值。

（2）亚像素边缘细分算法，识别精度可达单个像素的 1/50。

（3）轮廓尺寸的矢量化细分算法，不丢失轮廓细节。

（4）采用图像自定义区域识别，识别计算速度不大于 100 ms。

（5）提供完善的网络通信服务接口。

（6）每块钢板的图像数据和轮廓数据自动数据存储。

基于数字图像的在线实时测量，可以为轧机的过程控制系统提供必要的模型修正数据，实现对轧制控制参数的修正补偿，改善钢板轧后成品的形状。采用先进的基于机器视觉的图像处理算法，其核心算法采用亚像素边缘检测，极大地提高了测量精度。图 4-12 为对静态图片进行图像处理过程的示例，通过对图像处理算法的优化研究，开发满足连续动态测量的平面尺寸智能感知系统。

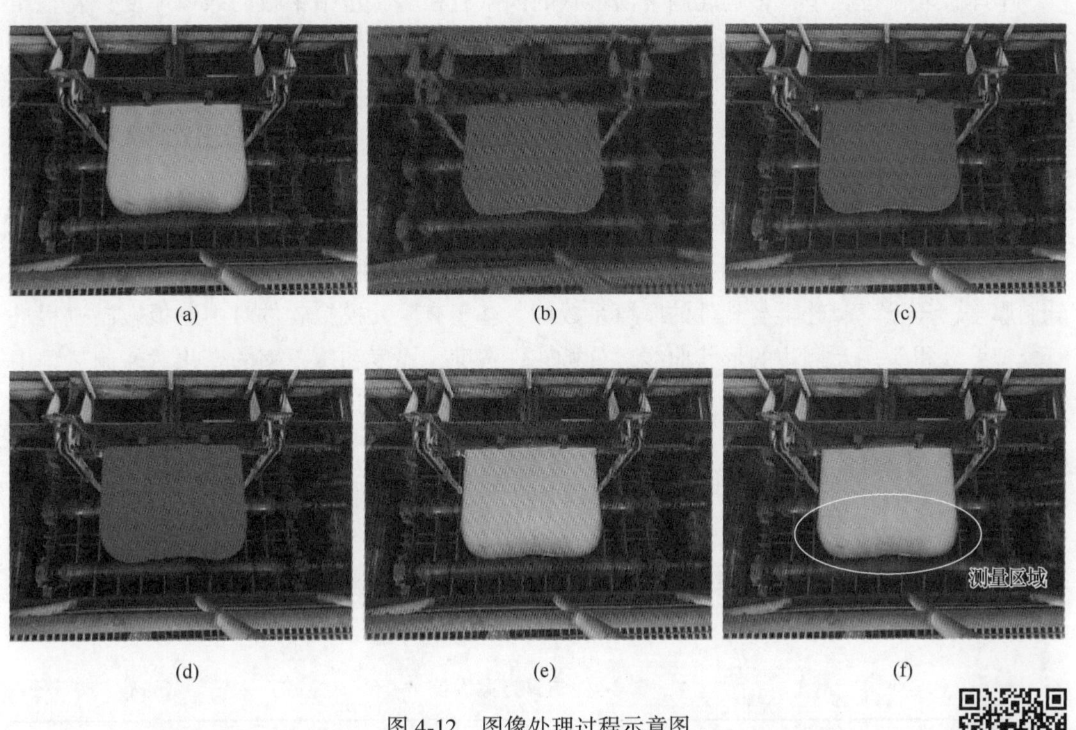


图 4-12 图像处理过程示意图
(a) 原始图像；(b) 图像分割；(c) 钢板区域查找；(d) 区域膨胀；
(e) 亚像素边缘检测；(f) 形状标定测量

彩图资源

通过二值化图像中的直线检测算法得到轧件四个边界的直线形式后，在边缘检测处理的图像中建立与直线变换检测到的边界直线相垂直的多条等间距直线，接着求解这些直线通过轧件边界时像素值为最大值的点，作为边缘的初始检测坐标。图 4-13 所示为测量钢板侧边形状的关键点坐标。

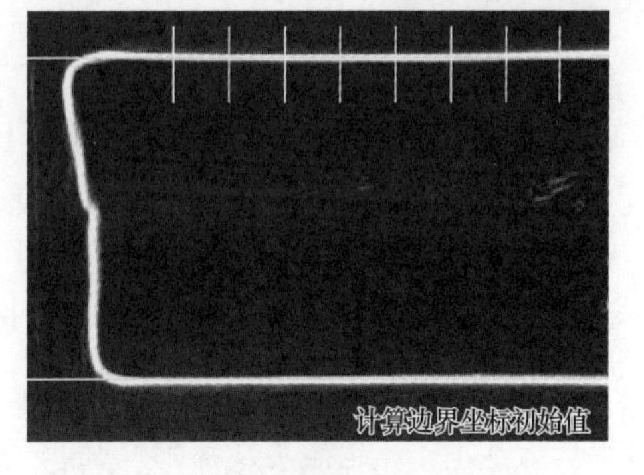


图 4-13 计算侧边初始边缘坐标

得到钢板头尾及侧边的像素坐标后，利用亚像素算法拟合得到精度更高的边界坐标，经过相机标定参数的转换得到最终的尺寸坐标，计算得到钢板真正的平面尺寸数据，经过移动最小二乘法对检测的边界数据做平滑处理，消除异常点的影响，从图像中得到钢板平面形状的矢量化识别结果，这个数据可以用来衡量平面形状控制算法中参数的合理性，可以对平面形状控制参数进行高精度学习。

## 4.2 平面形状智能预测模型的建立

### 4.2.1 平面形状影响规律模拟研究

中厚板轧制过程中，影响轧制平面形状的因素有很多，包括钢板的入口厚度、轧辊压下率、轧件宽度、展宽比、延伸比、轧制规程以及平面形状控制参数设定值等。由于较多的影响因素之间相互作用并对平面形状产生影响，使用传统实验方法研究平面形状的影响因素需要消耗很大的资源和很长的时间成本。随着仿真技术的发展，有限元方法对工业生产模拟过程逐渐完善，仿真精度已得到实验验证。本节通过有限元软件建模，对不同轧制规程进行模拟实验，获得不同影响因素对平面形状的影响规律。

影响中厚板平面形状的因素有很多，如轧制温度、轧制模式、轧制道次、轧件宽度、轧制厚度、压下率、轧辊与轧件的摩擦系数等。基于有限元模拟软件对中厚板轧制过程进行模拟，获得头尾及侧边的形状曲线，分析轧件宽度、厚度和压下率的变化对轧制过程中平面形状的影响，研究轧件的金属流动规律，同时根据模拟计算结果数据构建平面形状智能预测模型。

为研究轧后平面形状变化的影响因素，轧制方式采用单道次纵轧，轧制温度采用1000 ℃，轧件宽度范围选择2500~4500 mm，厚度范围选择50~300 mm，轧制压下率的范围选择5%~30%。基于试验方案共模拟270组不同组合的轧制过程，具体轧制规程设计方案见表4-1。

**表 4-1 仿真方案设计**

| | | | | | | | | | |
|---|---|---|---|---|---|---|---|---|---|
| 单道次纵轧 | 宽/mm | 2500 | 2750 | 3000 | 3250 | 3500 | 3750 | 4000 | 4250 | 4500 |
| | 厚/mm | 50 | 100 | 150 | 200 | 250 | 300 | | | |
| | 压下率/% | 5 | 10 | 15 | 20 | 30 | | | | |

根据轧制规程方案，利用有限元模拟软件进行单道次纵轧模拟计算，获得头尾及侧边的节点坐标数据。为便于分析，对采集的节点坐标数据进行均匀化处理，即将获得的每个模型的节点坐标的 $y$ 值分别减去其最小值，重新构成新的节点坐标数据。采用多组对照的方式，在保证其他轧制条件相同的条件下，研究轧件宽度、厚度和压下率对头尾部及侧边形状曲线的影响。

#### 4.2.1.1 轧件头尾部形状的影响因素分析

A 轧件厚度和宽度对轧件头尾部形状的影响

为研究轧件厚度和宽度改变对头部和尾部形状的影响，选取的模拟计算参数见表4-2。通过有限元软件进行单道次纵轧模拟，获取改变厚度时头部形状数据，如图4-14所示。

**表 4-2 改变厚度和宽度时的模拟计算参数**

| 轧辊直径/mm | 轧件长度/mm | 轧件宽度/mm | 轧件厚度/mm | 压下率/% | 轧件温度/℃ | 轧辊转速/mm · s$^{-1}$ | 摩擦系数 |
|---|---|---|---|---|---|---|---|
| 1000 | 5000 | 2500~4500 | 50~300 | 20 | 1000 | 1 | 0.3 |

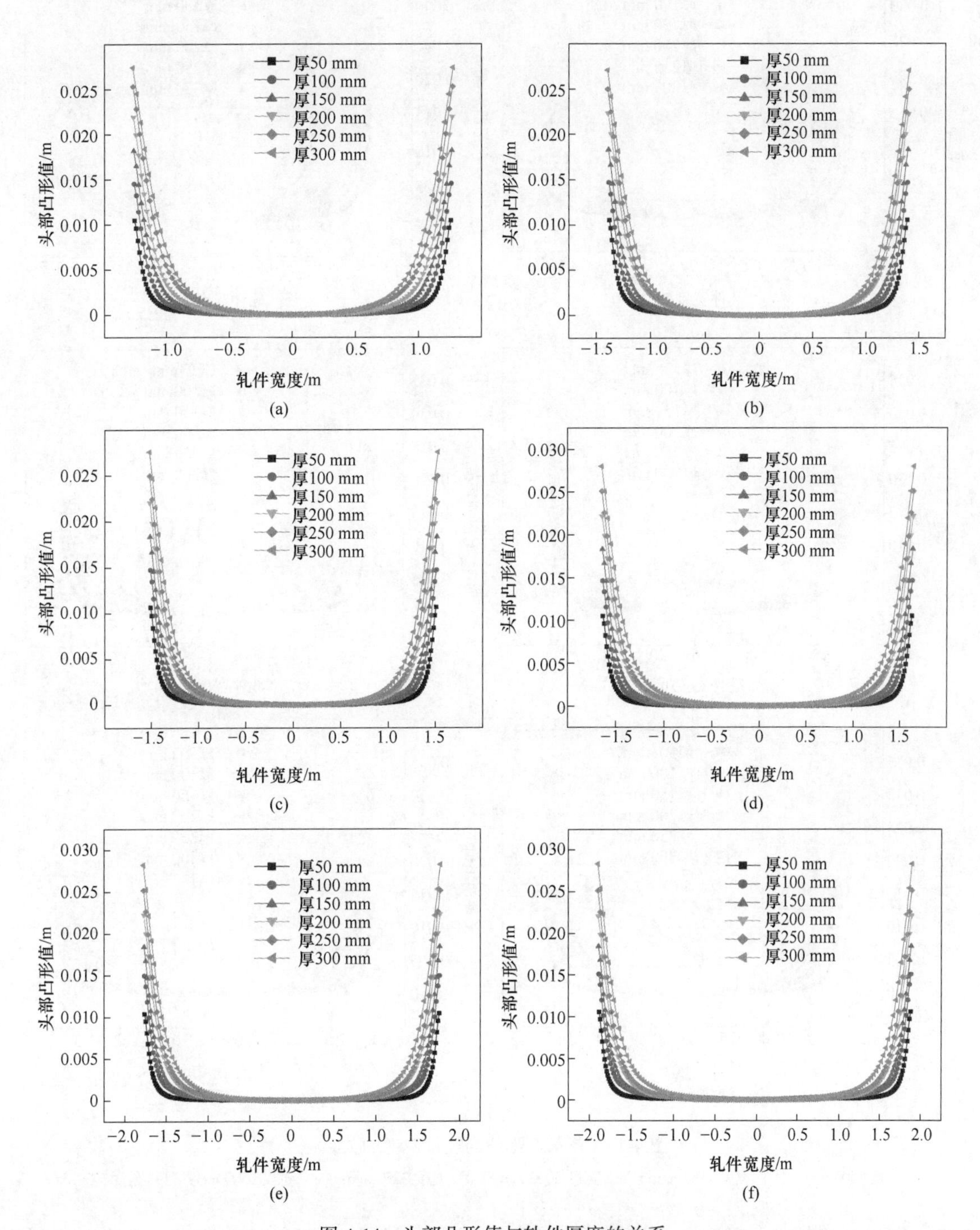


图 4-14 头部凸形值与轧件厚度的关系

(a) 宽度 2500 mm; (b) 宽度 2750 mm; (c) 宽度 3000 mm; (d) 宽度 3250 mm; (e) 宽度 3500 mm; (f) 宽度 3750 mm

改变厚度时，模拟计算的多组尾部数据如图 4-15 所示。

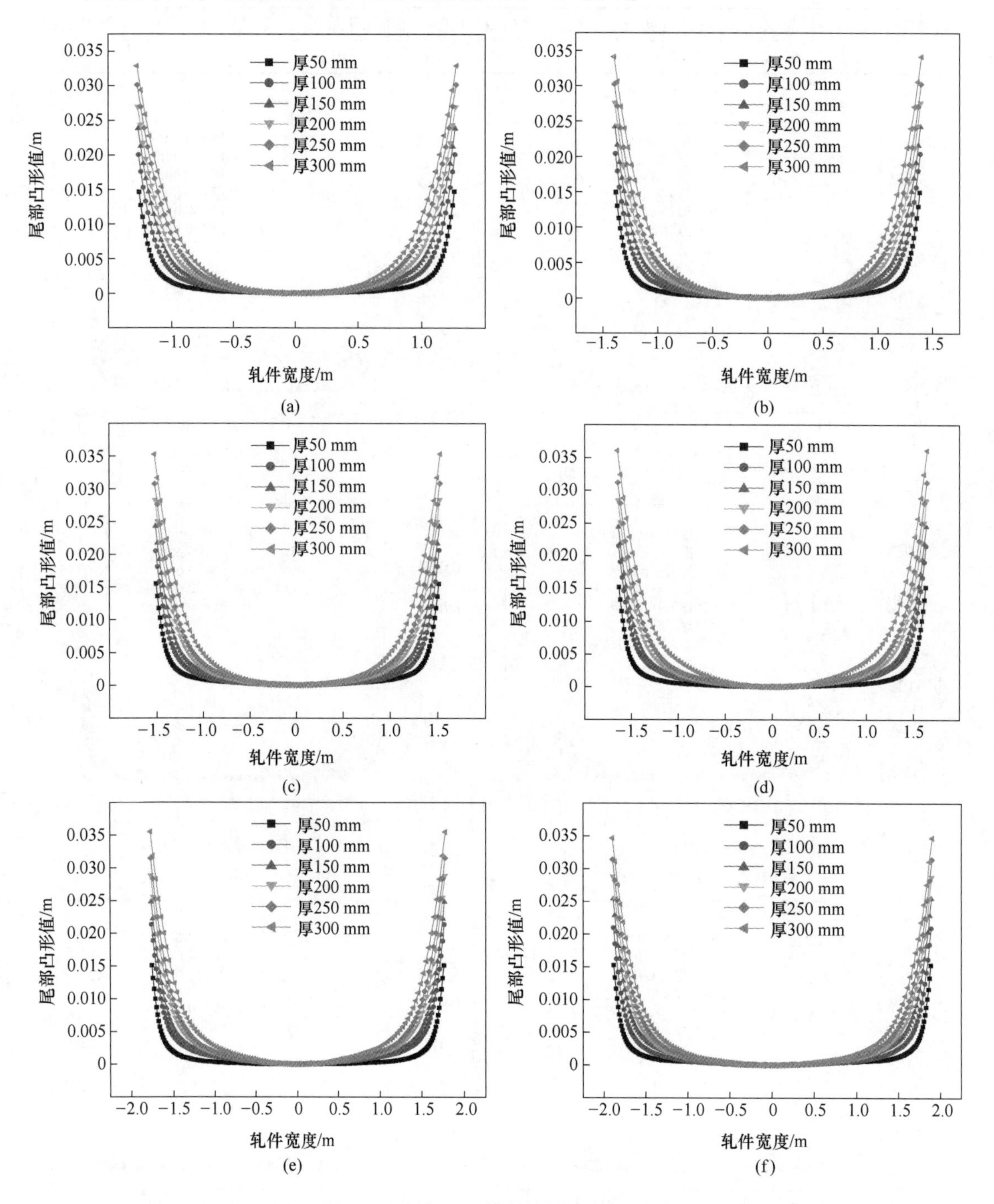


图 4-15 尾部凸形值与轧件厚度的关系

(a) 宽度 2500 mm；(b) 宽度 2750 mm；(c) 宽度 3000 mm；(d) 宽度 3250 mm；(e) 宽度 3500 mm；(f) 宽度 3750 mm

可以看出轧件头部和尾部的凸形值随着轧件厚度的增加呈现增长的趋势，轧件头部和尾部的最大凸形值与轧件厚度均近似呈线性关系。由此可知，当压下率相同时，变形金属头部和尾部的变形与轧件厚度有关，而受到轧件宽度变化的影响较小（见图 4-16）。单道次纵轧阶段主要是延伸轧制，表现为轧件的纵向延伸，而边部宽展较小。轧件厚度的增加实际上相当于增加了不稳定变形区输入金属的总量，尤其在轧件的咬入和抛钢阶段这种不稳定变形表现得最为严重。在轧件咬入阶段，前滑区内中部金属质点的流动速度增加趋势大于边部的流动速度增加趋势，导致头部凸形值增加；在轧件抛钢阶段，不稳定变形区输入金属总量的增加导致后滑区中部区域塑性流动阻力增加，后滑区中部金属的流动速度增加趋势小于边部的金属流动速度增加趋势，尾部凸形值增加。

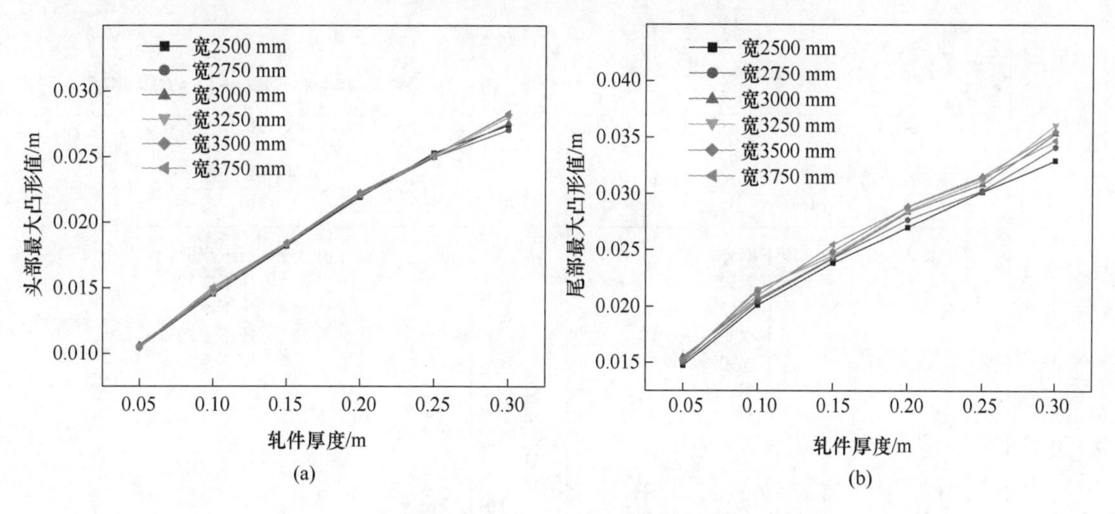


图 4-16 轧件宽度分别对头部和尾部最大凸形值的影响

（a）轧件头部；（b）轧件尾部

B 压下率对头、尾部形状的影响

选取宽度为 3000 mm、压下率为 5%~30%、厚度为 50~300 mm 的模拟仿真数据进行研究，其模拟计算参数见表 4-3。改变压下率时，ABAQUS 模拟计算的多组头部和尾部数据见图 4-17~图 4-19。

**表 4-3 改变轧制压下率时的模拟计算参数**

| 轧辊直径 /mm | 轧件长度 /mm | 轧件宽度 /mm | 轧件厚度 /mm | 压下率 /% | 轧件温度 /℃ | 轧辊转速 /mm · $s^{-1}$ | 摩擦系数 |
|---|---|---|---|---|---|---|---|
| 1000 | 5000 | 3000 | 50~300 | 5~30 | 1000 | 1 | 0.3 |

结合曲线可以看出，整个轧件头尾部的角部区域随着压下率的增加逐渐变得圆滑。当轧件宽度和厚度相同时，头部和尾部的凸形值随压下率的增加均呈现非线性增长趋势，并且增长趋势随着压下率的增加而增加。因为当轧件厚度相同时，增加轧制压下率，相当于增加轧制压下量，压下量的增加导致金属变形参数增加。轧件头尾部角部区域形状尺寸增加的原理同上述轧件厚度的影响。

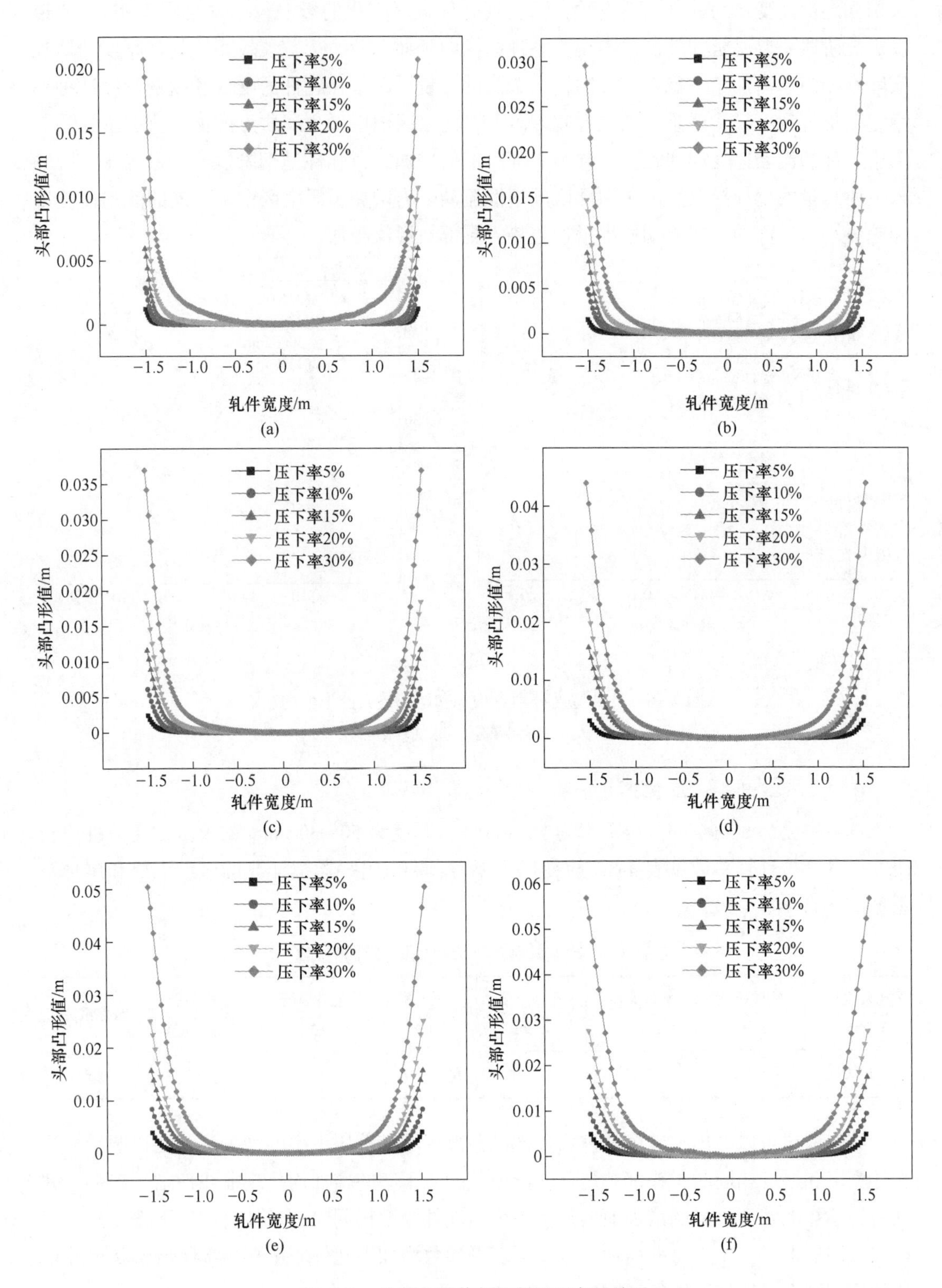


图 4-17 头部凸形值与轧制压下率的关系

(a) 厚度 50 mm；(b) 厚度 100 mm；(c) 厚度 150 mm；(d) 厚度 200 mm；(e) 厚度 250 mm；(f) 厚度 300 mm

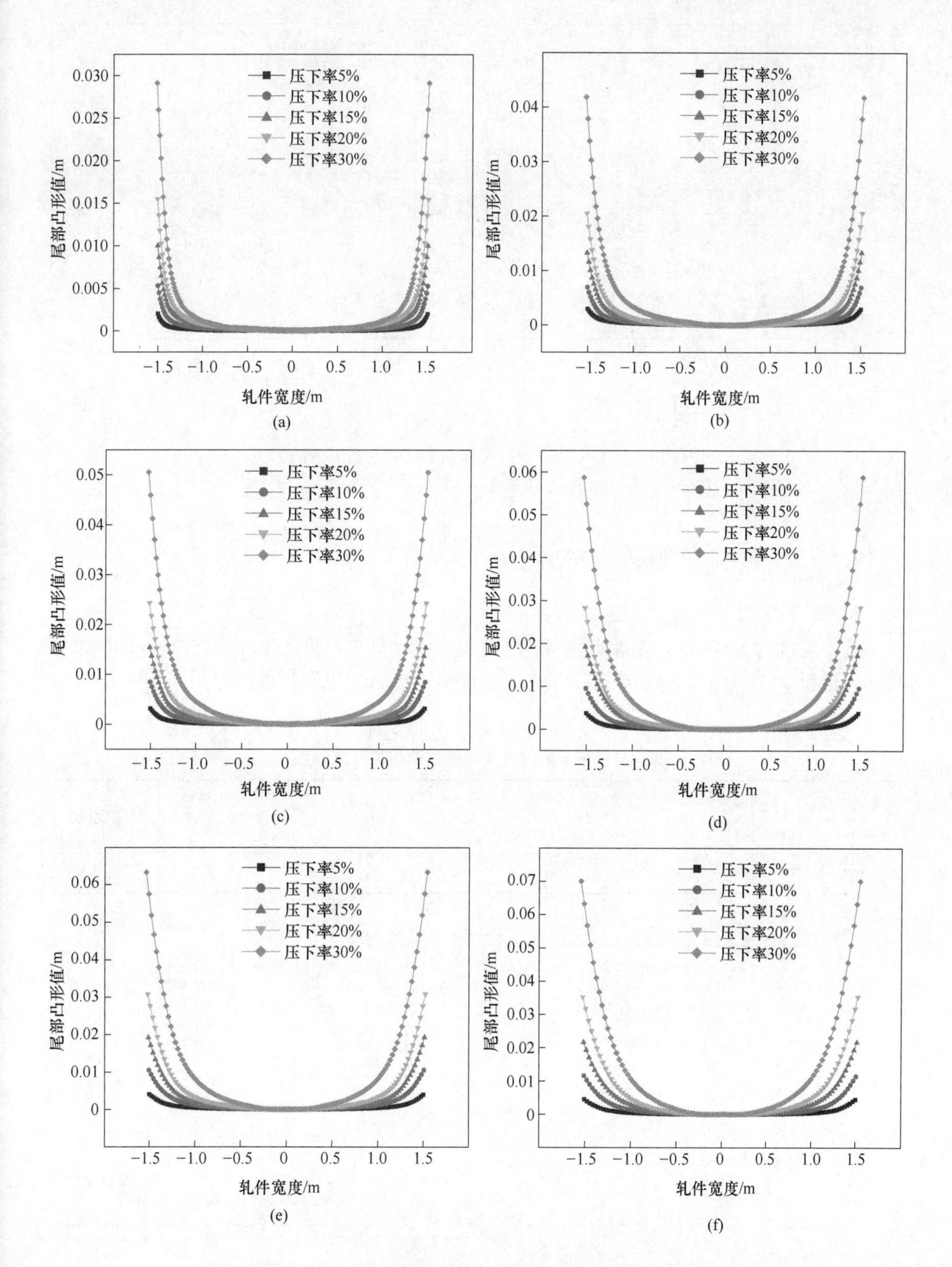


图 4-18 尾部凸形值与轧制压下率的关系

(a) 厚度 50 mm; (b) 厚度 100 mm; (c) 厚度 150 mm; (d) 厚度 200 mm; (e) 厚度 250 mm; (f) 厚度 300 mm

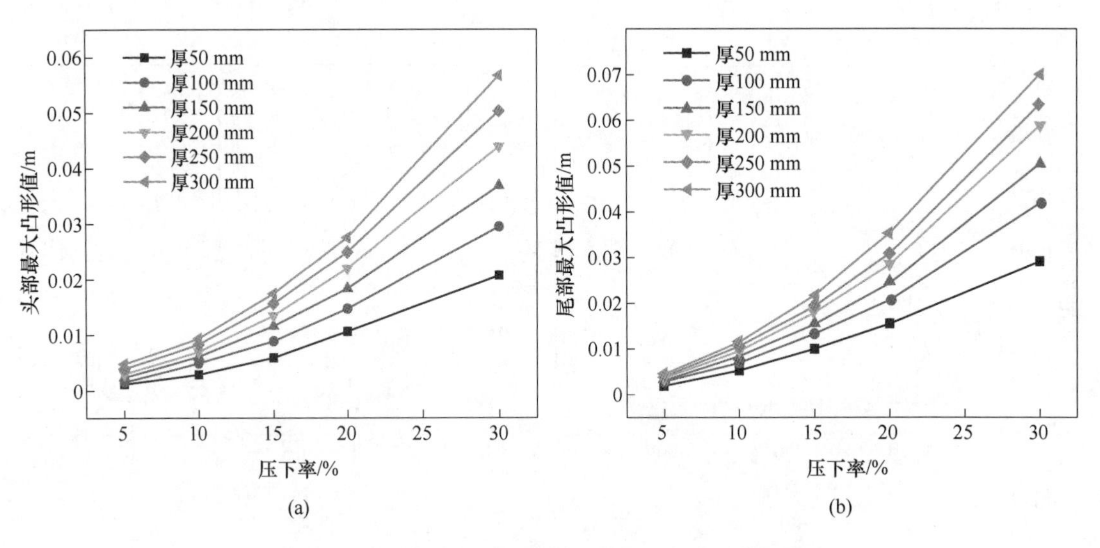


图 4-19 压下率的改变对头部和尾部最大凸形值的影响

（a）头部凸形值；（b）尾部凸形值

### 4.2.1.2 轧件侧边形状的影响因素分析

A 压下率对轧件侧边形状的影响

选取宽度为3000 mm、轧制压下率为5% ~ 30%、轧件厚度为100 ~ 250 mm的模拟计算参数进行研究，见表4-4。改变压下率时，模拟计算的侧边形状数据如图4-20和图4-21所示。

**表4-4 压下率的改变时侧边的模拟计算参数**

| 轧辊直径 /mm | 轧件长度 /mm | 轧件宽度 /mm | 轧件厚度 /mm | 压下率 /% | 轧件温度 /℃ | 轧辊转速 /mm · $s^{-1}$ | 摩擦系数 |
|---|---|---|---|---|---|---|---|
| 1000 | 5000 | 3000 | 100 ~ 250 | 5 ~ 30 | 1000 | 1 | 0.3 |

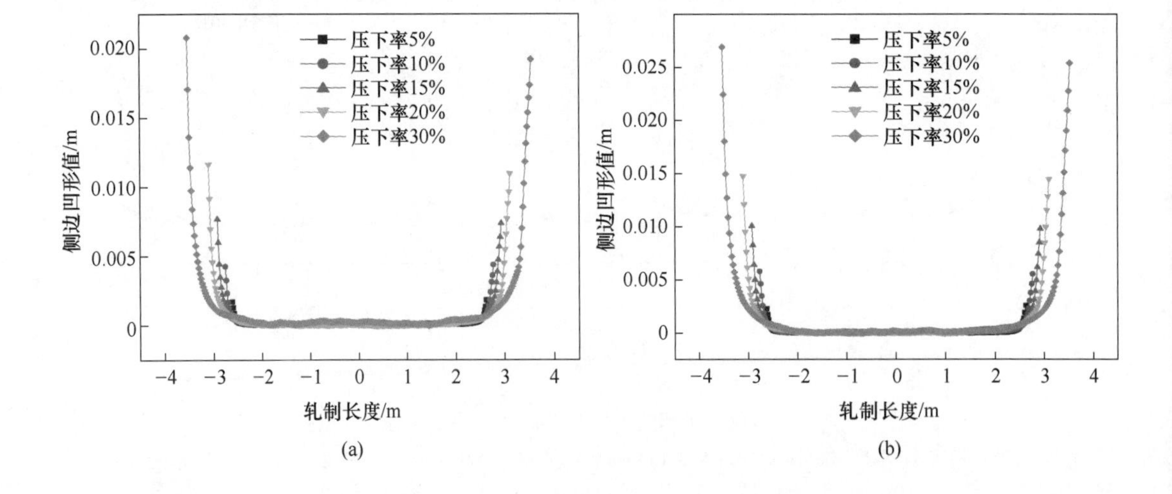

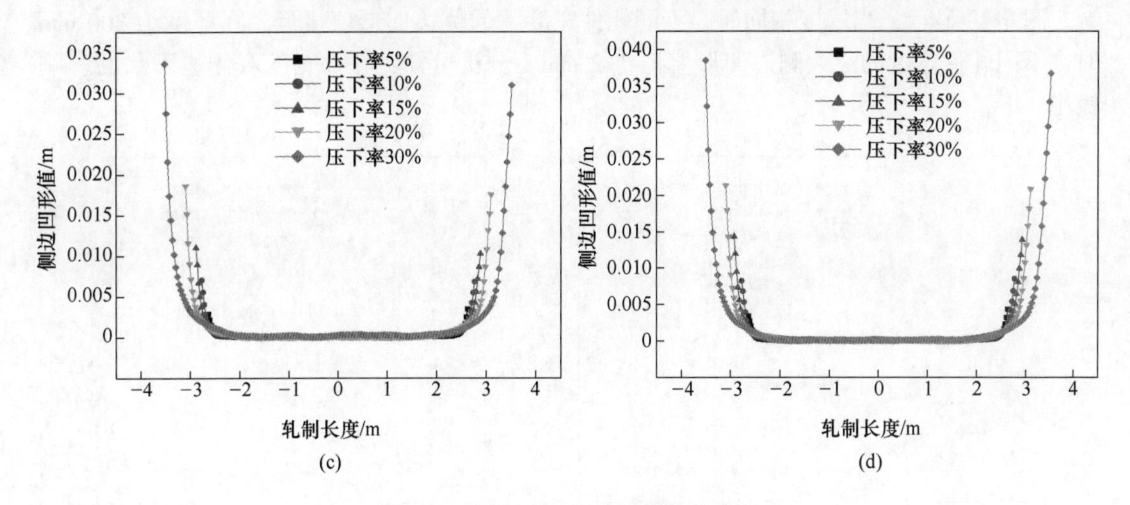


图 4-20 压下率与侧边凹形值的关系

(a) 厚 100 mm；(b) 厚 150 mm；(c) 厚 200 mm；(d) 厚 250 mm

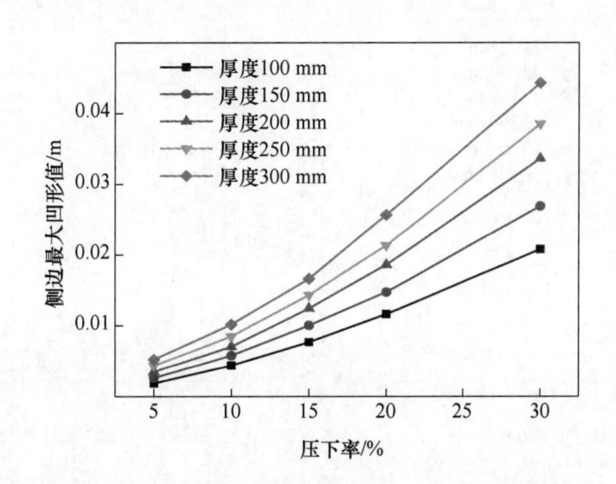


图 4-21 压下率的改变对侧边最大凹形值的影响

由图 4-20 可以看出，在轧件厚度和其他轧制条件相同时，侧边凹形值随着压下率的增加而增加，并且从图 4-21 可以看出，随着厚度的增加，侧边最大凹形值随压下率的变化折线呈现增长的趋势，两者呈非线性关系。当压下率增加时，轧制压下量增加，根据体积不变原理，轧件整个变形区形状参数增大，使纵向塑性流动阻力增加，纵向压缩主应力数值加大，金属沿横向运动的趋势增大，侧边凹形值增加。

B 轧件厚度和宽度对轧件侧边形状的影响

在保证压下率为 20% 和其他轧制条件相同的情况下，选取轧件宽度为 2500～3750 mm、轧件厚度为 50～300 mm 的模拟仿真数据进行研究。

图 4-22 和图 4-23 所示分别为不同轧件宽度下厚度方向的改变对侧边凹形值和最大凹形值的影响。可以看出，在压下率和其他轧制条件相同时，轧件的侧边凹形值随着轧件厚度的增加而增加，两者呈线性关系。这是因为当压下率相同时，轧件厚度的增加，相当于增加轧制压下量，其侧边角部形状尺寸增加的原理同上述压下率的改变对侧边形状的影

响。图 4-23 显示，当厚度相同时，不同轧件宽度下的侧边凹形值接近。在厚度为 300 mm 时，不同轧件宽度的最大侧边凹形值低于 2 mm。分析可知，轧件宽度对侧边形状的影响极小。

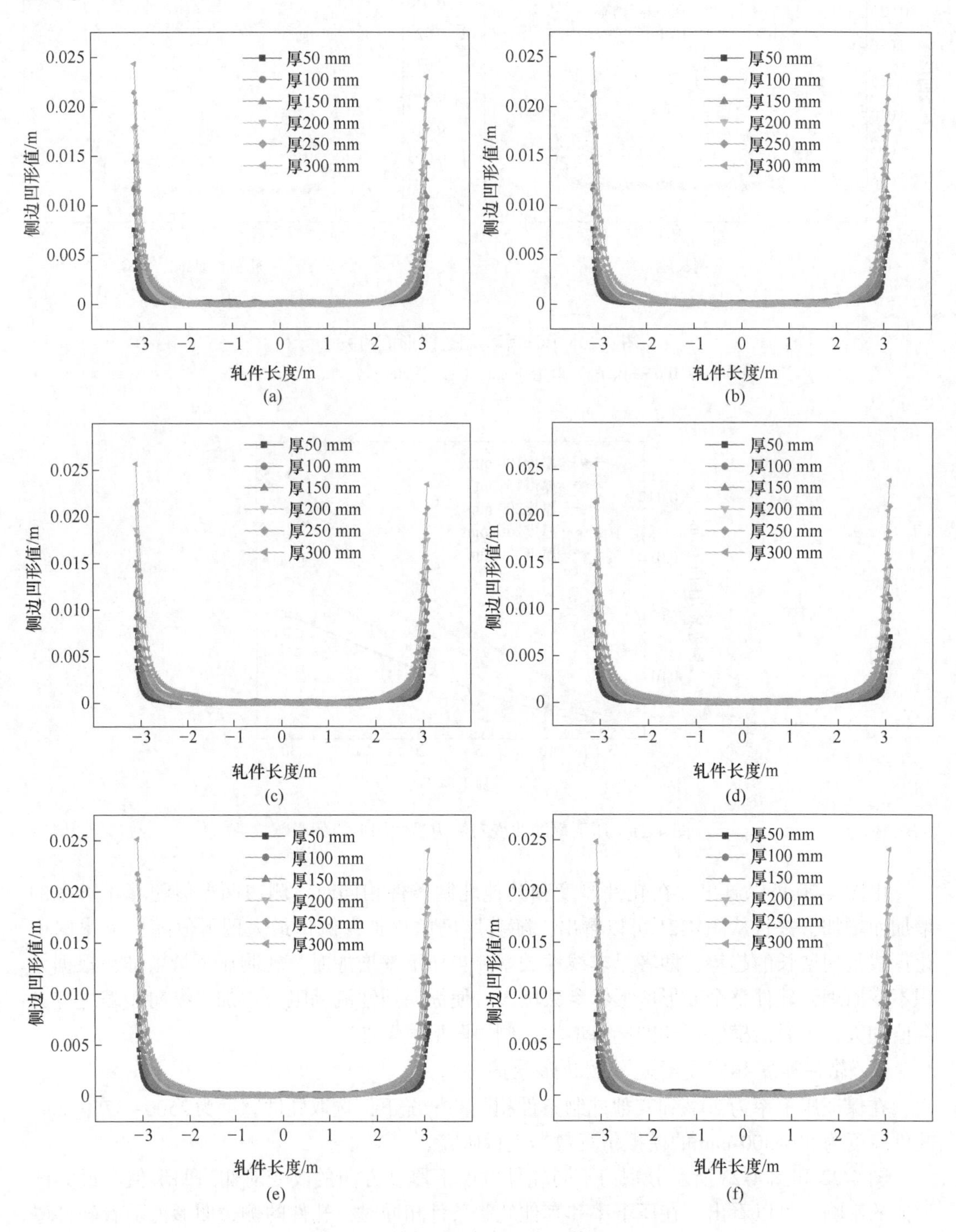


图 4-22 轧件厚度与侧边凹形值的关系

（a）宽度 2500 mm；（b）宽度 2750 mm；（c）宽度 3000 mm；（d）宽度 3250 mm；（e）宽度 3500 mm；（f）宽度 3750 mm

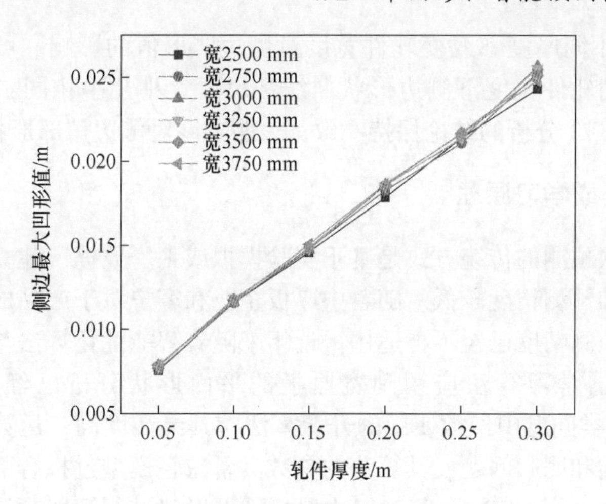


图 4-23 改变轧件厚度对最大侧边凹形值的影响

为进一步确认轧件宽度对侧边凹形值的影响，保证压下率为 20%和其他轧制条件相同，选取厚度为 100~250 mm，以及宽度为 2500~ 3750 mm 的轧件进行模拟轧制，获得多组侧边数据，如图 4-24 所示。

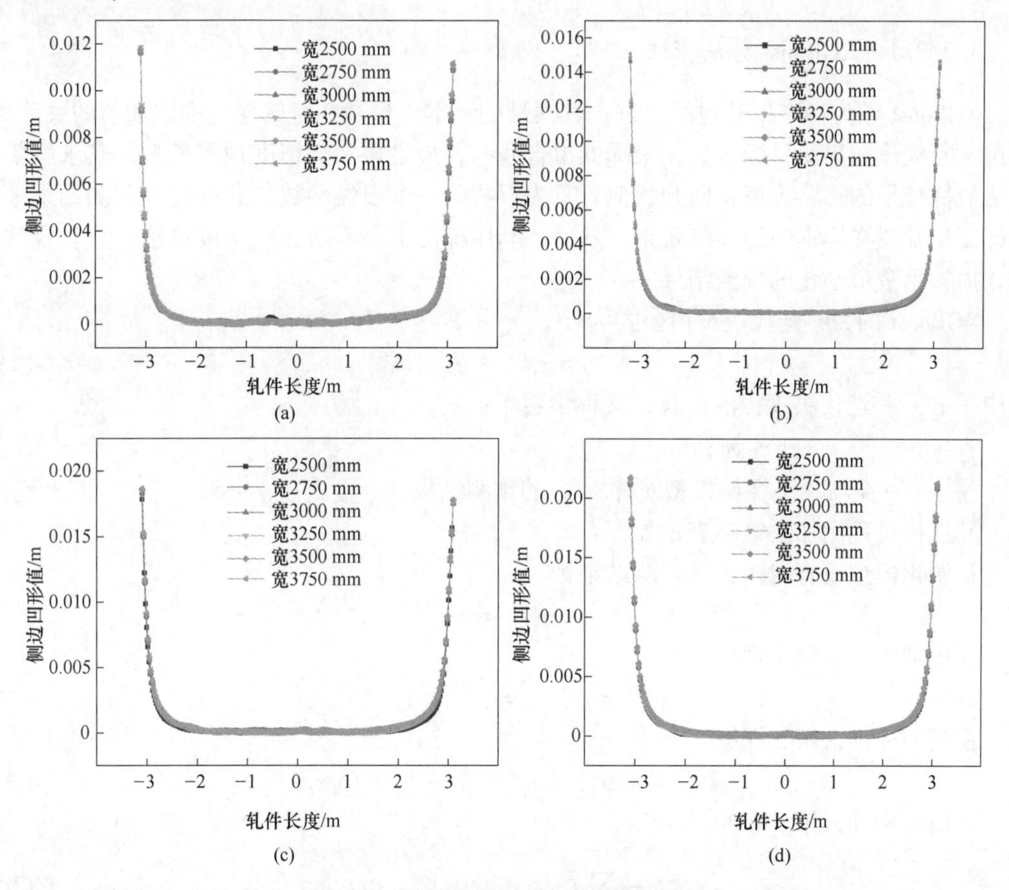


图 4-24 轧件宽度与侧边凹形值的关系

（a）厚度 100 mm；（b）厚度 150 mm；（c）厚度 200 mm；（d）厚度 250 mm

图 4-24 所示为不同厚度下改变轧件宽度对侧边凹形值的影响。可以看出，在其他轧制条件相同时，不同轧件宽度下侧边形状曲线和尺寸大小几乎相同，且其最大凸形值相近。这与之前由图 4-23 分析的结论保持一致，表明宽度对侧边角部形状的影响可以忽略。

### 4.2.2 XGBoost 集成学习原理

中厚板平面形状预测的传统方式是基于实验模拟或工厂数据，建立多项式方程进行拟合。此方法灵活性和预测精度较低。随着中厚板企业和客户对于产品成材率控制的要求越来越高，此方法的预测精度已经不再适用。近年来随着智能优化算法与生产过程先进制造技术相融合，将机器学习算法应用到宽厚板的平面形状分析已经成为一种趋势[31]。XGBoost 是数据挖掘类问题中经常使用的开源算法，其灵活度高，运算速度快，泛化能力强，同时适用于分类和回归问题，其算法的参数具备减轻模型过拟合的效果，即使面对小样本数据依然适用。采用 XGBoost 算法对中厚板平面形状进行智能预测，模型训练数据来自有限元软件的模拟计算结果，将结果数据进行预处理作为 XGBoost 的训练样本，训练出最优的 XGBoost 算法预测模型。通过平面形状智能模型的预测，可根据生产过程中的实时反馈调节中厚板平面形状设定参数，减少材料损耗；同时结合轧件正常延伸规律，实现任意道次的平面形状预测。

#### 4.2.2.1 XGBoost 算法概述

XGBoost 作为梯度提升树的改进，其模型的基本思想是在每轮迭代中添加新的决策树，通过不断优化和更新目标函数，来降低拟合残差，最终建立高精度预测模型。其求解集成算法最优结果的思路与逻辑回归相似。首先，找到一个损失函数，通过代入预测结果来衡量梯度提升树在样本中的预测效果。然后，利用梯度下降不断迭代集成算法，直至找到能够让损失函数最小化的预测结果。

XGBoost 的完整迭代决策树公式为：

$$\hat{y}_i^{(k+1)} = \hat{y}_i^{(k)} + \eta f_{k+1}(x_i) \tag{4-29}$$

式中 $\eta$ ——迭代决策树的步长，又称学习率；

$f_{k+1}$ ——第 $k+1$ 棵树；

$\hat{y}_i^{(k+1)}$ ——第 $k+1$ 棵树模型对样本 $x_i$ 的预测结果。

其迭代过程用加法策略表示如下：

初始化模型没有树时，其预测结果为：

$$y_i^{(0)} = 0$$

往模型中加入第 1 棵树：

$$\hat{y}_i^{(1)} = f_1(x_i) = \hat{y}_i^{(0)} + f_1(x_i) \tag{4-30}$$

往模型中加入第 2 棵树：

$$\hat{y}_i^{(2)} = f_1(x_i) + f_1(x_i) = \hat{y}_i^{(1)} + f_2(x_i) \tag{4-31}$$

往模型中加入第 $t$ 棵树：

$$\hat{y}_i^{(t)} = \sum_{k=1}^{t} f_k(x_i) = \hat{y}_i^{(t-1)} + f_t(x_i) \tag{4-32}$$

式中 $f_k$ ——第 $k$ 棵树；

$\hat{y}_i^{(k-1)}$——第 $k-1$ 棵树模型对样本 $x_i$ 的预测结果。

XGBoost 算法实现了模型表现和运算速度的平衡，即同时衡量模型泛化能力和运算速率。模型的泛化能力使用损失函数表示，模型的运算效率使用空间复杂度和时间复杂度来衡量。因此 XGBoost 的目标函数 Obj 由传统损失函数和模型复杂度表示：

$$\mathrm{Obj}(\theta)=\sum_{i=1}^{m}l(\hat{y}_i-y_i)+\sum_{k=1}^{K}\Omega(f_k) \tag{4-33}$$

式中 $m$——导入第 $k$ 棵树的数据总量；

$K$——样本特征参数总量；

$y_i$——第 $i$ 个目标的真实值；

$\hat{y}_i$——第 $i$ 个目标的预测值；

$\Omega(f_k)$——第 $k$ 个样本特征参数 $f_k$ 所在树的模型复杂度[32]。

XGBoost 对树的复杂度包括两个部分，分别是树叶子节点个数 $T$ 和树叶子节点得分（正则项），对于其中每一棵回归树，其模型可以写成：

$$f_t(x)=w_{q(x)},\ w\in\boldsymbol{R}^{\mathrm{T}},\ q:\ R^d\rightarrow\{1,\ 2,\ \cdots,\ T\} \tag{4-34}$$

式中 $w$——叶子节点的得分值；

$q(x)$——样本 $x$ 对应的叶子节点；

$T$——该树叶子节点个数。

因此，复杂度计算使用 L2 正则项可以写成：

$$\Omega(f_t)=\gamma T+\frac{1}{2}\lambda\sum_{j=1}^{T}w_j^2 \tag{4-35}$$

式中 $\gamma$——节点分裂所需的最小损失函数下降值；

$\lambda$——正则化惩罚项的权重。

已知目标函数中的第一项传统损失函数与建好的所有树的关系为：

$$\hat{y}_i=\sum_{k}^{K}f_k(x_i) \tag{4-36}$$

当进行第 $t$ 次迭代时，由式（4-4）可将目标函数中的传统损失函数项转换为：

$$\sum_{i=1}^{m}l(y_i,\ \hat{y}_i)=\sum_{i=1}^{m}l(y_i^t,\ \hat{y}_i^{(t-1)}+f_t(x_i)) \tag{4-37}$$

而 $y_i^t$ 为一个已知常数，则可将 $l(\hat{y}_i^{(t-1)}+f_t(x_i))$ 进行泰勒展开得到式（4-38）

$$\sum_{i=1}^{m}l(y_i,\ \hat{y}_i)=\sum_{i=1}^{m}\left[l(y_i^t,\ \hat{y}_i^{(t-1)})+f_t(x_i)g_i+\frac{1}{2}(f_t(x_i))^2h_i\right] \tag{4-38}$$

式中 $g_i$，$h_i$——损失函数 $l(y_i^t,\ \hat{y}_i^{(t-1)})$ 对 $\hat{y}_i^{(t-1)}$ 的一阶导数和二阶导数。

迭代 $t$ 次后 $l(y_i^t,\ \hat{y}_i^{(t-1)})$ 和 $\sum_{k=1}^{t-1}\Omega(f_k)$ 是已知常数，因此原始目标函数将常数项移除，得到式（4-39）。

$$\begin{aligned}\mathrm{Obj}(\theta)&=\sum_{i=1}^{m}l(\hat{y}_i-y_i)+\sum_{k=1}^{K}\Omega(f_k)\\&=\sum_{i=1}^{m}\left[f_t(x_i)g_i+\frac{1}{2}(f_t(x_i))^2h_i\right]+\Omega(f_t)\end{aligned}$$

$$= \sum_{i=1}^{m}\left[f_t(x_i)g_i + \frac{1}{2}(f_t(x_i))^2h_i\right] + \gamma T + \frac{1}{2}\lambda\sum_{j=1}^{T}w_j^2 \tag{4-39}$$

式中 $\sum_{i=1}^{m}[f_t(x_i)g_i + \frac{1}{2}(f_t(x_i))^2h_i]$ ——每个样本在第 $t$ 棵树的叶子节点得分值相关函数的结果之和。

在复杂度中可知 $f_t(x)=w_{q(x)}$，$w \in \boldsymbol{R}^{\mathrm{T}}$，$q$：$R^d \to \{1, 2, \cdots, T\}$，同时将目标函数全部转换成在第 $t$ 棵树叶子节点的形式：

$$\mathrm{Obj}^t(\theta) = \sum_{i=1}^{m}w_{q(x_i)}g_i + \sum_{i=1}^{m}\frac{1}{2}w_{q(x_i)}^2h_i + \gamma T + \frac{1}{2}\lambda\sum_{j=1}^{T}w_j^2 \tag{4-40}$$

式中 $w_j$ ——第 $j$ 个叶子节点的分值。

其实，每片叶子上的 $w_j$ 是一致的，唯一不同的是每个样本对应的 $g_i$，所有样本必然会分到 $T$ 片叶子节点的任意一个节点，于是式（4-12）进一步简化为：

$$\begin{aligned}\mathrm{Obj}^t(\theta) &= \sum_{j=1}^{T}\left(w_j\sum_{i\in I_j}g_i\right) + \frac{1}{2}\sum_{j=1}^{T}\left(w_j^2\sum_{i\in I_j}h_i\right) + \gamma T + \frac{1}{2}\lambda\sum_{j=1}^{T}w_j^2 \\ &= \sum_{j=1}^{T}\left[w_j\sum_{i\in I_j}g_i + \frac{1}{2}w_j^2\left(\sum_{i\in I_j}h_i + \lambda\right)\right] + \gamma T \end{aligned} \tag{4-41}$$

式中 $I_j$——第 $j$ 个叶子上含有的样本集合，$I_j = \{i \mid q(x_j)=j\}$。

令 $G_j = \sum_{i\in I_j}g_i$、$H_j = \sum_{i\in I_j}h_i$，于是最终的目标函数为：

$$\mathrm{Obj}^t = \sum_{j=1}^{T}\left[w_jG_j + \frac{1}{2}w_j^2(H_j + \lambda)\right] + \gamma T \tag{4-42}$$

对 $w_j$ 求导，令一阶导数为 0 求极值，有：

$$G_j + w_j(H_j + \lambda) = 0 \tag{4-43}$$

求解得到：

$$w_j^* = -\frac{G_j}{H_j + \lambda} \tag{4-44}$$

将式（4-16）代入目标函数，有：

$$\mathrm{Obj}^* = -\frac{1}{2}\sum_{j=1}^{T}\frac{G_j^2}{H_j + \lambda} + \gamma T \tag{4-45}$$

式中 $\mathrm{Obj}^*$ ——结构分数[33]。

#### 4.2.2.2 XGBoost 算法的应用与建模

将有限元的结果数据与 XGBoost 算法相结合，建立中厚板平面形状预测模型。XGBoost 算法本身是优化的分布式梯度增强库，旨在实现样本数据处理时的高效、灵活和便捷性，满足在线形状预测和控制的基本需求。图 4-25 所示为 XGBoost 算法与有限元仿真结合的总体方案。

XGBoost 算法预测模型的基本流程如图 4-26 所示。将训练好的 XGBoost 算法预测模型应用到不同轧制工艺下的单道次纵轧，进行出口轧件头尾及侧边形状的预测。

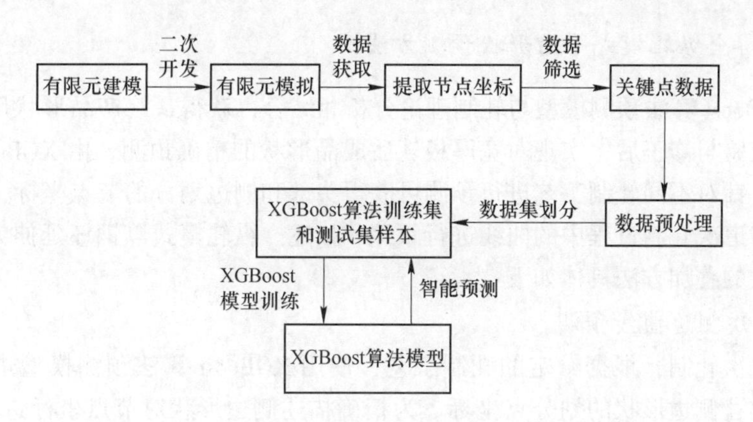


图 4-25 XGBoost 算法预测模型与有限元结合的总体模型

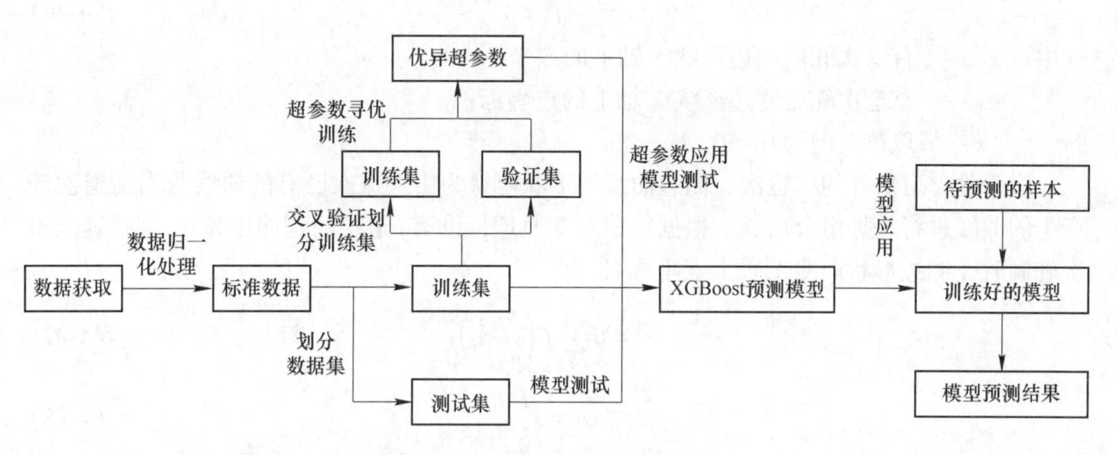


图 4-26 XGBoost 预测模型的流程

主要步骤如下：

(1) 预处理后数据集划分。首先将预处理后的标准数据划分为 80%的训练集和 20%的测试集，然后在交叉验证过程中将训练集数据重新划分为 80%的训练集和 20%的验证集，最终获得 64%的训练集、16%的验证集以及 20%的测试集，其中训练集用于模型训练，验证集用于交叉验证训练，实现超参数寻优，测试集用于测试模型训练结果。

(2) 交叉验证训练，超参数寻优。为避免模型出现过拟合现象，对训练集数据进行 $k$ 折叠交叉验证（k-fold cross validation）训练，将训练数据集分成 5 份，每个子集数据分别做一次验证集，其余 4 组子集数据作为训练集，构成 5 个模型。

(3) 超参数确定。通过交叉验证训练，寻找能使验证集在学习曲线中表现优异的超参数，确定模型的超参数范围，获得初步的 XGBoost 算法预测模型。

(4) 模型测试。将初步构建的 XGBoost 算法预测模型在测试集中进行训练，分析模型的学习曲线和评估指标，确定优异的 XGBoost 超参数，建立最优的 XGBoost 算法预测模型。

(5) 模型应用。将待测的样本数据应用到完善的 XGBoost 算法模型中，得到待测样本的预测结果。

#### 4.2.2.3 全纵轧模式平面形状预测方法

通过 XGBoost 算法预测模型与轧制理论分析相结合，获得最终产品形状尺寸并经过实际生产数据校验与修正后，实现对宽厚板轧后成品形状的精确预测。由 XGBoost 算法的预测结果可知，针对不同轧制工艺进行预测可获得头部和侧边划分的节点坐标，将这些预测的点坐标对多道次轧制过程中的曲线进行跟踪和描述。纵轧模式以钢坯延伸为主，侧边曲线和头尾曲线的叠加方法具体如下[34]。

A 多道次侧边曲线预测

对于首道次轧制，根据给定的轧制工艺，使用 XGBoost 算法预测模型进行单道次预测，可获得描述侧边形状的划分点坐标。为精确描述侧边形状对节点坐标进行线性插值，将描述侧边形状的划分点的 $X$ 轴坐标点与 $Y$ 轴坐标点的映射关系用函数 $f(x)$ 表示，得到：

$$y_i^1 = f(x_i) \tag{4-46}$$

式中 $y_i^1$ ——首道次轧后侧边形状 $Y$ 轴上的点坐标；

$x_i$ ——首道次轧后侧边形状 $X$ 轴上的点坐标；

$i$ ——取值范围为 0~50。

对于除首道次外的多道次，侧边曲线的形状可认为由上道次已有的曲线与当前道次新产生的曲线进行叠加组合而成。根据体积不变原理，设第 $j$ 道次的延伸比为 $\alpha_j$，则其余道次轧制时，侧边形状曲线 $Y$ 轴上点坐标有：

$$y_i^j = \theta \sum_{j=1}^{j} f\left(\frac{x_i}{w_a}\alpha_j\right) \tag{4-47}$$

$$\alpha_j = \frac{H}{H_j} \tag{4-48}$$

式中 $j$ ——轧制道次，取 1，2，3，…；

$H$ ——轧件初始厚度；

$H_j$ ——道次入口厚度，$H = H_1$；

$w_a$ ——首道次轧后侧边变形区长度；

$\theta$ ——侧边曲线计算修正系数。

B 多道次头尾曲线预测

同理，对于首道次轧制，根据 XGBoost 算法预测模型可获得描述头部或尾部形状的点坐标，用 $g(x)$ 描述头部形状的 $X$ 轴坐标点和 $Y$ 轴坐标点的映射关系，可得：

$$h_i^1 = g(t_i) \tag{4-49}$$

式中 $h_i^1$ ——轧后头部形状 $Y$ 轴上的点坐标；

$t_i$ ——首道次轧后头部形状 $X$ 轴上点坐标；

$i$ 的取值范围为 0~50。

对于除首道次的多道次，头尾曲线的形状可认为由上道次已有的曲线与当前道次新产生的曲线进行叠加组合而成。全纵轧过程可忽略宽展，由于每道次轧制后侧边形状最大凹形值逐渐增加，头部形状沿长度方向也在逐渐增加，而每道次侧边最大凹形值为 $y_{50}^j$，用 $\beta_j$ 表示头部宽度方向增长系数，则有：

$$\beta_j = \frac{l_b + y_{50}^j}{l_b} \tag{4-50}$$

式中 $l_b$ ——首道轧制后头部半宽度长度。

则其余道次轧制时，第二道次轧制后头部形状曲线 $Y$ 轴上点坐标有：

$$h_i^2 = g\left(\frac{t_i}{l_b}\beta_2\right) + h_i^1\alpha_2 \tag{4-51}$$

第三道次轧制后头部形状由经过正常延伸后第二道次轧后形状和 XGBoost 算法预测的本道次形状组成，则有：

$$h_i^3 = g\left(\frac{t_i}{l_b}\beta_3\right) + h_i^2\alpha_3 \tag{4-52}$$

继续迭代可得进行 $j$ 道次轧制后头部形状曲线 $Y$ 轴上点坐标为：

$$h_i^j = g\left(\frac{t_i}{l_b}\beta_j\right) + h_i^{j-1}\alpha_j \tag{4-53}$$

#### 4.2.2.4 横-纵轧平面形状预测方法

平面形状控制技术的目的是实现最终产品的矩形化，其原理是在相应道次进行变厚度轧制控制，而实施的手段便是根据平面形状预测模型的预测结果，设定平面形状控制曲线，在成型或展宽阶段末道次进行变厚度控制。本节以横-纵轧制模式中的平面形状控制模型为例，介绍平面形状控制模型的设定过程，以及对最终产品头尾及侧边形状的预测方法。

A 轧制规程中平面形状预测

在横-纵轧制模式中，轧件头尾和侧边形状预测分为三个部分。

(1) 结合 XGBoost 算法预测模型获得横向轧制头尾及侧边形状。

(2) 基于 XGBoost 算法预测模型预测结果设定平面形状控制曲线。

(3) 结合 XGBoost 算法预测模型、平面形状控制曲线和纵向轧制阶段轧件正常延伸获得最终平面形状曲线。

整个横-纵轧制过程中设定头尾及侧边曲线上的跟踪点进行跟踪计算。宽厚板的横-纵轧制头尾部及侧边形状预测流程如图 4-27 所示。

其平面形状预测最终产品形状的主要步骤为：

(1) 横轧单道次平面形状预测。结合实际生产的轧制规程，利用建立好的 XGBoost 算法预测模型预测出单道次横轧条件下的头尾及侧边的形状曲线，并选取曲线中重要的节点坐标进行跟踪。需要注意的是轧件进行横轧时，轧件的长边变为头部，轧件的短边变为侧边。

(2) 横轧其余道次预测。将前一道次预测的头尾及侧边跟踪点对应长度与该道次 XGBoost 算法预测模型预测的头尾及侧边形状进行叠加计算，反复迭代，最终获得横轧末道次头尾及侧边跟踪点对应长度。

(3) 投入平面形状控制曲线。将横轧末道次头尾及侧边跟踪点对应长度与设定的平面形状控制曲线进行叠加计算。

(4) 纵轧单道次预测。将步骤 (3) 叠加计算出的最终结果与 XGBoost 算法预测模型

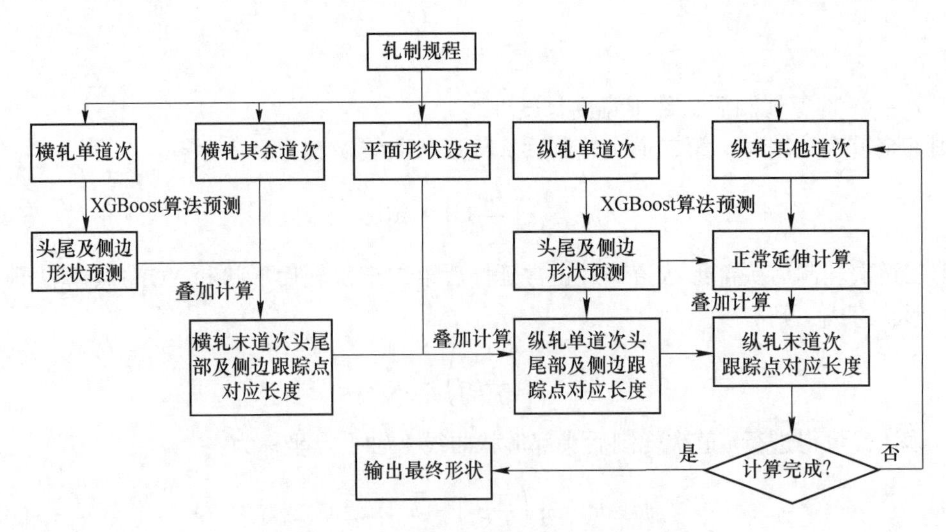


图 4-27 横–纵轧制平面形状预测流程

预测的单道次纵轧条件下的头尾及侧边的形状曲线进行叠加计算，获得纵轧单道次头尾及侧边跟踪点对应长度。

(5) 纵轧其余道次预测。将前一道次纵轧获得的头尾及侧边跟踪点对应长度按照延伸比进行纵轧正常延伸计算，再与当前道次 XGBoost 算法预测模型预测结果进行叠加计算，反复迭代，最终获得投入平面形状控制的最终产品形状预测。

为准确描述各道次平面形状曲线，选取平面形状的 1/4 部分进行跟踪，对 XGBoost 算法输出的头尾半宽及侧边各跟踪的节点坐标进行线性插值，并对节点坐标进行跟踪计算。

B 平面形状控制曲线的设定

平面形状控制的压下曲线中厚度变化量与厚度变化区间内的长度为复杂的非线性关系。受设备和压下控制系统的限制，现实中很难达到该理论控制模型的控制精度，不能应用于实际生产，因此需要对该曲线进行简化处理。具体简化手段为：首先保证投入平面形状控制模型前后的轧制长度相同，根据体积不变原理，在模型压下曲线中设定控制点，将压下曲线分成多段处理，然后每段压下曲线中将厚度变化区间内厚度变化量与长度简化成线性关系，最终获得由设定的控制点组成的形状压下曲线。形状控制曲线如图 4-28 中的曲线 2 所示。

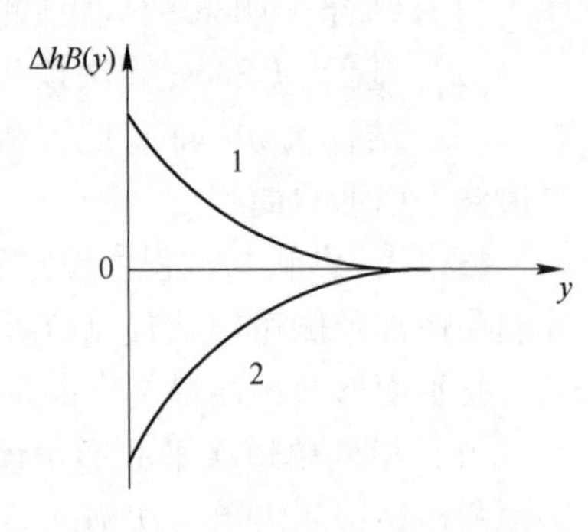


图 4-28 平面形状控制压下曲线

由设定的控制点组成的压下曲线可以有多种，在工程应用上为了方便进行平面形状的带载压下控制，压下曲线可设置 7 个点 $A_1$ ~ $A_7$，称作 7 点控制法。图 4-29 为横轧末道次板坯长度 $L$ 方向上设定 7 点控制曲线示意图。图中，$L_1$、$L_2$、$\Delta h$、$d$、$\Delta d$ 为平面形状 7 点设定曲线的控制参数，$h$ 为展宽末道次的出口厚度，$L$ 为横轧末道次轧件的长度。其中，$A_1$ ~ $A_2$ 段和 $A_6$ ~ $A_7$ 段设定的目的是保证现场控制的稳定性。由图可知，在展宽阶段末道次投入平面形状控制以后，各控制点所处的厚度存在区别，$A_1$ 和 $A_2$ 的厚度为 $h+\Delta h-d$，$A_3$ 的厚

度为 $h-\Delta h$，中间点 $A_4$ 的厚度为 $h-d-\Delta d$。保证投入平面形状控制前后的轧件长度 $L$ 相同，根据体积不变原理，在横轧末道次对辊缝进行调节，调节后的初始辊缝的计算公式见式（4-54）。

$$d=\frac{\Delta h(2L_1+L_2)-\frac{\Delta d}{2}(L-2L_1-2L_2)}{L} \tag{4-54}$$

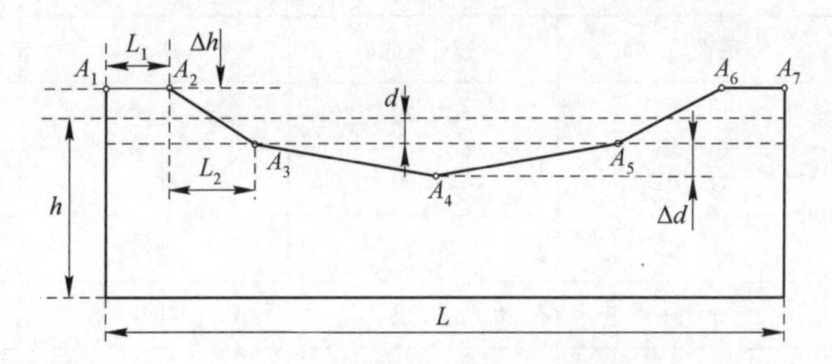


图 4-29 平面形状 7 点控制曲线示意

平面形状设定参数 $\Delta h$ 可通过理想平面形状控制模型离散化计算获得，计算公式见式（4-55）。

$$\Delta h=\frac{1}{n}\sum_{i=1}^{n}\Delta h_B\left(\frac{i}{n}l'\right) \tag{4-55}$$

式中 $n$ ——理想平面形状控制模型离散化成矩形体的个数；

$\Delta h_B$ ——原理想平面形状控制模型的厚度。

当投入平面形状控制，将平面形状设定 7 点控制曲线与横向轧制末道次头尾跟踪点进行叠加计算时，需要先将平面形状控制曲线的一半，即 $L/2$ 长度，进行变密度划分，与之前设定的跟踪点数量保持一致。为了确定投入平面形状控制对头尾形状的影响，需要计算在纵轧第一道次钢坯断面不同的入口厚度对应同一出口厚度的纵向延伸量，即不同厚度截面上各点经过第一道次轧制后对应的长度。

已知平面形状 7 点控制曲线关键点位置信息：$A_2$ 处厚度为 $h+\Delta h-d$，对应长度为 $l_1$；$A_3$ 处厚度为 $h-\Delta h$，对应长度为 $l_2$；$A_4$ 处厚度为 $h-d-\Delta d$，对应长度为 $l_3$。转钢 90°进行纵向轧制时，假定轧制过程无宽展，轧件出口厚度为 $h_1$，根据体积不变原则，便可以得到 3 个关键厚度点在纵向轧制第一道次后的纵向延伸量 $l_{11}$、$l_{22}$、$l_{33}$，其中：$l_{11}=l_1(h+\Delta h-d)/h_1$，$l_{22}=l_2(h-\Delta h)/h_1$，$l_{33}=l_3(h-d-\Delta d)/h_1$。然后再与横向轧制末道次头尾及侧边跟踪点进行迭代计算得到最终形状。

### 4.2.3 平面形状预测应用

为测试平面形状预测算法的精度，以某钢铁企业全纵轧采集的实测数据为例进行对比验证。将钢坯经过 10 道次可逆轧制获得的最终产品头部和侧边形状的最大值与基于 XGBoost 算法开发的预测模型预测出的最终头部和侧边形状的最大值进行对比，检测 XGBoost 算法预测模型的预测精度。某全纵轧产品和设备参数见表 4-5，全纵轧轧制工艺见表 4-6，全纵轧侧边的实测数据如图 4-30 所示。

表 4-5 钢铁企业全纵轧产品和设备参数

| 钢种 | 坯料规格<br>(厚度×宽度×长度)/mm×mm×mm | 成品规格<br>(厚度×宽度)/mm×mm | 轧机型式 | 工作辊尺寸<br>(直径×长度)/mm×mm |
|---|---|---|---|---|
| Q235B | 180×2260×2850 | 14×2255 | 单机架四辊轧机 | 1000×5000 |

表 4-6 钢铁企业全纵轧规程表

| 道次 | 设定辊缝/mm | 转速/r·min$^{-1}$ | 状态 | 实际厚度/mm |
|---|---|---|---|---|
| 1 | 148. 24 | 17. 72 | 延伸 | 149. 24 |
| 2 | 117. 01 | 20. 59 | 延伸 | 118. 51 |
| 3 | 87. 32 | 24. 73 | 延伸 | 89. 20 |
| 4 | 59. 81 | 31. 12 | 延伸 | 61. 44 |
| 5 | 41. 72 | 29. 37 | 延伸 | 43. 40 |
| 6 | 26. 32 | 33. 30 | 延伸 | 28. 95 |
| 7 | 18. 89 | 25. 53 | 延伸 | 20. 65 |
| 8 | 16. 63 | 15. 24 | 延伸 | 17. 42 |
| 9 | 15. 31 | 13. 00 | 延伸 | 15. 17 |
| 10 | 14. 69 | 8. 61 | 延伸 | 13. 80 |

(a)

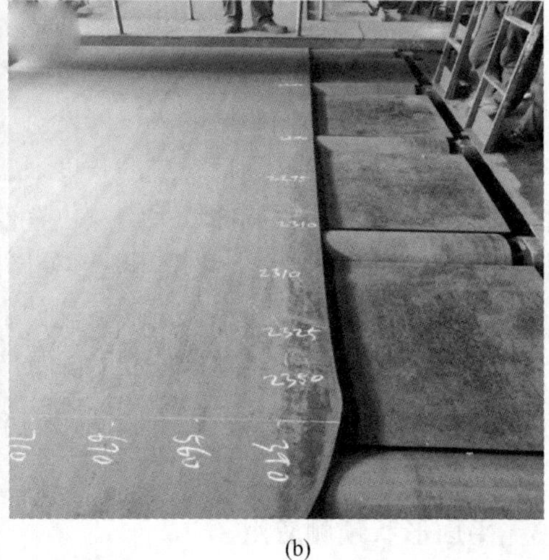


(b)

图 4-30 全纵轧实测数据

(a) 头部实测；(b) 侧边实测

针对以上轧制工艺，纵轧第一道次的半宽头部和变形的侧边长度上分别均分 50 份，得到 51 个跟踪点。通过对头部和侧边上 51 个跟踪点的金属流动结果与正常延伸计算值叠加，得到其他道次轧制结束的半宽头部和侧边形状。按照轧制规程反复迭代计算直至最后一道次计算完成，得到最终的轧件头部和侧边形状的预测曲线。图 4-31 为 XGBoost 算法预测模型预测的最终产品形状曲线与实测数据绘制曲线的对比图。

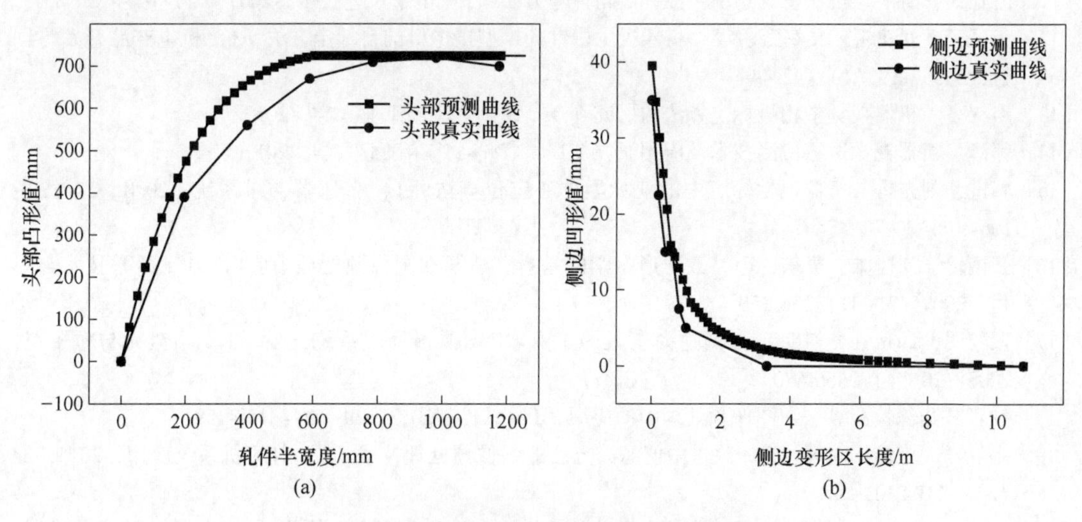


图 4-31 全纵轧最终头部与侧边的预测形状

（a）头部预测形状；（b）侧边预测形状

由图 4-31 可知，实测侧边形状的最大值与最小值的偏差为 35 mm，而 XGBoost 算法预测模型预测出的最终侧边形状的最大值与最小值的偏差为 39. 497 mm，经计算可知预测的最终产品侧边形状误差不大于 5 mm。实测头部形状的最大值与最小值的偏差为 720 mm，而 XGBoost 算法预测出的最终头部凸形值的最大值与最小值的偏差为 728. 56 mm，经计算可得预测的最终头部形状误差不大于 10 mm。所开发的 XGBoost 智能模型预测精度满足生产过程中平面形状控制参数设定的要求，在设定平面形状控制参数方面具有理论指导意义。

## 参 考 文 献

[1] Kilian K，Kilian M，Mazur V，et al. Rethinking reliability engineering using machine vision systems [J]. Proceedings of the Institution of Mechanical Engineers Part F Journal of Rail & Rapid Transit，2016，230（3）：1006-1014.

[2] Rout M，Pal S K，Singh S B. Prediction of edge profile of plate during hot cross rolling [J]. Journal of Manufacturing Processes，2018，31：301-309.

[3] 穆向阳，张太镒．机器视觉系统的设计 [J]. 西安石油大学学报（自然科学版），2007，22（6）：104-109.

[4] 刘金桥，吴金强．机器视觉系统发展及其应用 [J]. 机械工程与自动化，2010（1）：215-216.

[5] 李福建，张元培．机器视觉系统组成研究 [J]. 自动化博览，2004，21（2）：61-63.

[6] 王锋，阮秋琦．基于灰度期望值和二值化高精度图像处理算法 [J]. 铁路计算机应用，2001，10（7）：13-14.

[7] Milan S，Roger B，Vaclav H . Image processing，analysis，and machine vision [M]. London：Chapman & Hall Computing，1993.

[8] 雷志勇，刘群华，姜寿山，等．线阵 CCD 图像处理算法研究 [J]. 光学技术，2002，28（5）：

475-477.
[9] 赵春江 . C#数字图像处理算法典型实例 [M]. 北京：人民邮电出版社，2009.
[10] 陶剑锋 . 基于灰色系统理论的数字图像处理算法研究 [D]. 武汉：武汉理工大学，2004.
[11] 白雁兵，高艳 . 机器视觉系统坐标标定与计算方法 [J]. 电子工艺技术，2007，28 (6)：354-357.
[12] 蓝慕云，刘建瓴，吴庭万，等 . 机器视觉中针孔模型摄像机的自标定方法 [J]. 机电产品开发与创新，2006，19 (1)：42-44.
[13] 路红亮 . 机器视觉中相机标定方法的研究 [D]. 沈阳：沈阳工业大学，2013.
[14] 郭津 . 机器视觉边缘检测技术及应用研究 [D]. 广州：广东工业大学，2011.
[15] 郭进，刘先勇 . 机器视觉标定中的亚像素中心定位算法 [J]. 传感器与微系统，2008，27 (2)：106-108.
[16] 张艳玲，刘桂雄，曹东，等 . 数学形态学的基本算法及在图像预处理中应用 [J]. 科学技术与工程，2007，7 (3)：356-359.
[17] 段黎明，邱猛，吴朝明 . 面向逆向工程的工业 CT 图像预处理系统开发 [J]. 强激光与粒子束，2008，20 (4)：666-670.
[18] 钟彩 . 边缘检测算法在图像预处理中的应用 [J]. 软件，2013，34 (1)：158-159.
[19] 王红君，施楠，赵辉，等 . 改进中值滤波方法的图像预处理技术 [J]. 计算机系统应用，2015，24 (5)：237-240.
[20] 张黔，杨润玲，刘警锋，等 . 带钢表面缺陷图片的去噪和分割方法研究 [J]. 计算机技术与发展，2015 (4)：26-29.
[21] 马艳，张治辉 . 几种边缘检测算子的比较 [J]. 工矿自动化，2004 (1)：54-56.
[22] 段瑞玲，李庆祥，李玉和 . 图像边缘检测方法研究综述 [J]. 光学技术，2005，31 (3)：415-419.
[23] 魏伟波，芮筱亭 . 图像边缘检测方法研究 [J]. 计算机工程与应用，2006，42 (30)：88-91.
[24] 王富平，水鹏朗 . 形状自适应各向异性微分滤波器边缘检测算法 [J]. 系统工程与电子技术，2016，38 (12)：2876-2883.
[25] Hueckel M H. An operator which locates edges in digitized pictures [J]. Journal of the Acm, 1971, 18 (1)：113-125.
[26] Hueckel M H. A local visual operator which recognizes edges and lines [M]. New York：ACM, 1973.
[27] Tabatabai A J, Mitchell O R. Edge location to subpixel values in digital imagery [J]. IEEE Transactions on Pattern Analysis & Machine Intelligence, 2009, PAMI-6 (2)：188-201.
[28] Huertas A, Medioni G. Detection of intensity changes with subpixel accuracy using laplacian-gaussian masks [J]. IEEE Transactions on Pattern Analysis & Machine Intelligence, 2009, PAMI-8 (5)：651-664.
[29] Lyvers E P, Mitchell O R, Akey M L, et al. Subpixel measurements using a moment-based edge operator [J]. Pattern Analysis & Machine Intelligence IEEE Transactions on, 1989, 11 (12)：1293-1309.
[30] 雷晓峰，王耀南，段峰 . 利用 VC++开发图像采集卡与图像预处理库 [J]. 微型机与应用，2002，21 (1)：48-50.
[31] 马景义，谢邦昌 . 用于分类的随机森林和 Bagging 分类树比较 [J]. 统计与信息论坛，2010，25 (10)：18-22.
[32] Li X, Zhou Q. Research on improving SMOTE algorithms for unbalanced data set classification [C] // 2019 International Conference on Electronic Engineering and Informatics (EEI). IEEE, 2019：476-480.
[33] 滕达，何纯玉，孙旭东，等 . 一种全纵轧宽厚板成品形状的预测方法 [P]. 江苏省：CN113732070A，2021-12-03.
[34] 王国栋，刘振宇，张殿华，等 . 材料科学技术转型发展与钢铁创新基础设施的建设 [J]. 钢铁研究学报，2021，33 (10)：1003-1017.

# 5 中厚板生产线的智能自动控制技术

中厚板钢坯在送出加热炉后需要经过除鳞、粗轧、精轧、控冷等工艺过程，其中，粗轧和精轧均为可逆轧制，而且生产线较长，会有多块轧件同时存在。整个生产流程在自动轧钢系统的控制下，很大概率会出现多个轧件交叉待温控温的情况，而且多个轧件的需求规格可能并不相同，轧区内各个设备的自动化系统处于各自独立的状态，轧件的信息并不能由自动轧钢系统准确地传递，容易产生轧件错号、混号或表示错误等低级错误。因此，精确识别轧件当前的状态、确定轧件所处的工艺区域以及正确地在状态之间进行更新，建立有效的数据微跟踪模型，对轧制过程数据的记录、提高轧制生产线的自动化水平尤为重要。

## 5.1 基于有限状态机轧件微跟踪模型

### 5.1.1 有限状态机的定义与描述方法

中厚板的轧制生产线对时间、空间以及生产流程的逻辑控制有着较高的要求。在实际生产中，要实现生产线的流程逻辑控制和生产工序的完美结合，就需要一个高稳定性、高扩展性、逻辑框架清晰的控制系统来支持完整的生产。

控制系统通常是通过接收到某些特定的输入信号，改变当前系统的所处状态，并做出相应的控制动作，产生相应的输出。如果控制系统的状态为有限多个，那么就可以用有限状态机（Finite State Machine，FSM）来描述。有限状态机可以用简单的数学模型来描述，用于指出有限多个状态之间如何进行转移，可以根据系统当前时刻所处的状态和输入，确定下一个时刻的状态和输出，使外部系统更好地理解。有限状态机的定义确定了它更适用于分支较多、状态间的跳转较为复杂的程序，通过对状态间跳转条件的编码与设计，可以简化程序各部分之间的跳转。有限状态机已经在交通信号灯系统、网络协议、电梯系统、硬件电路系统设计、行为建模等相关研究方向被广泛应用[1-3]。

相比于传统控制系统在编程语言中使用的“for、while 循环”和“if-else 条件选择分支”，基于有限状态机的控制系统逻辑框架扩展性更强，条理更加清晰，可以使开发人员的维护更加简易。同时，在各个状态之间可以使用更加简洁的参数进行逻辑信息的传递，这也为流程工业生产线的逻辑动态配置打下了基础[4]。

有限状态机是由状态、初始状态、输入和转换函数组成的有向图形和数学模型。在控制系统执行的过程中，有限状态机通过响应一系列的输入信号运行，每个输入信号都应当属于当前状态节点的转换函数控制的参数范围内，其中，转换函数控制的参数范围是节点的一个子集。有限状态机是一个五元组：

$$M = (Q,\ \Sigma,\ \delta,\ q_0,\ F)$$

式中，$Q = \{q_0,\ q_1,\ \cdots,\ q_n\}$ 是有限多个状态的集合，在运行过程中的任一时刻，有限状态机只能处于一个确定的状态 $q_i$；$\Sigma = \{\sigma_1,\ \sigma_2,\ \cdots,\ \sigma_n\}$ 是有限多个输入信号集合，在运行过程中的任一时刻，有限状态机只能接收一个确定的输入 $\sigma_j$；$\delta$：$Q \times \Sigma \rightarrow Q$ 是状态转移函数，用于确定在获取函数的输入后，当前状态应该转移到哪一个新的状态；$q_0 \in Q$ 是初始状态，是有限状态机的初始条件，开始接收输入的标志；$F \in Q$ 是最终状态集合，有限状态机在变成了最终状态后不再接收输入信号。

状态机在系统中运行时一般被归纳为 4 个基本要素，即当前状态、条件、动作、新的状态。当前状态即当前时刻控制系统所处的状态；条件即为触发一个动作或者是一次状态转移需要满足的条件；动作即为当条件满足时，控制系统需要执行的操作；新的状态即为条件满足后，控制系统由当前状态转移到新的状态，在转移新状态的操作完成后，系统的当前状态也会变为“新的状态”[5]。

常用的描述有限状态机的方法有三种，即状态转移图、状态转移表和状态转移矩阵。

状态转移图使用有向图对有限状态机进行描述。其中，控制系统中的各个状态 $Q = \{q_0,\ q_1,\ \cdots,\ q_n\}$ 使用有向图中的节点表示，状态节点之间使用有方向的圆弧箭头代表状态的转移 $\delta$：$Q \times \Sigma \rightarrow Q$，有向圆弧上的变量代表输入信号 $\Sigma = \{\sigma_1,\ \sigma_2,\ \cdots,\ \sigma_n\}$。有限状态机的状态转移图如图 5-1 所示，使用状态转移图描述有限状态机，可以清晰地表达出各个状态之间的状态转移过程及状态转移所需要的跳转条件。

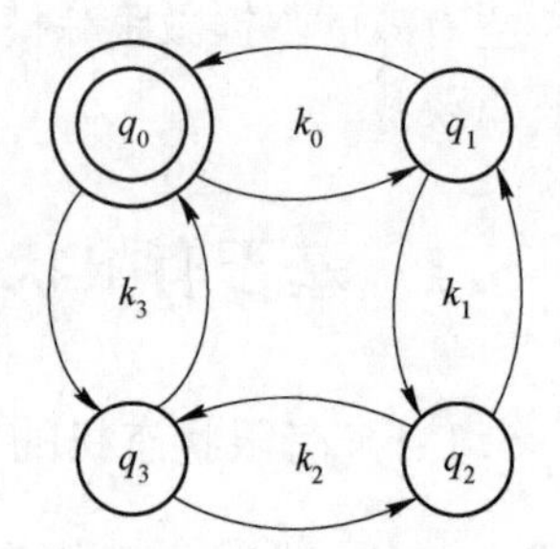


图 5-1　状态转移图

状态转移表是利用表格的形式来描述控制系统的状态转移过程。在状态转移表中，用表格的第一行表示控制系统当前的状态，第一列表示接收到的输入信号，根据当前状态对输入信号的判断，给出系统下一时刻的状态[6]。状态转移表见表 5-1。

**表 5-1　状态转移表**

| 事件 | 状态 | | |
|---|---|---|---|
| | 状态 $q_0$ | 状态 $q_1$ | 状态 $q_2$ |
| 事件 $k_1$ | $q_1$ | — | — |
| 事件 $k_2$ | — | $q_2$ | — |
| 事件 $k_3$ | — | — | $q_3$ |

状态转移矩阵是把控制系统的状态转移关系用矩阵的方式描述出来，在状态转移矩阵中，使用矩阵的行来表示系统当前的状态，矩阵的列表示系统满足状态转移的条件并进行转移操作后的新的状态，行和列交叉处的数值表示系统在某一时刻的输入信号。状态转移矩阵如图 5-2 所示。

| | $q_0$ | $q_1$ | $q_2$ | $q_3$ |
|---|---|---|---|---|
| $q_0$ | | 0 | | 1 |
| $q_1$ | 0 | | 1 | |
| $q_2$ | | 1 | | 0 |
| $q_3$ | 1 | | 0 | |

图 5-2　状态转移矩阵

在流程工业中，使用有限状态机来描述生产活动，可以将烦琐的生产过程分解为若干个生产状态，将生产工序清晰化，使每一道生产工序的程序编写、系统控制更加清晰、便捷。在生产工序的程序编写中，基于有限状态机进行程序整体的设计和调用，可以使各模块之间的关系更为清晰，使系统按照输入信号、生产过程中反馈的信息或者是系统内部执行的程序模块跳转指令执行[7]。常见的程序流程结构如图 5-3 所示，主要包括顺序结构、条件结构和循环结构。

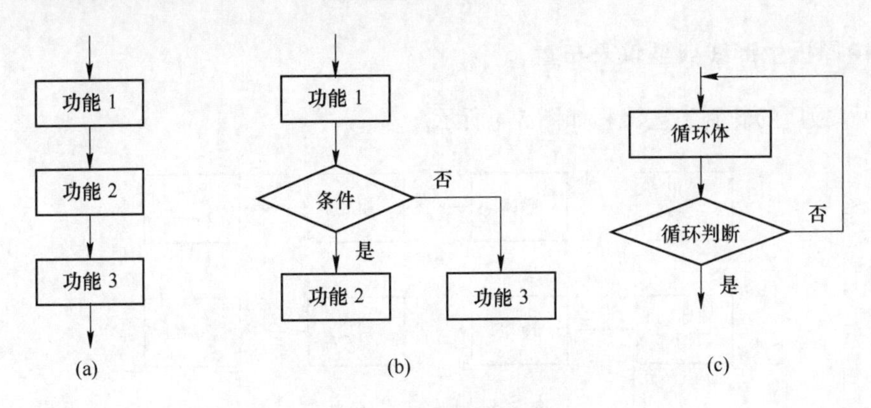


图 5-3 程序流程控制

（a）顺序结构；（b）选择结构；（c）循环结构

如果把程序中需要在不同条件下跳转的各个功能模块看作有限状态机的不同状态，就可以用不同状态之间的转移来描述各个程序功能模块的相互跳转，判断所需要的跳转条件即传感器的反馈信号、程序的执行结果等变量则为有限状态机的输入信号。对于每一个流程工业生产控制系统，程序中的模块跳转和输出控制都是唯一确定的，因此，可以用有限状态机来描述 $M = (Q, \Sigma, \delta, q_0, F)$。

轧件数据微跟踪模型可以理解为将生产过程中的状态转换逻辑用时序逻辑函数表示出来，大致表示为以下几个步骤：

（1）定义当前数据微跟踪模型的状态集合 $Q = \{q_0, q_1, \cdots, q_n\}$，定义各个输入信号在实际的生产活动中逻辑状态的含义，并将生产状态按顺序编号。

（2）确定当前数据微跟踪模型的输入信号 $\sigma_i \in \sum$。

（3）确定数据微跟踪的状态转移函数 $\delta$：$Q \times \sum \rightarrow Q$。

（4）确定当前数据微跟踪模型的初始状态 $q_0 \in Q$。

（5）定义数据微跟踪模型最终输出的状态 $F \in Q$。

（6）画出状态转移图或状态转移表。

画出状态转移图或状态转移表后，可以按照绘制的状态转移图或状态转移表编写建立有限状态机程序，例如 EDA 中的 VHDL 语言、PLC 中的 SFC 语言，并利用模拟的生产环境或者软件测试系统对有限状态机的功能进行验证。

流程工业生产活动状态转移模型中各个状态之间的状态转移规则大致表示为以下几点：

（1）前一种状态转移到后一种状态需要一定的触发条件，触发条件的个数为有限多个且是可知的。

(2) 在主控程序中，各个状态的优先级是相同的，从前一种状态转移到后一种状态后，系统会从前一种状态中退出，控制系统在任一时刻只能处于一种状态，从而实现控制系统主控权的转移。

(3) 某一种状态在经过一定时间段后必定转移到另一种状态，控制系统不能在某一种状态下长时间保持[8]。

### 5.1.2 中厚板生产线典型仪表布置

某中厚板厂的轧制工艺流程如图 5-4 所示。

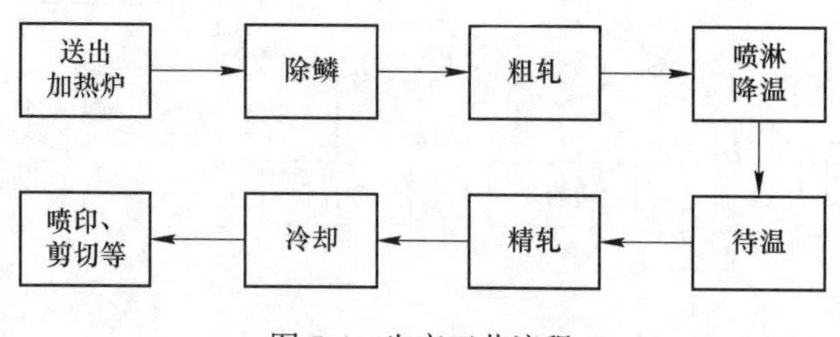


图 5-4 生产工艺流程

其轧制工艺描述如下：

(1) 经过钢坯测量装置，测量钢坯的尺寸、重量等参数，将钢坯由天车运送至加热炉运送辊道。

(2) 将钢坯运送至加热炉内进行加热。加热过程的流程和控制较为复杂，需要对加热速度、加热时间、加热温度、炉内的压力调节和炉内空气的调节等钢坯加热参数进行精确调控。

(3) 完成加热操作后，将钢坯运送出炉至指定的除鳞辊道。在除鳞辊道上使用高压水除鳞箱，对钢坯进行除鳞操作，清除钢坯表面的氧化铁皮，再运送至粗轧操作的机前输入辊道。

(4) 此时如果粗轧被占用，则在机前输入辊道摆动待温，否则执行粗轧操作。

(5) 粗轧为可逆轧制，根据所需的产品规格及自动轧钢系统负荷分配模型对压下量的控制，进行多道次轧制。

(6) 粗轧操作结束后，根据此时的钢坯温度，判断是否需要进行水冷、喷水的时间及次数以及摆动待温的时间，对需要进行精轧操作的钢坯精确控温。

(7) 待到温度符合精轧控制温度，且精轧机未被占用，送入精轧机执行精轧操作，否则在精轧机前输入辊道摆动待温。

(8) 精轧结束后，将钢坯运送至冷却辊道，并进行喷印标记、剪切等最终操作。

中厚板的生产过程中，根据生产工艺，轧制生产线分为粗轧区和精轧区，并安装了温度传感器和热金属检测仪，各个检测仪表在生产线的布置以及工艺区域划分如图 5-5 所示，具体安装位置在第 5.1.2.1 和第 5.1.2.2 节中介绍。如表 5-2 所示，在程序中设定了咬钢和抛钢信号、待温区占用标志位、粗轧机和精轧机占用标志位、各个辊道上运行的钢板编号用于中厚板的跟踪。

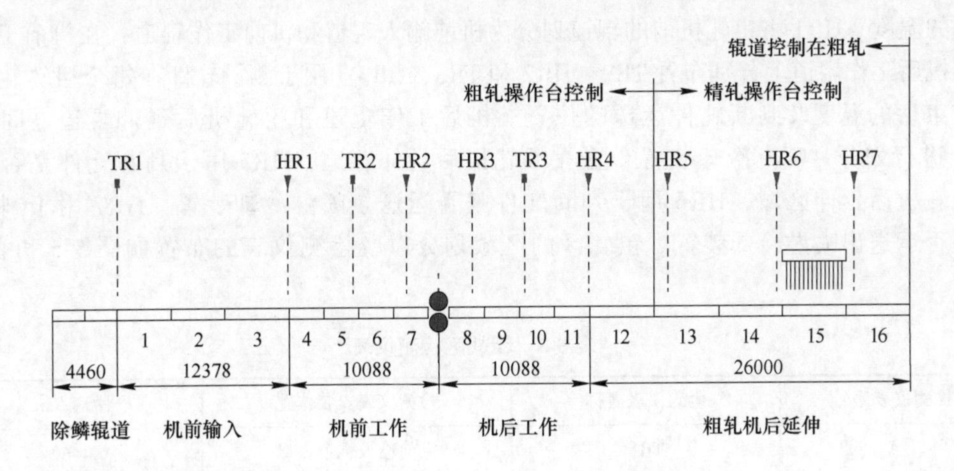


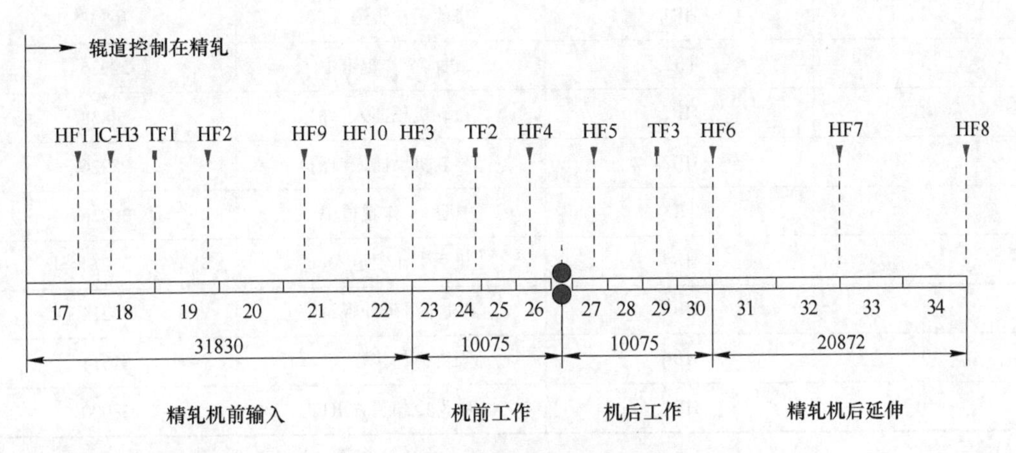


图 5-5 中厚板轧制过程生产线

**表 5-2 检测仪表信号及程序标志位信号**

| 检测仪表及程序标志位 | 检测仪表及程序标志位变量名称 |
|---|---|
| 温度传感器 | TR1、TR2、TR3、TF1、TF2、TF3 |
| 热金属检测仪 | HR1、HR2、HR3、HR4、HR5、HR6、HR7、HF1、HF2、HF3、HF4、HF5、HF6、HF7、HF8、HF9、HF10、IC-H3 |
| 咬钢、抛钢信号 | bit_steel_signal、last_throw_fall_num |
| 待温区占用标志位 | b_wait_T1_occupy、b_wait_T2_occupy、b_wait_T3_occupy |
| 粗、精轧机占用标志位 | b_rough_occupy、b_finish_occupy |
| 辊道上的钢板号 | status_pos |

### 5.1.2.1 粗轧区检测仪表布置

粗轧区共划分为除鳞辊道、机前输入辊道、机前工作辊道、机后工作辊道、粗轧机后延伸辊道 5 个区域。轧件经过除鳞辊道，运送至机前输入辊道时，经过 TR1，测量轧件除鳞后的温度。HR1 将粗轧机前的辊道划分为机前输入辊道和机前工作辊道，在机前工作辊道和机后工作辊道上分别布置 TR2、HR2 和 TR3、HR3，用于测量轧件在每个粗轧轧制道次结束后的温度及判断轧件运送的位置。机后工作辊道和粗轧机后延伸辊道之间使用 HR4 进行划分。喷淋冷却装置布置在粗轧机后延伸辊道，HR5 用于判断轧件是否运送至粗轧机后延伸区域，HR6 用于判断轧件是否运送至喷淋冷却装置，HR7 用于判断轧件是否运送出喷淋冷却装置。粗轧区的区域划分以及检测仪表的布置如图 5-5 和表 5-3 所示。

**表 5-3 粗轧区检测仪表**

| 检测仪表序号 | 检测仪表名称 | 检测仪表安装位置 | 距离/mm |
|---|---|---|---|
| 1 | TR1 | 机前输入辊道入口 | 4460 |
| 2 | HR1 | 机前工作辊道入口 | 16838 |
| 3 | TR2 | 机前工作辊道中 | 22926 |
| 4 | HR2 | 粗轧机正向入口前 | 24838 |
| 5 | HR3 | 粗轧机反向入口前 | 28926 |
| 6 | TR3 | 机后工作辊道中 | 30926 |
| 7 | HR4 | 机后工作辊道入口 | 37014 |
| 8 | HR5 | 粗轧机后延伸辊道中 | 44214 |
| 9 | HR6 | 喷淋冷却装置入口 | 51514 |
| 10 | HR7 | 喷淋冷却装置出口 | 58000 |

#### 5.1.2.2 精轧区检测仪表布置

精轧区共划分为精轧机前输入辊道、机前工作辊道、机后工作辊道、精轧机后延伸辊道 4 个区域。其中，精轧机前输入辊道又划分为待温一区、待温二区、待温三区。轧件经过喷淋冷却装置后，进入待温一区，经过 HF1，在待温一区摆动待温。在待温二区中，由 IC-H3 和 HF2 共同判断轧件的头尾位置，控制摆动待温，并有 TF1 检测轧件的温度。在待温三区中，由 HF9 和 HF10 共同判断轧件的头尾位置，控制摆动待温。HF3 安装在机前工作辊道的入口处，判断轧件是否运送至机前工作辊道。在机前工作辊道和机后工作辊道上分别布置 TF2、HF4 和 TF3、HF5 用于测量轧件在每个精轧轧制道次结束后的温度及判断轧件运送的位置。机后工作辊道和精轧机后延伸辊道之间使用 HF6 进行划分；HF7 用于判断轧件是否运送至精轧机后延伸辊道；使用 HF8，判断轧件是否运送出精轧机后延伸辊道。精轧区的区域划分以及检测仪表的布置如图 5-5 和表 5-4 所示。

**表 5-4 精轧区检测仪表**

| 检测仪表序号 | 检测仪表名称 | 检测仪表安装位置 | 距离/mm |
|---|---|---|---|
| 1 | HF1 | 待温一区中 | 67319 |

续表 5-4

| 检测仪表序号 | 检测仪表名称 | 检测仪表安装位置 | 距离/mm |
|---|---|---|---|
| 2 | IC-H3 | 待温二区中 | 69319 |
| 3 | TF1 | 待温二区中 | 73624 |
| 4 | HF2 | 待温二区中 | 77929 |
| 5 | HF9 | 待温三区中 | 79929 |
| 6 | HF10 | 待温三区中 | 89000 |
| 7 | HF3 | 机前工作辊道入口 | 96844 |
| 8 | TF2 | 机前工作辊道中 | 100919 |
| 9 | HF4 | 精轧机正向入口前 | 102875 |
| 10 | HF5 | 精轧机反向入口前 | 106963 |
| 11 | TF3 | 机后工作辊道中 | 108919 |
| 12 | HF6 | 机后工作辊道出口 | 115994 |
| 13 | HF7 | 粗轧机后延伸辊道中 | 126430 |
| 14 | HF8 | 粗轧机后延伸辊道出口 | 136867 |

### 5.1.3 中厚板轧件微跟踪方法建立

中厚板轧制生产线的工序较为复杂，使用有限状态机对中厚板自动轧钢系统的自动轧钢状态进行描述，建立完整生产流程的自动轧钢系统有限状态机，并分别建立用于描述粗轧操作和精轧操作的有限状态机，嵌套在自动轧钢系统的有限状态机中，详细描述可逆的粗轧和精轧工序及整个流程生产线的生产逻辑[9]，对于轧制过程中轧件的数据微跟踪、各生产工序之间数据的转移、节奏控制、提高生产效率和控制系统的可靠性具有重要的意义。

中厚板自动轧钢系统有限状态机的建立包括如下步骤：

（1）定义当前数据微跟踪模型的状态集合，定义各个输入信号在实际的生产活动中逻辑状态的含义，并将生产状态按顺序编号。

根据中厚板在轧制过程中需要经过粗轧、待温、精轧、冷却等生产工序，轧线上安装温度传感器和热金属检测仪，并结合轧制过程的咬钢、抛钢信号和待温区、粗轧机、精轧机占用信号，对轧件的状态进行定义。

结合中厚板的生产工艺流程，从粗轧机的机前输入辊道开始，至最后的冷却辊道，共定义了 23 个轧件的生产状态。

$$Q_{auto} = \{q_1, q_2, q_3, q_4, q_5, q_6, q_7, q_8, q_9, q_{10}, q_{11}, q_{12}, q_{13}, q_{14}, q_{15}, q_{16}, q_{17}, q_{18}, q_{19}, q_{20}, q_{21}, q_{22}, q_{23}\}$$

表 5-5 中设定的第 1~23 状态分别对应状态集 $Q_{auto}$ 中的 $q_1$ ~ $q_{23}$。

表 5-5 自动轧钢系统状态定义及状态转换表

| 当前状态 | 切换至下个状态条件或事件 | 切换状态 | 状态含义 |
|---|---|---|---|
| — | 事件 1：TR1 正向下降沿，队列中加入轧件 | 1 | 轧件加入队列摆动 |
| 1 | 事件 2：粗轧机空闲 | 2 | 运送轧件至粗轧前工作辊道 |
| 2 | 事件 3：到达粗轧机前工作辊道 | 3 | 粗轧机前工作辊道摆动等待 |
| 3 | 事件 4：粗轧首道次咬钢 | 4 | 粗轧轧制 |
| 4 | 事件 5：粗轧末道次抛钢 | 5 | 运送至粗轧机后工作辊道 |
| 5 | 事件 6：到达粗轧机后工作辊道 | 6 | 机后工作辊道摆动 |
| 6 | 事件 7：中间喷淋粗轧段空闲 | 7 | 运送至喷淋前辊道 |
| 7 | 事件 8：到达喷淋前辊道 | 8 | 喷淋前辊道摆动 |
| 8 | 事件 9：喷淋后辊道空闲 | 9 | 运送至喷淋后辊道 |
| 9 | 事件 10：到达喷淋后辊道且喷 1 次 | 12 | 喷淋后辊道摆动 |
| 9 | 事件 11：到达喷淋后辊道且喷 3 次 | 10 | 运送至喷淋前辊道 |
| 10 | 事件 12：到达喷淋前辊道 | 11 | 运送至喷淋后辊道 |
| 11 | 事件 13：到达喷淋后辊道 | 12 | 喷淋后辊道摆动，待温一 |
| 12 | 事件 14：精轧钢板未占用待温二，且待温二无摆动 | 13 | 向待温二运输 |
| 13 | 事件 15：到达待温二 | 14 | 待温二摆动 |
| 14 | 事件 16：精轧钢板未占用待温三，且待温三无摆动 | 15 | 向待温三运输 |
| 15 | 事件 17：到达待温三 | 16 | 待温三摆动 |
| 16 | 事件 18：精轧机空闲 | 17 | 向精轧机工作辊道运输 |
| 17 | 事件 19：到达精轧工作辊道 | 18 | 精轧机前工作辊道摆动等待 |
| 18 | 事件 20：温度满足要求或人工启动或首道次咬钢 | 19 | 精轧轧制 |
| 19 | 事件 21：精轧末道次抛钢 | 20 | 运送至精轧机后工作辊道 |
| 20 | 事件 22：到达精轧机后工作辊道 | 21 | 机后工作辊道摆动 |
| 21 | 事件 23：冷却区空闲 | 22 | 向冷却区运输 |
| 22 | 事件 24：尾部位置超过 H8 | 23 | 到达冷却区 |

（2）确定当前数据微跟踪模型的输入信号 $\sigma_i \in \Sigma_{\text{auto}}$。数据微跟踪模型的输入信号 $\sigma_i$ 为表 5-2 中的多个温度传感器和热金属检测仪信号，以及程序中设定的咬钢和抛钢信号、待温区占用标志位、粗轧机和精轧机占用标志位、各个辊道上运行的钢板编号等程序过程变量。

（3）确定数据微跟踪的状态转移函数 $\delta_{\text{auto}}$：$Q_{\text{auto}} \times \Sigma_{\text{auto}} \rightarrow Q_{\text{auto}}$。

根据输入信号，确定状态转移函数 $\delta_{\text{auto}}$。

在程序中将传感器信号从 0 变为 1 记录为上升沿，从 1 变为 0 记录为下降沿，根据传感器信号的上升沿或下降沿变化，判断轧件的运动方向及变化。

当轧件从除鳞辊道运送到粗轧机前输入辊道时，轧件从温度传感器 TR1 处经过，当轧件的尾部经过 TR1 时，TR1 的信号呈现下降沿的变化趋势，此时在程序的轧制队列中加入轧件，并将轧件的状态设定为 1，代表此时轧件正在粗轧机前输入辊道上摆动待温，等待粗轧。

粗轧机空闲或轧件的头部位置超过 HR1 一定距离，将轧件的状态设定为 2，代表此时轧件从粗轧机前输入辊道运送至粗轧机前工作辊道。

TR2 上升沿计数或 HR2 上升沿计数达到一定次数后，将轧件的状态设定为 3，代表此时轧件已经运送到粗轧机前工作辊道，摆动等待。

当粗轧咬钢信号首次为 1 时，将轧件的状态设定为 4，代表此时轧件正在进行粗轧操作。

粗轧操作的末道次抛钢计数到达一定次数后，将轧件的状态设定为 5，代表此时轧件已经完成粗轧操作，并将轧件运送至粗轧机后工作辊道。

TR3 下降沿计数超过一定次数后，将轧件的状态设定为 6，代表此时轧件已经到达粗轧机后工作辊道，在粗轧机后工作辊道摆动等待。

喷淋前辊道空闲时，将轧件的状态设定为 7，代表此时轧件由粗轧机后工作辊道运送至喷淋前辊道。

HR6 上升沿计数达到一定次数后，将轧件的状态设定为 8，代表此时轧件到达喷淋前辊道，在喷淋前辊道摆动等待。

待温区 1 未被其他轧件占用，将轧件的状态设定为 9，代表此时轧件由喷淋前辊道运送至喷淋后辊道。

根据轧件的温度判断需要喷淋的次数，如果喷淋一次，则将轧件的状态设定为 12，代表此时轧件在喷淋后辊道（待温区 1）摆动；如果需要喷淋三次，则将轧件的状态设定为 10，代表此时轧件由喷淋后辊道运送至喷淋前辊道，完成第二次喷淋。HR6 上升沿计数达到一定次数后，将轧件的状态设定为 11，代表此时轧件到达喷淋前辊道，并由喷淋前辊道运送至喷淋后辊道，完成第三次喷淋。HR7 正向下降沿计数达到一定次数后，将轧件的状态设定为 12，代表此时轧件已经运送至喷淋后辊道（待温区 1），摆动等待。

待温区 2 未被其他轧件占用，或者精轧机未被其他轧件占用时，将轧件的状态设定为 13，代表此时轧件由喷淋后辊道运送至待温区 2。

HF1 下降沿计数达到一定次数或者 IC-H3 下降沿计数达到一定次数，且轧件的头部运行到一定的位置，将轧件的状态设定为 14，代表此时轧件已经到达待温区 2，摆动等待。

待温区 3 未被其他轧件占用，或者精轧机未被其他轧件占用时，将轧件的状态设定为 15，代表此时轧件由待温区 2 运送至待温区 3。

HF2 下降沿计数达到一定次数或者 HF9 下降沿计数达到一定次数，且轧件的头部运行到一定的位置，将轧件的状态设定为 16，代表此时轧件已经到达待温区 3，摆动等待。

精轧机未被占用，且 HF3 正向下降沿触发，将轧件的状态设定为 17，代表此时轧件从待温区 3 运送至精轧机前工作辊道。

TF2 上升沿计数达到一定次数后，将轧件的状态设定为 18，代表此时轧件已经运送到精轧机前工作辊道，摆动等待。

当精轧咬钢信号首次为 1 时，将轧件的状态设定为 19，代表此时轧件正在进行精轧操作。

精轧操作的末道次抛钢计数达到一定次数后，将轧件的状态设定为 20，代表此时轧件已经完成精轧操作，并将轧件运送至精轧机后工作辊道。

HF5 下降沿计数超过一定次数后，将轧件的状态设定为 21，代表此时轧件已经到达精轧机后工作辊道，在精轧机后工作辊道摆动等待。

冷却区空闲时，将轧件的状态设定为 22，代表此时轧件由精轧机后工作辊道运送至冷却区。

轧件的尾部位置超过 HF8 的位置，且 HF8 下降沿计数达到一定次数后，将轧件的状态设定为 23，代表此时轧件已经运送到冷却区。

（4）确定当前数据微跟踪模型的初始状态 $q_1 \in Q_{\mathrm{auto}}$。将表 5-5 中的第 1 个状态设定为数据微跟踪模型的初始状态，轧件从除鳞辊道运送到粗轧机前输入辊道，TR1 温度传感器信号呈现下降沿的变化趋势，在程序的轧制队列中加入轧件，摆动待温，等待粗轧。

（5）定义数据微跟踪模型最终输出的状态 $F_{\mathrm{auto}} \in Q_{\mathrm{auto}}$。将表 5-5 中的第 23 个状态设定为数据微跟踪模型的最终输出状态，轧件的尾部位置超过 HF8 的位置，且下降沿计数达到一定次数后，此时轧件已经运送到冷却区，代表轧制过程完成。

（6）画出状态转移图（见图 5-6）或状态转移表。

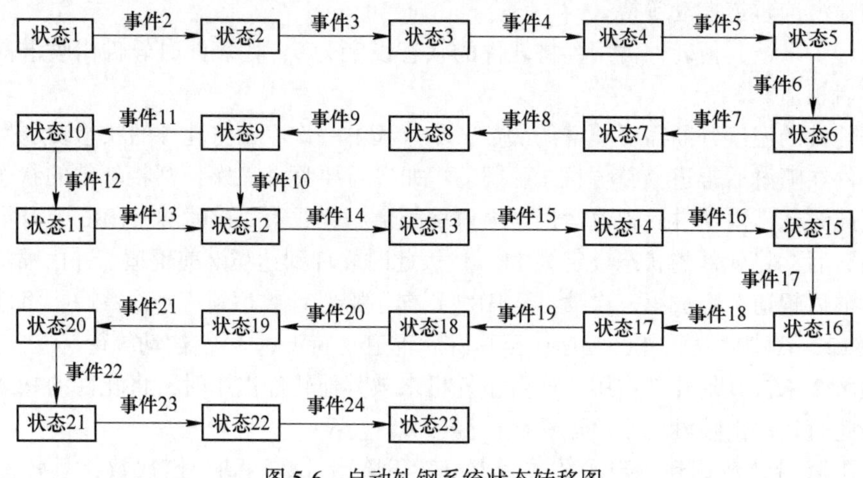


图 5-6　自动轧钢系统状态转移图

## 5.1.4　基于 PLC 的有限状态机模型程序设计

根据建立的有限状态机模型，对中厚板轧制生产线工序进行详细的描述，用于表达整个流程生产线的生产逻辑，保证轧钢控制系统的可靠性。对于生产过程中的自动运送、轧制节奏控制等算法的验证及调试，基于 PLC 建立的自动轧钢模拟系统大大地避免了在现场耗费大量时间进行系统调试的情况，算法的可靠性也得到了验证和提高。

### 5.1.4.1　有限状态机程序设计的方法选择

PLC 的标准编程语言包括 3 种图形化语言和 2 种文本语言：梯形图语言（LAD）、语句表语言（STL）、功能块图语言（FBD）、顺序功能流程图语言（SFC）以及结构化控制语言（SCL）[10]。

SCL 结构化控制语言与 C 语言等高级语言类似，在语句的种类和表达方法上均进行了一定程度的简化，各个变量之间的关系使用结构化、模块化的程序语言来描述，在需要实现大中型 PLC 控制系统的场景中使用较多。SCL 结构化控制语言使用高级编程语言进行控制系统程序的编写，可以完成系统中较复杂的运算操作、常用的其他编程语言难以实现的程序编写，但对编程人员来说，需要具有一定的编程知识和技巧。在数据处理方面，SCL 相比于 PLC 的其他几种标准编程语言，有更大的便捷性和直观性，易于阅读和编写，开发效率较高，所以这里使用 SCL 结构化控制语言对有限状态机的状态转移模型进行程序编写。

#### 5.1.4.2 有限状态机程序设计的实现

西门子公司 STEP7 中的 S7-SCL 软件包为用户提供了 SCL 中编程的程序编辑器。这里主要利用 S7-SCL 程序编辑器，完成有限状态机模块符号表的建立、源程序的编写和编译，以及有限状态机程序块在自动轧钢模拟系统的集成。使用 SCL 程序编辑器创建 SCL 程序的流程如图 5-7 所示[11-12]。

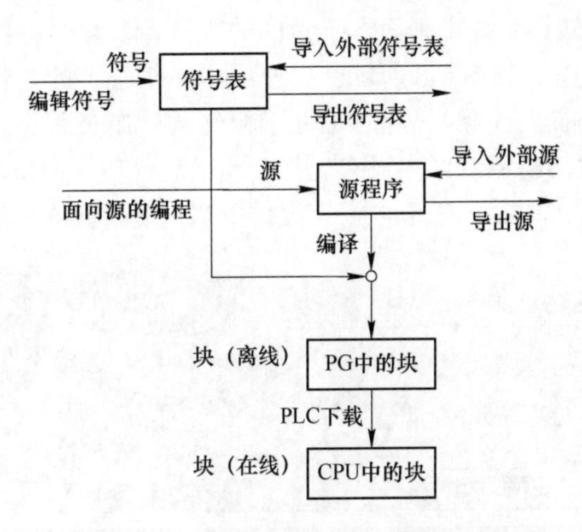


图 5-7 SCL 程序编辑器创建程序流程

#### 5.1.4.3 有限状态机在模拟轧钢系统中的验证

使用 SCL 结构化控制语言完成有限状态机程序的编写，并将有限状态机模块嵌套进入基于 PLC 程序设计的模拟轧钢系统中，对轧件的微跟踪模型进行验证。图 5-8 所示为模拟轧钢系统的粗轧机轧制过程主画面。模拟轧钢系统的 HMI 主画面使用 SIMATIC WinCC 设计，且软件本身提供的变量通道与 SIMATIC S7-400 通信，实时接收控制器的变量数据。

模拟轧钢系统的主画面由 SIMATIC WinCC 展示了中厚板的钢种、坯料尺寸、目标尺寸、设定辊缝值、道次状态、实际辊缝、实际轧制力、入口温度、计算轧制力、设定厚度、计算厚度等参数值，主画面的下半部分根据实际的中厚板生产工艺流程绘制了示意图，实时显示传感器的数据。

| 道次 | 设定辊缝(mm) | 道次状态 | 实际辊缝(mm) | 实际轧制力(KN) | 入口温度(°C) | 计算轧制力(KN) | 设定厚度(mm) | 计算厚度(mm) |
|---|---|---|---|---|---|---|---|---|
| 1 | 230.0 | 除转 | 229.8 | 24834 | 1099 | 26325 | 200.10 | 231.86 |
| 2 | 212.0 | | 211.7 | 27740 | 929 | 26747 | 179.29 | 214.02 |
| 3 | 196.0 | | 196.3 | 26206 | 0 | 24498 | 160.51 | 198.44 |
| 4 | 178.0 | | 182.0 | 28571 | 919 | 25462 | 142.67 | 179.22 |
| 5 | 158.0 | 除转 | 157.6 | 26021 | 1006 | 31783 | 118.32 | 159.87 |
| 6 | 135.0 | | 134.6 | 28800 | 882 | 31902 | 93.96 | 137.00 |
| 7 | 116.0 | | 115.6 | 26042 | 1066 | 30956 | 69.61 | 117.16 |
| 8 | 95.0 | | 94.6 | 29055 | 882 | 0 | 0.00 | 96.77 |
| 9 | 79.0 | 正常 | 79.0 | 27728 | 1008 | 0 | 0.00 | 80.59 |
| 10 | 63.0 | 末道次 | 0.0 | 0 | 0 | 0 | 0.00 | 0.00 |
| 11 | 64.0 | | 0.0 | 0 | 0 | 0 | 0.00 | 0.00 |

图 5-8　粗轧机轧制主画面

彩图资源

图 5-9 所示为模拟轧钢系统主画面右下角的放大图，灰色方格中展示的为当前生产线中轧件的状态。如图 5-8 所示，生产线中三个红色的矩形即为三块轧件。第一块轧件的当前状态为 4，此时正处于粗轧的轧制过程中；第二块轧件的当前状态为 13，此时待温二区内没有轧件，当前轧件正在向待温二区内运送；第三块轧件的当前状态为 15，此时待温三区内没有轧件，当前轧件正在向待温三区内运送。

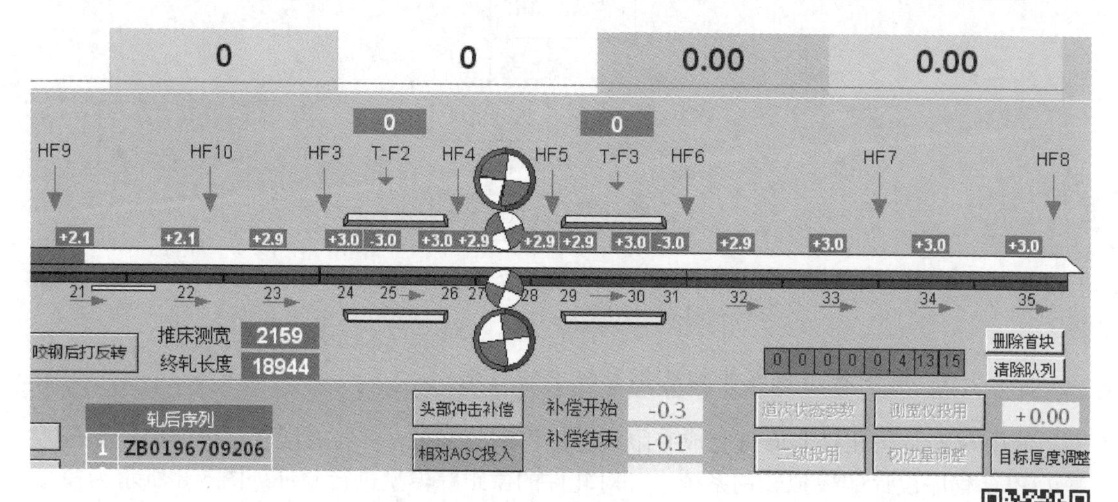


图 5-9　轧件状态显示

彩图资源

基于 SCL 结构化控制语言设计的轧件微跟踪模型在基于 PLC 程序设计的模拟轧钢系统中可以稳定运行，利用各类传感器信号和程序反馈的标志位信号可以精确识别轧件状态并不断对轧件状态更新，对后续准确控制相应的辊道，实现轧件的自动运送，提高生产线自动化水平有着重要的意义。

# 5.2 基于机器视觉中厚板轧件检测方法

## 5.2.1 机器视觉检测系统的组成与相机标定

目前对于中厚板生产过程的轧件位置跟踪，均是在基础自动化级完成，大多是使用生产线上各类传感器的反馈信息对轧件的位置进行测量，这种检测方式具有一定的误差和滞后性。本节开发的基于机器视觉检测技术的中厚板边缘检测系统，可以实时地检测中厚板在待温区的边缘，并精确地计算在待温辊道的位置，为后续中厚板轧件的数据微跟踪提供准确的位置信息。

### 5.2.1.1 机器视觉的组成

机器视觉进行中厚板边缘检测方法的研究可以分为图像采集、图像处理、结果输出三个模块。图像采集系统由 PC 端显示器、计算机、镜头、CCD 摄像机组成，图像采集卡作为图像数字化的设备，与工业相机和 PC 端相连接，供后续图像的处理模块使用。图像的处理系统主要是指图像的处理软件，在进行数据交换时通过工业以太网进行数据传输，获取的图像发送到计算机中进行分析，得到所需的特征数据，用于控制中厚板的自动化生产[13]。中厚板边缘检测原理如图 5-10 所示。

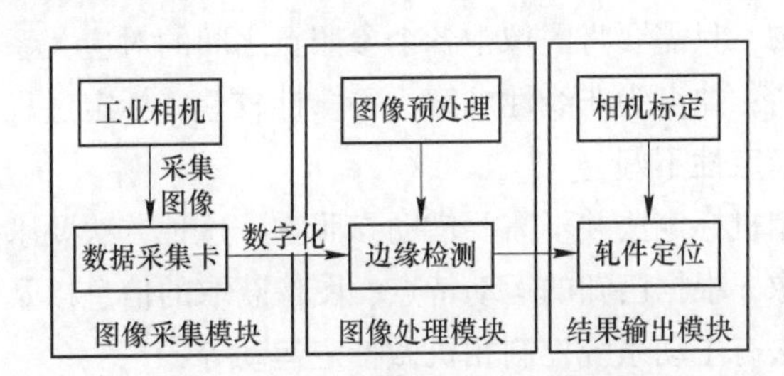


图 5-10 中厚板边缘检测原理

在中厚板的生产过程中，利用安装在待温区附近的工业 CCD 摄像机采集中厚板在待温过程中的图像，将经过图像采集卡数字化后的图像传送至图像处理模块的计算机，作为中厚板边缘检测的源图像，并通过图像的处理软件对数字化图像进行处理和分析，提取到中厚板的边缘和位置信息[14]。

中厚板边缘检测装置安装示意如图 5-11 所示，CCD 相机通过倾斜安装的方式，安装在辊道的一侧，与辊道成一定的角度采集待温区的图像[15]。这种安装方式从侧面获取图像，受中厚板厚度的影响，检测的精度会有一定的误差，但是在轧件的位置跟踪和运送方面可以符合时间的生产要求，而且这种安装方式后续的维护较为简单，符合现今工业生产的要求。

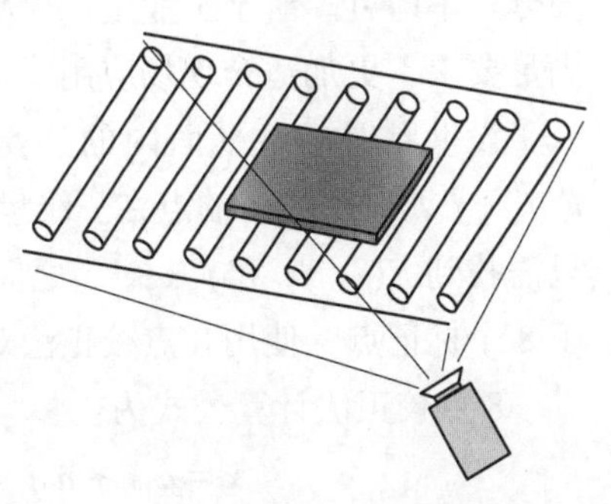

图 5-11 中厚板边缘检测装置安装示意

利用彩色面阵 CCD 和光学畸变较小、合适分辨率及 F 数的镜头，充分捕获高温轧件的二维特征图像，获取

轧件 $X$、$Y$ 两方向的尺寸信息以及色彩信息。使用满足现场机器视觉检测系统采集速度和稳定性要求的数字图像采集卡，对图像进行数字化操作。

#### 5.2.1.2 相机标定

在实现机器视觉检测的过程中，摄像机的标定也是较为重要的一个环节。简单来说，摄像机的标定可以理解为求解图片中的三维物体转换到二维图像所需的投影矩阵的过程，是图像中的二维信息与现实世界中的三维信息进行转换的纽带[16]。图像中的特征信息到三维世界坐标系转换的精度直接受到摄像机标定技术的影响。摄像机的标定可以分为传统摄像机标定法、摄像机自标定法和主动视觉摄像机标定法 3 种。

传统的摄像机标定法在标定的过程中，使用一定的算法求解标定点在标定板和图像中的对应关系及建立坐标位置几何关系模型，求解内参和外参。常见的方法有线性求解法、Tsai 两步法、张氏标定法等。其优点为标定过程简单，精度较高，鲁棒性强，模型适用范围广，可以满足大部分应用场景；缺点为标定过程复杂，对结构信息要求严格，在应用现场很多情况下无法使用标定板。

相机自标定法在标定的过程中不依靠参照物确定位置，也不考虑图像中的点在现实世界中的三维坐标，它通过计算图像中的各点在不同拍摄角度获取的图片中的对应关系来求解相机标定所需的参数。常见的方法有分层逐步标定、基于 Kruppa 方程等。其优点为标定过程中不需要标定物，只需要将图像中各个参照点之间的对应关系求解出来即可，应用范围广，使用较为灵活；缺点为非线性求解，鲁棒性较差，标定过程需要获得较多的图像信息，运算量较大，稳定性不好。

基于主动视觉的相机标定法并不需要借助参照物，这种方法要求摄像机本身进行状态已知的运动，采集图像，根据已知的运动特点、图像获取的信息以及位移的变化求解摄像机的参数。常见的方法有主动系统控制相机做特定运动等[17]。

机器视觉检测系统的成像模型可以近似为一个针孔模型，针对检测轧件在待温区的具体位置坐标，摄像头安装在待温区的侧上方，固定不变，且结合生产线的自动运送等功能对轧件位置的精度要求，可以忽略轧件厚度对位置计算的影响。本节根据针孔模型的原理，利用图像中的辊道、已知尺寸的机械设备物件对工业相机进行标定，这种标定方法过程较为简单，不需要求解相机的内参矩阵、畸变系数等参数，只需要对应求解出相机的物面分辨率即可。对于工业生产检测系统来说，这种方法标定更为简便，精度和稳定性可以满足要求，更加适合现场应用[18]。

设世界坐标系平面内的一点坐标为 $f(x, y)$，则该点在图像坐标系内对应的点为 $F(i, j)$，对图像中的点在三维世界的坐标值求解等同于将 $F(i, j)$ 转换为 $f(x, y)$，所以只需找到 $F(i, j)$ 和 $f(x, y)$ 之间的转换关系即可。如图 5-12 所示，在图像中辊道上选定了 8 个标记点，使用 8 点校正法对转换关系进行求解。

8 点校正法计算公式为：

$$x = a_1 i + a_2 j + a_3 i^2 + a_4 j^2 + a_5 ij + a_6 i^2 j + a_7 ij^2 + a_8 \tag{5-1}$$

$$y = b_1 i + b_2 j + b_3 i^2 + b_4 j^2 + b_5 ij + b_6 i^2 j + b_7 ij^2 + b_8 \tag{5-2}$$

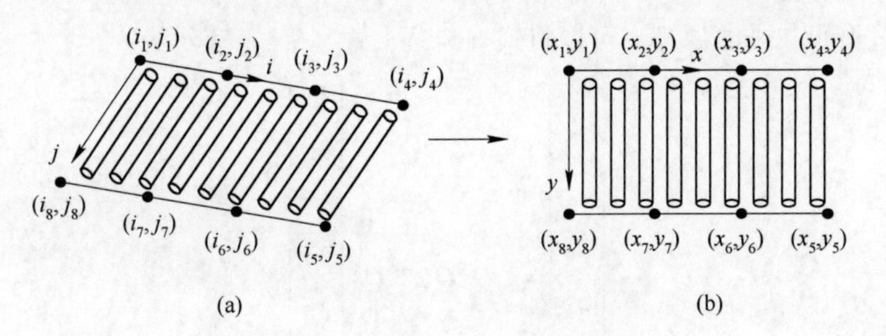


图 5-12 图像坐标与实际坐标对应关系

（a）图像坐标系；（b）实际坐标系

用矩阵的形式表示式（5-1）、式（5-2），有：

$$\begin{bmatrix} x_1 \\ x_2 \\ x_3 \\ x_4 \\ x_5 \\ x_6 \\ x_7 \\ x_8 \end{bmatrix} = \begin{bmatrix} i_1 & j_1 & i_1^2 & j_1^2 & i_1j_1 & i_1^2j_1 & i_1j_1^2 & 1 \\ i_2 & j_2 & i_2^2 & j_2^2 & i_2j_2 & i_2^2j_2 & i_2j_2^2 & 1 \\ i_3 & j_3 & i_3^2 & j_3^2 & i_3j_3 & i_3^2j_3 & i_3j_3^2 & 1 \\ i_4 & j_4 & i_4^2 & j_4^2 & i_4j_4 & i_4^2j_4 & i_4j_4^2 & 1 \\ i_5 & j_5 & i_5^2 & j_5^2 & i_5j_5 & i_5^2j_5 & i_5j_5^2 & 1 \\ i_6 & j_6 & i_6^2 & j_6^2 & i_6j_6 & i_6^2j_6 & i_6j_6^2 & 1 \\ i_7 & j_7 & i_7^2 & j_7^2 & i_7j_7 & i_7^2j_7 & i_7j_7^2 & 1 \\ i_8 & j_8 & i_8^2 & j_8^2 & i_8j_8 & i_8^2j_8 & i_8j_8^2 & 1 \end{bmatrix} \begin{bmatrix} a_1 \\ a_2 \\ a_3 \\ a_4 \\ a_5 \\ a_6 \\ a_7 \\ a_8 \end{bmatrix} \tag{5-3}$$

$$\begin{bmatrix} y_1 \\ y_2 \\ y_3 \\ y_4 \\ y_5 \\ y_6 \\ y_7 \\ y_8 \end{bmatrix} = \begin{bmatrix} i_1 & j_1 & i_1^2 & j_1^2 & i_1j_1 & i_1^2j_1 & i_1j_1^2 & 1 \\ i_2 & j_2 & i_2^2 & j_2^2 & i_2j_2 & i_2^2j_2 & i_2j_2^2 & 1 \\ i_3 & j_3 & i_3^2 & j_3^2 & i_3j_3 & i_3^2j_3 & i_3j_3^2 & 1 \\ i_4 & j_4 & i_4^2 & j_4^2 & i_4j_4 & i_4^2j_4 & i_4j_4^2 & 1 \\ i_5 & j_5 & i_5^2 & j_5^2 & i_5j_5 & i_5^2j_5 & i_5j_5^2 & 1 \\ i_6 & j_6 & i_6^2 & j_6^2 & i_6j_6 & i_6^2j_6 & i_6j_6^2 & 1 \\ i_7 & j_7 & i_7^2 & j_7^2 & i_7j_7 & i_7^2j_7 & i_7j_7^2 & 1 \\ i_8 & j_8 & i_8^2 & j_8^2 & i_8j_8 & i_8^2j_8 & i_8j_8^2 & 1 \end{bmatrix} \begin{bmatrix} b_1 \\ b_2 \\ b_3 \\ b_4 \\ b_5 \\ b_6 \\ b_7 \\ b_8 \end{bmatrix} \tag{5-4}$$

令

$$\boldsymbol{Q} = \begin{bmatrix} i_1 & j_1 & i_1^2 & j_1^2 & i_1j_1 & i_1^2j_1 & i_1j_1^2 & 1 \\ i_2 & j_2 & i_2^2 & j_2^2 & i_2j_2 & i_2^2j_2 & i_2j_2^2 & 1 \\ i_3 & j_3 & i_3^2 & j_3^2 & i_3j_3 & i_3^2j_3 & i_3j_3^2 & 1 \\ i_4 & j_4 & i_4^2 & j_4^2 & i_4j_4 & i_4^2j_4 & i_4j_4^2 & 1 \\ i_5 & j_5 & i_5^2 & j_5^2 & i_5j_5 & i_5^2j_5 & i_5j_5^2 & 1 \\ i_6 & j_6 & i_6^2 & j_6^2 & i_6j_6 & i_6^2j_6 & i_6j_6^2 & 1 \\ i_7 & j_7 & i_7^2 & j_7^2 & i_7j_7 & i_7^2j_7 & i_7j_7^2 & 1 \\ i_8 & j_8 & i_8^2 & j_8^2 & i_8j_8 & i_8^2j_8 & i_8j_8^2 & 1 \end{bmatrix}$$

这里通过最小二乘法原理，可以将式（5-3）、式（5-4）表示为：

$$\begin{bmatrix} a_1 \\ a_2 \\ a_3 \\ a_4 \\ a_5 \\ a_6 \\ a_7 \\ a_8 \end{bmatrix} = (\boldsymbol{Q}^{\mathrm{T}}\boldsymbol{Q})^{-1}\boldsymbol{Q}^{\mathrm{T}} \begin{bmatrix} x_1 \\ x_2 \\ x_3 \\ x_4 \\ x_5 \\ x_6 \\ x_7 \\ x_8 \end{bmatrix} \tag{5-5}$$

$$\begin{bmatrix} b_1 \\ b_2 \\ b_3 \\ b_4 \\ b_5 \\ b_6 \\ b_7 \\ b_8 \end{bmatrix} = (\boldsymbol{Q}^{\mathrm{T}}\boldsymbol{Q})^{-1}\boldsymbol{Q}^{\mathrm{T}} \begin{bmatrix} y_1 \\ y_2 \\ y_3 \\ y_4 \\ y_5 \\ y_6 \\ y_7 \\ y_8 \end{bmatrix} \tag{5-6}$$

根据式（5-5）、式（5-6）可以求解出系数 $a_1 \sim a_8$ 和 $b_1 \sim b_8$ 的大小，并将其代入式（5-1）、式（5-2），就可以将图像中的辊道坐标与世界坐标系中辊道坐标的对应关系建立出来，实现对轧件的位置标定以及畸变纠正。

标定的具体步骤如下：

（1）提取待温区的图像。

（2）建立图像坐标系，对提取的图像进行角点检测，并在辊道上选择 8 个已知距离的点，求出在图像中的像素坐标 $F(i, j)$。

（3）在辊道上建立二维世界坐标系，并计算选取的 8 个点的实际坐标值 $f(x, y)$，用于后续的求解。

（4）通过式（5-5）、式（5-6），对系数 $a_1 \sim a_8$ 和 $b_1 \sim b_8$ 进行求解，完成相机的标定。

考虑到实际生产的环境背景复杂，采集的图像中尺寸已知的物体均可以作为标定板来对相机进行标定。

### 5.2.2 中厚板轧件检测软件设计

图像的灰度模式在对物体的边缘检测中使用较多，大多数情况下，灰度变化最为剧烈的地方即为图像中的边缘处，所以使用梯度值的大小来描述灰度值的变化程度。通过梯度值的大小获取梯度值较大处的像素点的集合，这种集合在图像中表现出来的往往是一个或多个物体的轮廓。如果可以得到图像中边缘像素点的准确位置，那么就可以对物体进行精确的定位。本节的中厚板检测方法首先对工业相机拍摄到的生产线待温区内中厚板轧件的图像进行预处理操作，然后通过相关算法进行边缘检测获取轧件边缘像素点的集合，并对像素点的坐标进行转换，得到轧件在待温区的位置，最后结合微跟踪模型，将位置信息存储在轧件的数据微跟踪队列中，对轧件的位置做到精确跟踪。本节中厚板边缘检测的流程如图 5-13 所示。

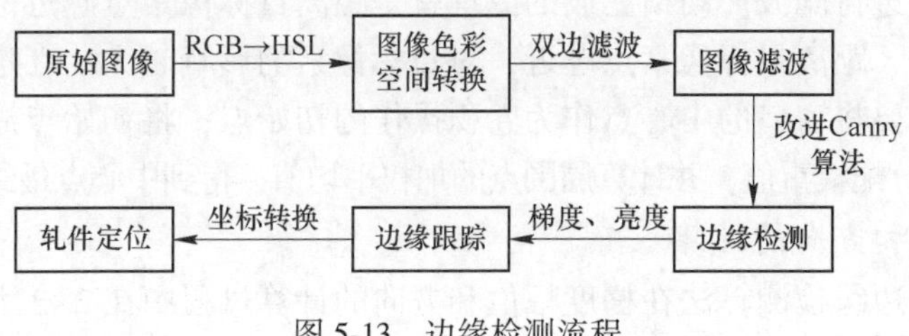


图 5-13 边缘检测流程

#### 5.2.2.1 传统 Canny 边缘检测算法

在灰度图像中有很多用于边缘检测的算子，例如基于一阶导数的 Roberts 算子、Prewitt 算子、Sobel 算子、Kirsch 算子等，基于二阶导数的 Canny 算子、Laplacian 算子等。几种边缘检测算子的比较见表 5-6[19-20]。

表 5-6 边缘检测算子特点

| 边缘检测算子 | 优缺点比较 |
|---|---|
| Roberts | 边缘定位准确、检测垂直边缘的效果好于斜向边缘、对噪声非常敏感 |
| Prewitt | 准确度差、容噪性一般 |
| Sobel | 准确度高、检测斜向阶跃边缘效果好、容噪性好、速度快 |
| Kirsch | 容噪性较好、计算量大、检测边缘连续性较差 |
| Laplacian | 准确度高、具有各向同性、对灰度突变敏感，缺点是会对图像中的某些边缘产生双重响应、对噪声敏感 |
| Canny | 准确度高、可高斯滤波、容噪性好，但检测到的短边缘很多、运行速度慢 |

其中，应用范围最为广泛、检测效果较好的方法则是基于二阶导数的 Canny 算子。

传统的 Canny 边缘检测算法流程如下[21]。

A 高斯滤波

由于图像中可能存在一定的噪声，对边缘检测结果造成一定的影响，因此去除噪声、防止误检是最首要的任务。高斯滤波器具有线性的特点，利用高斯函数的分布形式确定滤波所使用的权值。高斯函数的二维形式是：

$$I(i,\ j) = \frac{1}{2\pi\sigma^2}e^{\frac{-(i^2+j^2)}{2\sigma^2}} \tag{5-7}$$

式中 $(i,\ j)$ ——图像像素点坐标；

$I(i,\ j)$ ——该点经过高斯滤波后的像素值；

$\sigma$ ——高斯滤波器系数，用来调节图像滤波的程度。

$\sigma$ 较小时，图像的滤波效果较弱，边缘定位精度较高，但是会导致图像的信噪比降低；$\sigma$ 较大时，对图像中的噪声有较好的平滑效果，但是会导致边缘处的灰度差值变小，边缘定位的精度降低。

在图像的常规处理中，对图像进行滑动卷积滤波时均是使用离散化的窗口，也可以理解为将图像和一个高斯核函数进行卷积操作。在卷积操作中使用加权平均的计算方法对图像像素点的灰度值进行滤波。高斯滤波的原理就是距离目标像素点越近的点，它的卷积权重越大，也就是说，距离目标像素点越近，对目标像素的影响越大。在进行计算时，卷积核是固定的，只需要将窗口的中心点作为卷积操作的初始点，将初始点周围的点依照高斯函数分布的性质来分配权重值，并计算周围点的加权平均值，得到中心点最终的滤波结果。

B 梯度幅值和方向的计算

传统的 Canny 边缘检测算法在梯度幅值和方向的计算过程中在 2×2 大小的窗口内使用了差分的方法。在 OpenCV 内置的 Canny 函数中，则是使用了两个方向的 Sobel 算子卷积模板卷积计算点 $(i, j)$ 处的偏导数 $G_x(i, j)$ 和 $G_y(i, j)$，Sobel 在 $X$ 方向和 $Y$ 方向的卷积模板如图 5-14 所示。

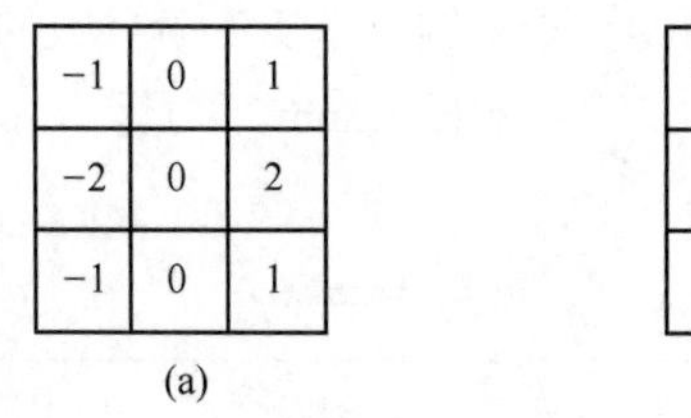

| -1 | 0 | 1 |
| --- | --- | --- |
| -2 | 0 | 2 |
| -1 | 0 | 1 |

(a)

| -1 | -2 | 1 |
| --- | --- | --- |
| 0 | 0 | 0 |
| 1 | 2 | 1 |

(b)

图 5-14 Sobel 算子模板
（a）$X$ 方向模板；（b）$Y$ 方向模板

则这个像素点 $(i, j)$ 处的梯度幅值和方向分别为：

$$G(i, j) = \sqrt{G_x^2(i, j) + G_y^2(i, j)} \tag{5-8}$$

$$\theta(i, j) = \arctan \frac{G_y(i, j)}{G_x(i, j)} \tag{5-9}$$

式中，梯度幅值 $G(i, j)$ 反映了图像中像素点 $(i, j)$ 处的边缘强度；$\theta(i, j)$ 反映了像素点 $(i, j)$ 处的梯度方向，与此处边缘的方向相互垂直。

C 非极大值抑制

计算出梯度的幅值后，需要对检测到的边缘进行细化。梯度的幅值和方向计算完毕后，此时图像的边缘可能会有多个对应像素点，无法做到精确定位。为了符合 Canny 最优边缘准则中的单一边缘响应准则，通过非极大值抑制操作去除当前边缘处的非极大值，即将其设为 0，保留边缘梯度值最大的像素点。

首先对梯度方向的角度值进行量化处理，按照角度的正切值计算，将角度量化为 0°、45°、90°、135°。角度量化的公式如下：

$$\text{angle} = \begin{cases} 0, & -0.4142 < \tan(\theta(i, j)) \leqslant 0.4142 \\ 45, & 0.4142 < \tan(\theta(i, j)) < 2.4142 \\ 90, & |\tan(\theta(i, j))| \geqslant 2.4142 \\ 135, & -2.4142 < \tan(\theta(i, j)) \leqslant -0.4142 \end{cases} \tag{5-10}$$

然后比较在梯度图像中某个点梯度幅值与该点梯度正反两方向的梯度幅值，如果该点的梯度幅值均大于该点梯度正反两方向上的梯度幅值，则保留该点，否则抑制该点。如图5-15所示，当中心点的角度为45°时，则取 $(i+1, j-1)$、$(i, j)$、$(i-1, j+1)$ 中的最大值，其余的角度也按相应方向计算。

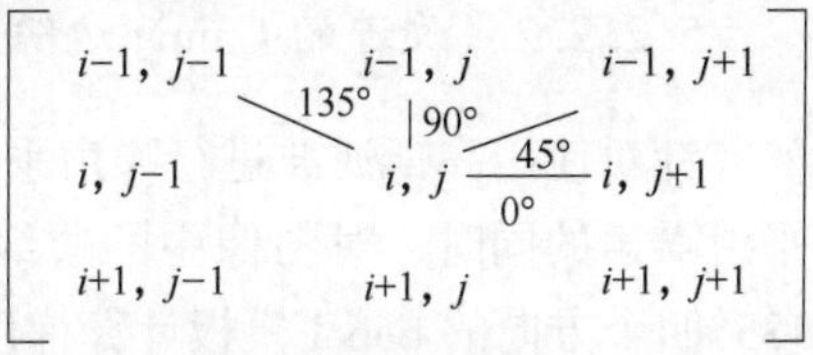

| $i-1, j-1$ | $i-1, j$ | $i-1, j+1$ |
| --- | --- | --- |
| $i, j-1$ | $i, j$ (135°, 90°, 45°, 0°) | $i, j+1$ |
| $i+1, j-1$ | $i+1, j$ | $i+1, j+1$ |

图5-15 非极大值抑制示意图

D 双阈值边缘检测

经过非极大值抑制操作后的梯度幅值图中，虽然边缘已经被细化，但是仍有大量的虚假边缘混杂其中，即通过阈值化操作，将大于阈值的梯度幅值保留，小于阈值的梯度幅值赋值为零，剔除虚假边缘。在仅使用单一阈值的情况下，阈值过低，则有可能将背景中的一些边缘线条认定为待检测目标的边缘；而阈值过高，则有可能造成待检测目标部分边缘的丢失。因此，单一阈值在复杂背景中很难保留完整的边缘图像，且单一阈值的大小也难以确定。Canny边缘检测算法在边缘的检测过程中选取高、低两个阈值，根据设定的高、低阈值，将经过非极大值抑制后的梯度幅值分为3类：

(1) 梯度幅值>高阈值 $th_{high}$，则将此处的边缘标记为强边缘。

(2) 低阈值 $th_{low}$ <边缘梯度值<高阈值 $th_{high}$，则将此处的边缘标记为弱边缘。

(3) 边缘梯度值<低阈值 $th_{low}$，则将此处的边缘删除，即将梯度幅值赋值为零。

检测目标的边缘梯度幅值较高，通过高阈值 $th_{high}$ 检测时，检测出的虚假边缘较少；同时由于背景中物体的干扰，可能导致边缘某处的梯度幅值较低，因此弱边缘的八邻域内如果存在属于强边缘的像素点，即弱边缘和强边缘连接在一起，则将这条弱边缘保留，相反则将这条弱边缘剔除。对经过高、低阈值判断后的梯度幅值图像进行扫描，当检测到弱边缘的像素点S时，对以S为起始点的边缘进行跟踪，直到找到这条边缘的终点E；搜索是否存在相应的强边缘与该弱边缘连接，如果存在，则将这条弱边缘保留，否则剔除这条弱边缘。

E 缺陷分析

(1) 滤波和提取边缘在图像的处理中是一对相互矛盾的操作。滤波可以减弱图像中噪声引起的虚假边缘的影响，使图像变得平滑，但是同时也会使得待检测目标的边缘变得模糊。传统Canny边缘检测算法中使用的高斯滤波只是使这一对相互矛盾的操作取较为折中的一种方案，而且使用高斯滤波器系数 $\sigma$ 滤波后，会大大影响边缘检测的结果，人为设定的高斯滤波器系数 $\sigma$ 在对边缘信息的保留和噪声的平滑这两方面很难做到兼顾，对边缘检测效果有较大的影响。

(2) 传统的Canny边缘检测算法中梯度的幅值和方向通过2×2的滑动窗口进行求解，较小的窗口虽然可以在一定程度上提高边缘的定位精度，但是对图像中噪声的影响也较为敏感，极易检测出虚假边缘。

(3) 阈值需要手动进行选取。使用固定的高、低阈值进行分割，一方面无法考虑灰度值变化较剧烈的背景或噪声对阈值选取造成的影响，容易把局部背景或噪声判定为强边缘；另一方面，对于灰度变化较为缓慢的待检测目标的边缘，也极易造成检测的丢失，导致目标的边缘不连续，影响目标的定位等后续操作。

#### 5.2.2.2 改进的 Canny 边缘检测算法

针对使用高斯滤波进行噪声平滑，导致目标边缘变得模糊的问题，采用双边滤波，在平滑噪声的同时，对图像中的边缘进行了一定的保留；在亮度空间中，采用 $x$、$y$、45°、135°四个方向的 Sobel 模板计算梯度幅值和方向，利用子图像均值的方差变化程度判断子图像是否含有目标物体及是否继续进行边缘跟踪等后续操作；使用最大类间方差算法计算待检测目标亮度自适应阈值及对应梯度值的阈值来确定 Canny 边缘检测的高阈值，结合待检测目标的亮度值和梯度值对检测到的结果进行边缘跟踪，得到完整的目标轮廓[22-23]。改进后的 Canny 边缘检测的流程如图 5-16 所示。

图 5-16 改进后 Canny 边缘检测的流程

##### A 图像预处理

中厚板轧件在经历过粗轧操作后，运送到待温区待温的过程中温度大都在 850~1100 ℃范围内，温度较高，高温的物体在图像中呈现出白色的状态，在 HSL 色彩空间中，白色仅仅由亮度 L 一个分量决定。与图像的灰度值相比，亮度值对图像的描述使得轧件与周围的背景有更明显的区别；且高温轧件的热辐射在亮度值上引起的数值变化明显更小于对灰度值的影响。因此，将图像从 RGB 空间转换到 HSL 空间，并分离出 L 通道用于边缘检测[24-25]。

HSL（Hue：色相、Saturation：饱和度、Lightness：亮度）色彩模式将 RGB（Red：红色、Green：绿色、Blue：蓝色）色彩模型中的点使用圆柱坐标系表示。色相可以理解为平常所说的颜色，如黄色、绿色等。饱和度可以理解为色彩的强度或纯度，代表灰色与色调的比例。颜色的明暗程度使用亮度表示。从 RGB 色彩模式到 HSL 色彩模式的转换方法较为简单。设 $(r, g, b)$ 分别是某个像素点的颜色取值在 RGB 色彩模式下三个分量值的大小，坐标值使用 0~1 范围内的实数来表示。设定 $(r, g, b)$ 三个分量中的最大值用 max 表示，最小值用 min 表示。通过计算得出在 HSL 色彩模式下对应的 $(h, s, l)$，计算公式如下：

$$h = \begin{cases} 0°, & \max = \min \\ 60° \times \dfrac{g - b}{\max - \min} + 0°, & \max = r \text{ and } g \geqslant b \\ 60° \times \dfrac{g - b}{\max - \min} + 360°, & \max = r \text{ and } g < b \\ 60° \times \dfrac{b - r}{\max - \min} + 120°, & \max = g \\ 60° \times \dfrac{r - g}{\max - \min} + 240°, & \max = b \end{cases} \tag{5-11}$$

$$s=\begin{cases}0, & l=0 \text{ or } \max=\min \\ \dfrac{\max-\min}{\max+\min}, & 0<l\leqslant\dfrac{1}{2} \\ \dfrac{\max-\min}{2-(\max+\min)}, & l>\dfrac{1}{2}\end{cases} \tag{5-12}$$

$$l=\frac{1}{2}(\max+\min) \tag{5-13}$$

高斯滤波在进行图像平滑的过程中，是以两个像素点之间的距离为权重，只考虑了相邻像素点空间位置上的差异，因此会对目标边缘带来一定的模糊效果。为了减轻高斯滤波导致的模糊目标边缘的影响，在这里使用双边滤波对图像进行平滑操作。

双边滤波区别于高斯滤波，使用非线性的计算方式去除噪声，在对图像滤波的过程中，使用图像的空间近邻度和像素点灰度值相似度两个值衡量，保留边缘、去除噪声的效果较好。双边滤波在对指定区域降噪的过程中，将目标像素点与滑动窗口中剩余像素点之间的欧式距离和辐射差异（像素点某个颜色分量的取值之间的相似程度、颜色的强度等）[26]产生的影响均考虑在降噪过程所使用的权重系数中，双边滤波的权重值计算公式如下：

$$w_s(i,j,k,l)=e^{-\frac{(i-k)^2+(j-l)^2}{2\sigma_s^2}} \tag{5-14}$$

$$w_r(i,j,k,l)=e^{-\frac{\|L(i,j)-L(k,l)\|^2}{2\sigma_r^2}} \tag{5-15}$$

$$w(i,j,k,l)=w_s(i,j,k,l)*w_r(i,j,k,l) \tag{5-16}$$

式中 $(i,j)$——目标点坐标；

$(k,l)$——周围像素点坐标；

$\sigma_s$——基于空间域的滤波系数；

$w_s(i,j,k,l)$——坐标是 $(k,l)$ 的像素点在目标点 $(i,j)$ 周围基于空间近邻度权值；

$\sigma_r$——基于像素点灰度值的滤波系数；

$L(i,j)$——目标点 $(i,j)$ 在 L 域的亮度值；

$w_r(i,j,k,l)$——坐标是 $(k,l)$ 的像素点在目标点 $(i,j)$ 周围基于像素点灰度值相似度的权值；

$w(i,j,k,l)$——坐标为 $(k,l)$ 的像素点在目标点 $(i,j)$ 周围的权值。

空间域权重 $w_s(i,j,k,l)$ 用来描述 $(i,j)$ 与 $(k,l)$ 两个点之间的距离，权重 $w_s(i,j,k,l)$ 越小，两个点距离越远。像素点灰度值权重 $w_r(i,j,k,l)$ 衡量了 $(i,j)$ 与 $(k,l)$ 两个点之间像素点灰度值的差值大小，像素点灰度值之间差值越大，权重 $w_r(i,j,k,l)$ 越大。在图像中的理解较为直观，当图像中的滤波目标区域没有边缘时，邻近像素点之间的灰度值差值较小，区域较为平坦，对应的 $w_r(i,j,k,l)$ 趋近于1，这时主要由空间域的权重 $w_s(i,j,k,l)$ 在双边滤波权重 $w(i,j,k,l)$ 中起主导作用，相当于对指定区域直接进行高斯滤波。在有边缘的滤波目标区域，临近像素点的灰度值差值较大，对应的 $w_r(i,j,k,l)$ 随着差值的增大而趋近于零，双边滤波的权值 $w(i,j,k,l)$ 也会逐渐接近于0，因此在滤波时当前像素点灰度值受到的影响较小，可以将原始图像的边缘细节更大程度地保留下来[27]。

双边滤波后亮度值的计算公式如下：

$$L_{\mathrm{d}}(i, j)=\frac{\sum_{k,l}L(k, l)w(i, j, k, l)}{\sum_{k,l}w(i, j, k, l)} \tag{5-17}$$

式中 $L_{\mathrm{d}}(i, j)$——目标点 $(i, j)$ 经过双边滤波后的亮度值。

B 梯度幅值和方向的计算

针对传统的 Canny 边缘检测算法使用的 2×2 大小滑动窗口差分计算梯度，导致图像噪声敏感的缺陷，本节提出了采用 3×3 的 Sobel 算子，从 $x$、$y$、45°、135°四个方向计算图像梯度的符合和方向[28]。Sobel 算子四方向的卷积模板如图 5-17 所示。

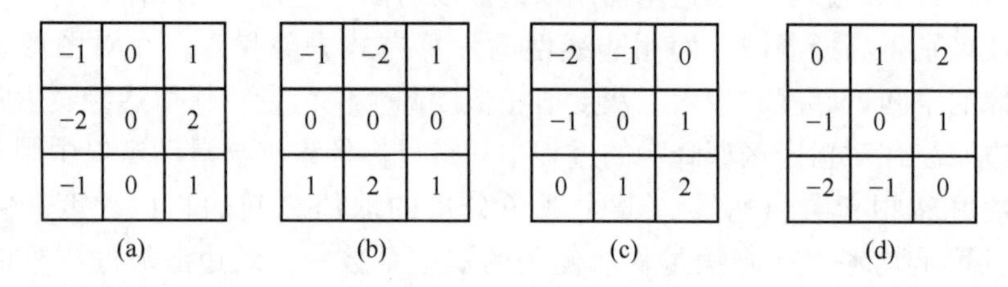

| −1 | 0 | 1 |
|---|---|---|
| −2 | 0 | 2 |
| −1 | 0 | 1 |

(a)

| −1 | −2 | 1 |
|---|---|---|
| 0 | 0 | 0 |
| 1 | 2 | 1 |

(b)

| −2 | −1 | 0 |
|---|---|---|
| −1 | 0 | 1 |
| 0 | 1 | 2 |

(c)

| 0 | 1 | 2 |
|---|---|---|
| −1 | 0 | 1 |
| −2 | −1 | 0 |

(d)

图 5-17 四方向 Sobel 算子模板

(a) $x$ 方向模板；(b) $y$ 方向模板；(c) 45°方向模板；(d) 135°方向模板

从四个方向的梯度分量计算梯度幅值和方向的公式如下：

$$G(i, j)=\sqrt{G_x^2(i, j)+G_{45}^2(i, j)+G_y^2(i, j)+G_{135}^2(i, j)} \tag{5-18}$$

$$\theta(i, j)=\arctan\frac{\left(G_y(i, j)+\frac{\sqrt{2}}{2}G_{45}(i, j)+\frac{\sqrt{2}}{2}G_{135}(i, j)\right)^2}{\left(G_x(i, j)+\frac{\sqrt{2}}{2}G_{45}(i, j)+\frac{\sqrt{2}}{2}G_{135}(i, j)\right)^2} \tag{5-19}$$

式中 $G_x(i, j)$，$G_y(i, j)$，$G_{45}(i, j)$，$G_{135}(i, j)$——3×3 的滑动窗口与四方向的 Sobel 算子卷积模板卷积计算之后的结果。

运用含有四方向卷积模板的 Sobel 算子通过卷积的方式计算出的梯度幅值和方向提高对边缘定位的精度，对一些由于复杂的背景原因而引起的亮度值变化缓慢的边缘也可以很好地检测出来。

C 非极大值抑制

这一部分仍然采取了传统 Canny 边缘检测算法中的非极大值抑制处理过程。

(1) 按照式 (5-10) 对获取的梯度方向进行角度量化操作，映射到 0°、45°、90° 和 135°。

(2) 根据量化后的角度在梯度方向上保留以目标像素点为中心点的 3×3 窗口内的最大值，其余均赋值为零。

通过非极大值抑制操作对图像中使用 Sobel 卷积模板计算出的边缘进行细化操作，提高边缘的定位精度。

D 自适应梯度阈值的计算

针对传统的 Canny 边缘检测算法中人工设定高、低阈值用于检测目标物体边缘的缺陷，本节基于对图像的分割，以及子图像方差基于背景方差的变化率，提出了一种自适应动态阈值的设定方法。

中厚板轧制现场环境较为复杂，机械设备较多，因此工业相机拍摄到的图像内不仅包含所需的中厚板轧件，而且还有许多的机械设备、显示屏、窗口等干扰物。这些设备由于本身的亮度或者光照等原因，造成边缘的梯度值较大，与轧件的边缘梯度值较为接近，在使用梯度阈值进行检测的过程中容易被误检为轧件的边缘。为了排除干扰物对边缘检测的影响，对图像进行分割，利用方差判断每一幅子图像中是否含有待检测的目标以及是否进行后续的边缘检测操作。

利用工业相机获取现场不包含轧件的背景图像，对背景图像进行预处理操作，按一定的规则分割为若干幅子图像，对每幅子图像计算亮度值的均值 $avg_{bg}$ 与方差 $var_{bg}$，用于后续的子图像判断。

将待检测的图像按照相同的分割规则进行分割，对分割后的子图像，使用相应背景的亮度均值 $avg_{bg}$ 计算当前子图像的方差 $var_{im}$，方差的计算公式如下：

$$var_{im} = \frac{\sum_{i=1}^{m}\sum_{j=1}^{n}(L_d(i, j) - avg_{bg})^2}{n \times m} \tag{5-20}$$

式中 $m$——子图像的高度；

$n$——子图像的宽度；

$L_d(i, j)$——当前子图像中坐标为 $(i, j)$ 点的亮度值。

根据现场的光照等因素，设定子图像方差的变化阈值 $th_{var}$，将 $var_{im}$ 和 $var_{bg}$ 的差值与 $th_{var}$ 进行比较，当差值小于 $th_{var}$ 时，认定当前的子图像中并没有需要检测的轧件，则将当前的子图像亮度值均设定为零，且不再需要进行后续的边缘检测操作；当差值大于或等于 $th_{var}$ 时，认定当前的子图像包含需要的轧件，则保留当前子图像的亮度值，等待后续的边缘检测操作。

首先求取图像的亮度值阈值。对于保留下来的子图像，使用 OTSU（最大类间方差）算法计算，将子图像中像素点的亮度值分为两类，即属于轧件的前景值和属于背景环境的背景值。

设定亮度值阈值为 $th_{light}$，$th_{light}$ 将图像分为前景和背景两类。前景像素点数占相应子图像总像素点的比例为 $w_0$，平均亮度值为 $u_0$；背景像素点数占相应子图像总像素点的比例为 $w_1$，平均亮度值为 $u_1$。

$$w_0 + w_1 = 1 \tag{5-21}$$

子图像的总体平均亮度值为：

$$u_{light} = w_0 u_0 + w_1 u_1 \tag{5-22}$$

假设当前选取的亮度值阈值为 $th$，求得此时的类间方差为：

$$var_{light} = w_0 (u_0 - u_{light})^2 + w_1 (u_1 - u_{light})^2 \tag{5-23}$$

只需要对子图像中的亮度值进行遍历，求得使 $var_{light}$ 获得最大值的亮度值，即为求解出的该子图像的亮度值阈值 $th_{light}$。

求解图像的梯度值阈值，根据式（5-21）~式（5-23），对保留的子图像进行相应梯度阈值 $th_{grad}$ 的求解。

$$var_{grad} = w_2 (u_2 - u_{grad})^2 + w_3 (u_3 - u_{grad})^2 \tag{5-24}$$

式中 $w_2$——根据梯度阈值 $th_{grad}$ 划分的前景像素点数占相应子图像总像素点的比例；

$u_2$——前景像素点的平均梯度值；

$w_3$——根据梯度阈值 $th_{grad}$ 划分的前景像素点数占相应子图像总像素点的比例；

$u_3$——前景像素点的平均梯度值；

$u_{grad}$——平均的梯度值；

$var_{grad}$——根据梯度阈值 $th_{grad}$ 划分的类间方差。

对子图像的梯度值进行遍历，使得 $var_{grad}$ 取得最大值的梯度值，即为求解出的当前子图像的梯度值阈值 $th_{grad}$。

E 边缘检测与跟踪

根据求得的亮度值阈值 $th_{light}$ 和梯度值阈值 $th_{grad}$，可以获得初步的亮度检测图和边缘检测图。为了保证边缘检测结果的完整性，还需要对边缘检测图进行边界跟踪操作[29-30]。

（1）在边缘检测图中，对于含有轧件的子图像区域，从上到下、从左到右依次进行搜索，直到找到第一个边界点，将其作为起点，对边缘开始跟踪。

（2）在边缘检测图中，如果当前边缘点八邻域内有已经被检测到的边缘点，则将这个边缘点作为下一步搜索的起点，两个点连接的方向作为下一步优先搜索的方向，转到（3）。

（3）优先按照优先搜索方向在边缘检测图上进行搜索，如果优先搜索方向上下一个点没有已经被检测到的边缘点，则在该点的八邻域内搜索，如果找到边缘点，则作为下一步搜索的起点，继续搜索；否则，转到（4）。

（4）转到图像的亮度检测图，按照优先搜索方向在该像素点的亮度图上进行搜索，如果优先搜索方向上下一个点亮度值大于 $th_{light}$，则将下一个点设为边缘点和搜索的起点，更新优先搜索方向，并在边缘检测图上设为边界点，转到（2）；否则，在该点的八邻域内搜索亮度值大于 $th_{light}$ 的点，并将大于 $th_{light}$ 的点设为边缘点和搜索起点，更新优先搜索方向，转到（2）；否则，以当前点为起点，转到（1）重新搜索新的边缘点。

通过边缘检测与跟踪，可以将根据梯度值阈值 $th_{grad}$ 检测到的离散边缘连接起来，获取较完整的轧件边缘。

### 5.2.3 中厚板轧件检测结果分析

下面使用两幅现场待温区图片对算法进行验证，并使用传统的 Canny 边缘检测算法进行对比。

图 5-18（a）（b）分别为场景一、场景二现场待温区的原始图像，通过对图像的分析，可以获得机器视觉技术对轧件边缘检测的干扰项：

（1）轧件与背景中大部分区域的亮度值相差较大，大部分边缘与背景之间具有较大的梯度值，部分边缘会由于高温轧件自身的发光、发热对周围辊道亮度值的影响而变得模糊，梯度值下降。

（2）在背景中，具有光源的显示器、亮度值较低的机械设备等物体在图像中的边缘会与背景墙产生较大的梯度值。

（3）由于光照原因，阳光照射在辊道上，会形成狭长的光斑，光斑的边缘与辊道会产生较大的梯度值。

(a)

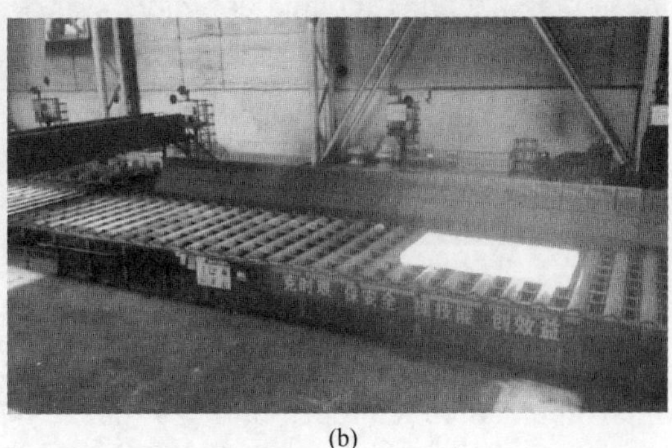

(b)

图 5-18　现场钢坯待温图像

（a）场景一现场图像；（b）场景二现场图像

这些干扰项产生的梯度值较大，与轧件边缘的梯度在数值上相接近，所以在检测的过程中，仅使用梯度阈值无法区分开。

首先进行色彩空间转换，将两幅图像从 RGB 空间转换到 HSL 空间，并分离出 L 通道进行滤波。

从高斯滤波结果图 5-19 可以看出，高斯滤波对现场图像在直观的视觉效果上并没有起到明显的作用。对于上面提出的这些干扰项，高斯滤波器系数 $\sigma$ 如果取值较小，则滤波效果不明显，对干扰项的模糊效果较差；如果取值较大，对干扰项可以有明显的模糊效果，但是对轧件也会产生一定的模糊作用。

(a)

(b)

图 5-19　高斯滤波图

（a）场景一高斯滤波图；（b）场景二高斯滤波图

从双边滤波结果图 5-20 可以看出，与高斯滤波比较，双边滤波对于现场图像的滤波可以从图像上看到很直观的滤波效果。对于场景一中的显示屏、机械设备部分，双边滤波有较好的模糊效果，可以明显地减小场景二中辊道上产生的狭长光斑，而且也可以较好地去除辊道上由于高温轧件自身的发光、发热引起的灰度值变化。

(a)

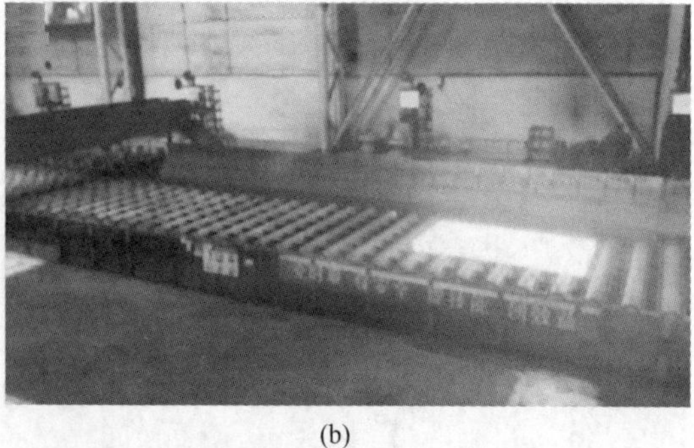
(b)

图 5-20 双边滤波图
(a) 场景一双边滤波图;(b) 场景二双边滤波图

对图像使用双边滤波的方法去除噪声后,对图像从 $x$、$y$、45°、135°四个方向进行梯度幅值和方向的计算。

使用改进后的四方向 Sobel 算子计算获得的各方向梯度如图 5-21 所示,四方向梯度融合后的结果如图 5-22 所示。可以看到,四方向 Sobel 算子的梯度融合计算对轧件的边缘已经可以获得较好的检测结果,但是在检测结果中,仍然存在一些在图像中边缘与背景之间较为明显的窗口、辊道、机械设备等边缘细节,这些边缘细节严重影响了检测结果。

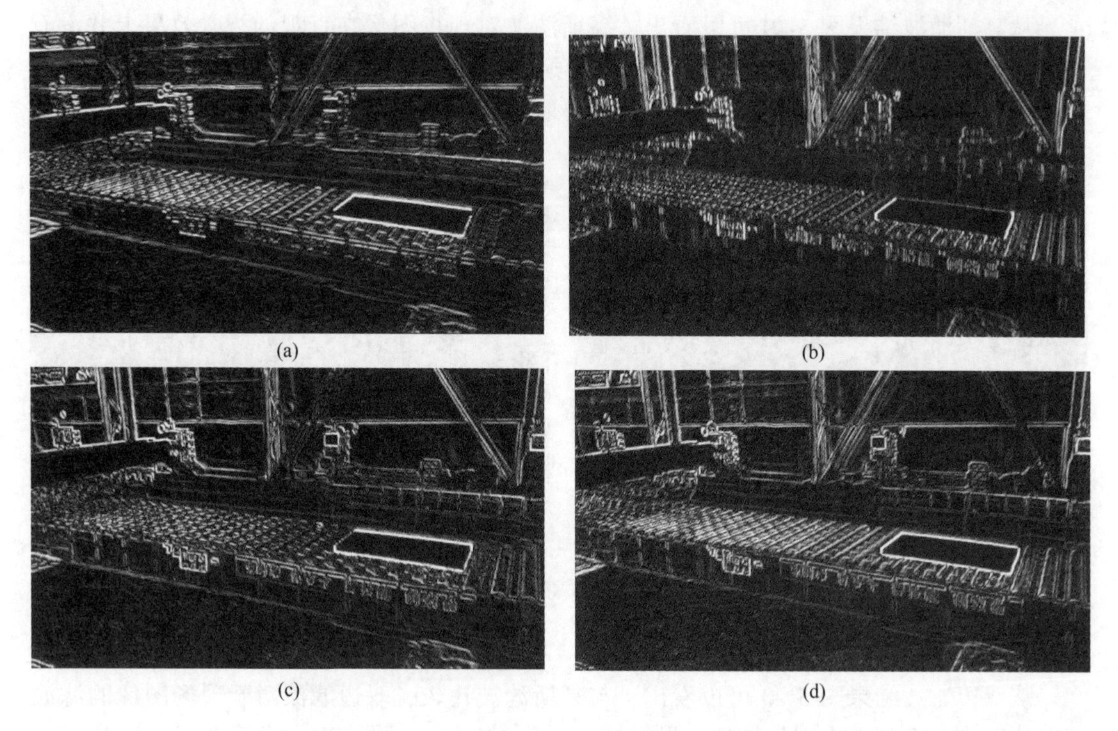


图 5-21 改进后的四方向 Sobel 各方向梯度图
(a) $x$ 方向梯度图;(b) $y$ 方向梯度图;(c) 45°方向梯度图;(d) 135°方向梯度图

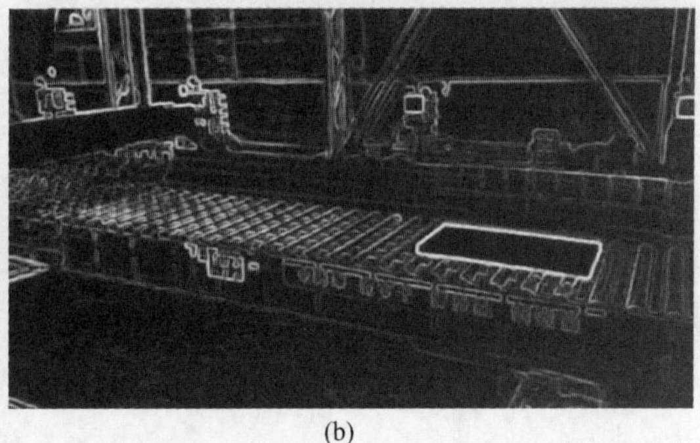

(a) (b)

图 5-22 四方向梯度融合图
(a) 场景一四方向梯度融合图；(b) 场景二四方向梯度融合图

使用传统 Canny 算法检测的结果如图 5-23 所示。在保证轧件可以具有较完整边缘的情况下，确定梯度阈值 $th_{grad}$。从图 5-23（a）中可以看出，传统 Canny 算法对背景较暗的图像轧件边缘检测效果较好，只是在背景中左部分窗户产生了比轧件边缘更大的梯度值，右部分数码显示屏的边缘梯度则与轧件边缘梯度大小接近，被保留了下来；从图 5-23（b）中可以看出，左部分辊道由于光照的原因产生了狭长的光斑，光斑边缘产生了较大的梯度值；由于轧件的温度较高，因此本身就会有一定程度的发光，造成临近辊道的灰度值也会有一定程度的提高，从而引起相应区域的轧件与辊道的灰度值相接近，轧件边缘的梯度减小，难以检测出相关的边缘，对轧件边缘的保留产生了较大的影响。

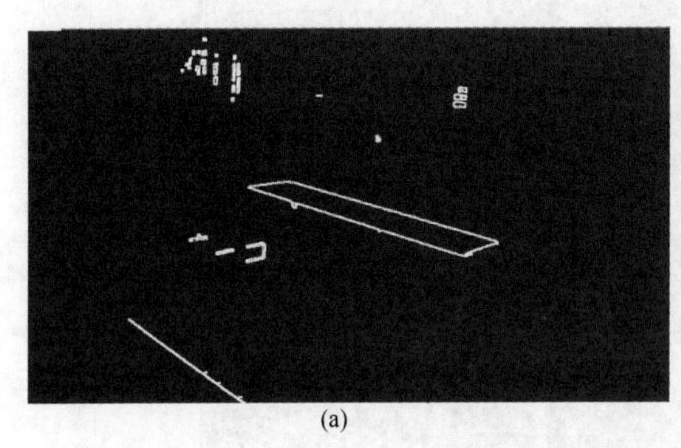
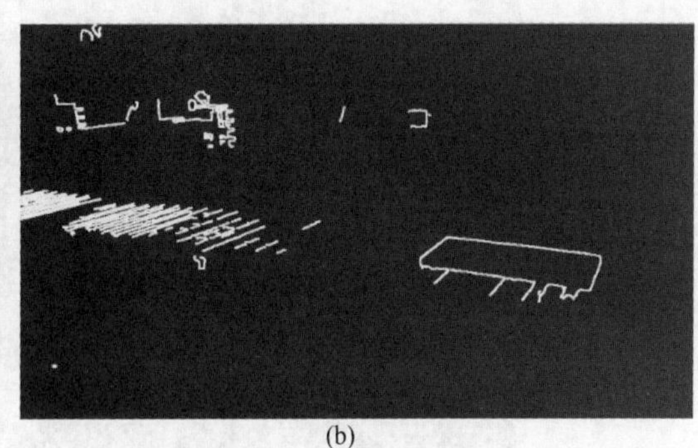

(a) (b)

图 5-23 传统 Canny 算法检测结果图
(a) 场景一传统 Canny 算法检测结果；(b) 场景二传统 Canny 算法检测结果

使用改进 Canny 算法检测的结果如图 5-24 所示。从图 5-24（a）中可以看出，改进 Canny 算法可以有效地去除背景中的窗户，数码显示屏等边缘梯度大于轧件的物体，而且边缘检测的精度也得到了提高。从图 5-24（b）中可以看出，改进 Canny 算法有效地去除了因为光照产生的光斑的影响，且通过对边缘的跟踪，有效地找到了轧件与辊道亮度值相接近区域的弱边缘，很好地获得了轧件完整的轮廓。

对场景二进行相机标定。在对相机的标定过程中，由于相机安装角度的限制，采集的图片具有一定的三维视觉效果，因此在进行相机标定之前首先使用投影变换对图像进行转

(a)

(b)

图 5-24 改进 Canny 算法检测结果图

（a）场景一改进 Canny 算法检测结果；（b）场景二改进 Canny 算法检测结果

换，将具有三维视觉效果的图像转换为二维平面图像。如图 5-25 所示，在图像中沿辊道方向建立二维图像坐标系，并选取辊道上 8 个坐标已知的点作为标定点，通过这 8 个标定点在两个坐标系中的对应关系，实现辊道的投影变换。投影变换后的辊道图如图 5-26 所示。

图 5-25 辊道标定点示意图

图 5-26 辊道投影变换示意图

投影变换矩阵为：

$$\begin{bmatrix} -1.17952 & 0.158813 & 199.532 \\ -1.02696 & -0.245929 & 290.396 \\ -0.0010887 & 0.00015596 & -0.839878 \end{bmatrix}$$

投影变换后，根据辊道的实际长度与宽度，建立世界坐标系，并确定选取的 8 个标定点的坐标，与图像坐标系相对应，求解得出 $a_1 \sim a_8$ 和 $b_1 \sim b_8$ 的结果如下：

$$\begin{aligned} a_1 &= -2.1838 & b_1 &= 6.1958 \\ a_2 &= -0.0512 & b_2 &= 0.1420 \\ a_3 &= 0.4491 & b_3 &= -1.3377 \\ a_4 &= 0.5411 & b_4 &= -1.5940 \\ a_5 &= 0.7636 & b_5 &= -2.2430 \\ a_6 &= 0.3283 & b_6 &= -0.9673 \\ a_7 &= -0.1310 & b_7 &= 0.3861 \\ a_8 &= 74.7434 & b_8 &= 433.3449 \end{aligned}$$

通过求解的坐标转换矩阵，检测同一块轧件在待温过程中不同位置的边缘和长度，位置检测结果如图 5-27 所示。系统给出的轧件长度为 1209 mm，整个摆动过程中，长度的测量值保持在±8 mm 的误差内，可以满足位置的智能修正以及后续的自动运送要求。

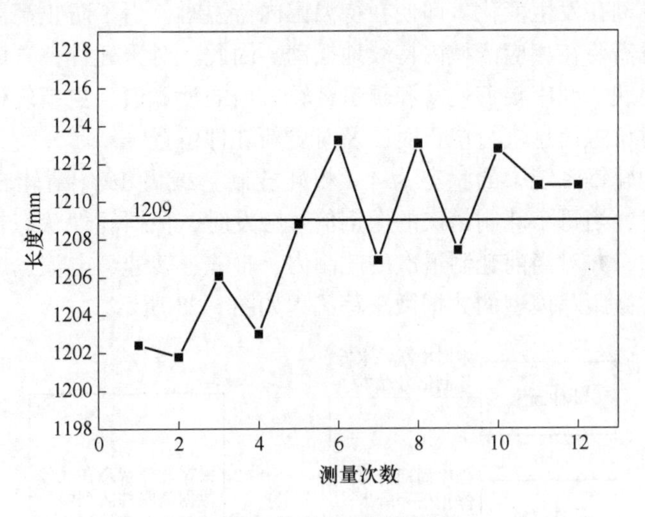


图 5-27 轧件长度检测结果

## 5.3 中厚板自动轧钢控制技术

自动轧钢系统主要包括基础自动化级和过程自动化级两级计算机控制系统。轧制过程中的温度模型、轧制力模型、模型自学习等程序均在过程自动化级中执行，因此均是在过程计算机中用 PDA 采集过程数据，在基础自动化级中没有建立对过程数据的访问接口。PDA 是按照时间和程序中的各个信号进行数据记录的，唯一的搜索索引为生产时间。各个模型中涉及的工艺参数较多，而且大多数情况下生产线上会同时存在多块不同生产规格的轧件，每块轧件对应的轧制参数、传感器等信号的数据量庞大，在后续的分析过程中需要分析一块轧件或同一种规格的轧件时，需要人工按照时间节点提取，没有办法在生产时直接完整记录。因此，在基础自动化级控制轧制的过程中，设定轧制过程数据的访问接口，将每块轧件的位置、温度、轧制力、辊缝、电机转速、电流等轧制参数分别对应存储在轧件的微跟踪队列中，不仅能够避免后续人工提取过程数据的麻烦，而且有利于后续的轧制规程设定、轧制过程分析等操作。并且基于机器视觉技术，测量任一时刻轧件在待温区摆动待温的位置，智能修正轧件位置微跟踪的计算结果，合并三个待温区，使待温区可以同时容纳更多的轧件摆动，提高了待温区辊道的使用率和中厚板生产线的自动化水平。

### 5.3.1  中厚板自动轧钢系统设计

表 5-5 建立的自动轧钢系统状态转移模型，描述了中厚板从运送出加热炉进行除鳞操作、粗轧、精轧、冷却完整的生产流程。基于轧件微跟踪模型建立的轧件跟踪系统，根据轧件所处的状态，对轧件进行相应的数据微跟踪及存储操作。

轧件温度值的变化发生在生产过程的每个时刻。因此，对于轧件温度值的微跟踪，应根据程序设定的程序运行周期，调用空冷状态下的温度跟踪模型计算温度值，由水冷、轧制信号调用水冷和轧制状态下的温度跟踪模型计算，并在轧件微跟踪队列中更新相应轧件的温度值。

轧件的位置时刻在发生变化，即使在待温区内待温时，为了防止高温轧件长时间停止对辊道的损伤，也需要在相应区域内持续地摆动。因此，对于轧件位置的微跟踪，应根据设定的程序运行周期，利用辊道速度和辊道运转方向的计算值，更新轧件位置。在触发相应的传感器信号对位置信息进行修正时，及时更新轧件位置。

当轧件在自动轧钢系统中的状态为 4（粗轧轧制）或者 19（精轧轧制）时，轧件进入轧制过程。此时，当每个轧制道次的抛钢信号触发时，根据轧件状态在轧件微跟踪队列中找到相应的轧件，并对当前轧制道次的轧制力、辊缝、转速、电流、厚度数值进行处理与存储。基于轧件微跟踪模型的数据微跟踪流程如图 5-28 所示。

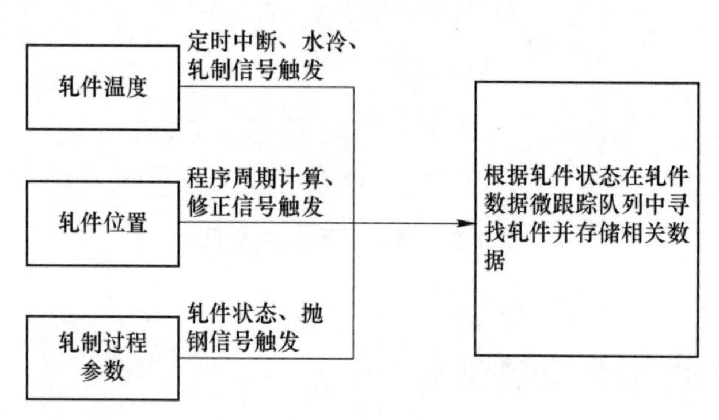


图 5-28  数据微跟踪流程

### 5.3.2  中厚板轧件微跟踪矫正技术

轧件的位置在基础自动化级中的位置微跟踪模块求解，在自动轧钢的过程中，通过辊道的速度以及辊道运转的方向，计算轧件的头尾位置；依靠表5-2中所展示的中厚板生产线中安装的温度传感器、热金属检测仪等信号以及自动轧钢程序中咬钢信号、抛钢信号、待温区占用标志等程序标志位，对轧件的位置进行判断和修正；在轧制过程中根据入口和出口的厚度修正每个轧制道次完成后轧件的长度。待温区内大多数情况下会存在多块轧件同时摆动，因此在待温区内的轧件需要有更精确的位置信息。

#### 5.3.2.1 待温区轧件微跟踪

轧件完成粗轧后，触发末道次抛钢信号，加入待温区自动运送队列，开始待温区微跟踪。自动轧钢系统的轧件跟踪模块在待温区域内仅仅关注轧件的位置微跟踪，通过求解轧件的位置，进一步控制轧件的摆动待温。待温区域分为待温一区、待温二区、待温三区，等待精轧的轧件分别在三个待温区内进行待温，互不干扰。在自动运送过程中，若前一待温区内有轧件，那么此轧件要在现在的待温区按设定速度0.5 m/s摆动，等待运送信号进入下一区域；若前一区域没有轧件，则此轧件按设定速度2 m/s直接运送至下一区域；如果待温的轧件较长，则需要将相邻的几个待温区合并，摆动待温。

在轧件的微跟踪程序中，通过设定的辊道运转速度以及运转方向，计算轧件的头尾位置；轧件在待温区摆动时，使用HF1、IC-H3、TF1、HF2、HF9、HF10的检测信号，对轧件的位置进行修正。待温区微跟踪过程流程如图5-29所示。

为了可以准确地在待温区对轧件进行位置的微跟踪及摆动待温，定义了各种情况下待温区是否有轧件存在的判断标准：中厚板轧件在运送时，以下两种情况均可认为待温区内存在轧件：

(1) 头部区域位于某一个待温区内。

(2) 轧件头部已离开此待温区，但轧件其他部位仍在待温区内。

如图5-29中的(a)~(d)所示，由于轧件的头部区域已经进入待温二区，符合第一条规则，触发了该待温区的热检信号，因此就称该待温区存在轧件。如图5-29中的(e)所示，轧件的头部区域已离开待温二区，但轧件的其他部位仍使待温二区的热检处于接通状态，也称待温二区存在轧件。如图5-29中的(f)(g)所示，轧件的头部区域已经离开待温二区，且处于运往下一个待温区的状态，待温二区的热检信号即将断开或已经处于断开状态，则可以认为该待温区没有轧件。

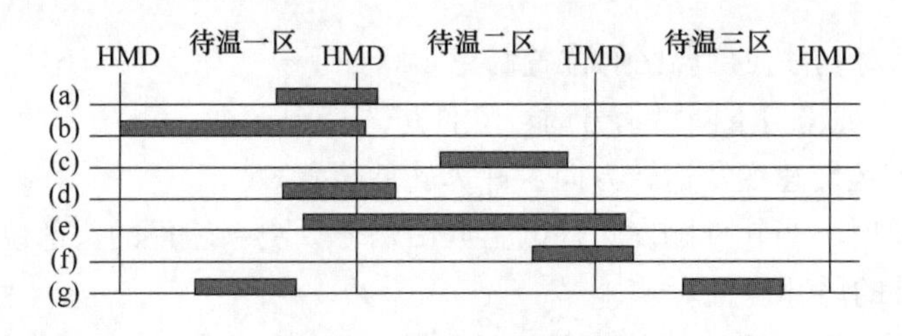


图5-29 待温区移动示意图

#### 5.3.2.2 基于机器视觉的轧件位置智能修正

由于在待温区内安装的检测仪表较少，因此只能判断轧件存在于哪一个待温区，对经过热检位置的轧件位置修正，不能做到实时检测轧件所处的位置，且检测仪表的上升沿、下降沿信号具有一定的时间延迟，用于修正轧件的头尾位置和轧件长度会存在一定的误差。针对这个问题，这里使用机器视觉技术对检测的轧件进行头尾位置检测及长度计算，对检测仪表的计算结果进行修正。

在经过投影变换后的待温区二维坐标系中，计算得出轧件的头尾位置，并通过头尾位置的差值得出轧件的长度，对长度值进行修正。

如图5-30所示，如果两个轧件的头尾距离太小或头尾相互接触，单独使用热金属传感器无法分辨开，且待温区安装的温度传感器较少，前后轧件温度值差值可能较小，也无法使用温度值使其分开，这就会引起轧件在运送和数据记录时的错误。

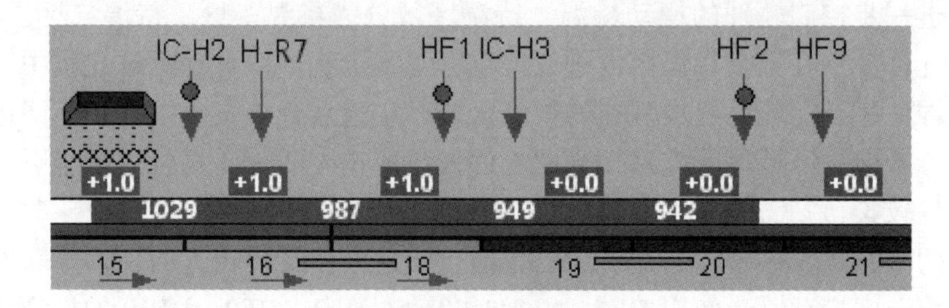


图5-30 多个轧件接触

轧件位置修正的流程如图5-31所示。

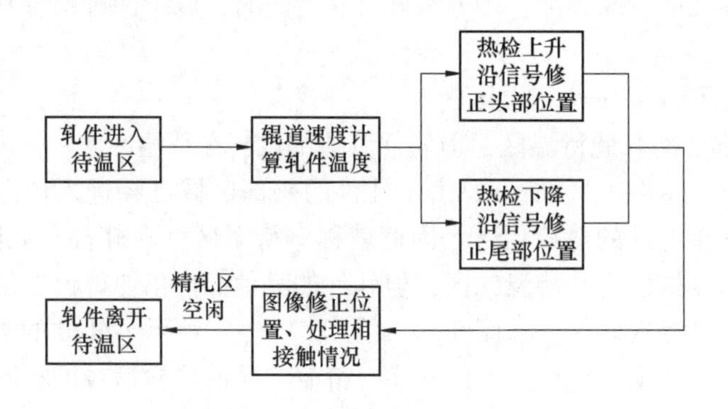


图5-31 轧件位置修正流程

机器视觉技术对轧件在待温区的位置修正步骤如下：

（1）当HR7出现正向下降沿信号时，轧件进入待温区。

（2）根据辊道运转速度及运转方向，计算轧件位置。

（3）通过热检时，当轧件触发热检的上升沿信号，更新轧件的头部位置，并根据记录的长度值计算轧件的尾部位置。

（4）机器视觉实时检测轧件的位置，对步骤（2）和步骤（3）中的计算结果进行修正；水汽严重时，仅使用热检信号。

（5）当出现多个轧件头尾距离太小或头尾接触在一起的情况时，先使用机器视觉技术检测轧件的头、尾位置，如果各个轧件的头尾位置均能检测出，则根据检测的位置，控制相应的辊道，使前后两个轧件反向运送，增大距离；如果轧件头尾已经接触在一起，则根据已知的头尾位置和轧件跟踪队列中记录的相应轧件长度，计算出轧件未知部位的头尾位置，控制相应的辊道，反向运送，增大距离。

(6) 当 HF10 出现下降沿信号，轧件离开待温区，进入机前工作辊道。

### 5.3.3 中厚板柔性待温技术开发

精轧机前工作辊道通过热金属检测仪的安装位置分为待温一区、待温二区、待温三区。轧件在满足长度要求的情况下，在三个待温区内分别摆动待温，互不干扰。轧件摆动待温时，受长度等要求的限制，每个待温区都会有部分的辊道未被占用。因此，这里在机器视觉技术对轧件位置进行修正的基础上，将三个待温区合并，使轧件在整个精轧机前工作辊道摆动待温，提高精轧机前输入辊道的使用率。

当待温区内没有轧件时，后续运送的轧件由自动轧钢系统控制，可以直接运送进入待温区摆动待温。当待温区内存在轧件正在摆动待温时，后续运送的轧件在待温区入口处稍作等待，在最后一块轧件的尾端已经反向摆动至待温区入口处，并开始向前摆动时，运送至待温区入口处的轧件进入待温区，加入摆动待温队列，与待温区内的轧件共同摆动待温。

相邻轧件头尾之间的距离应满足如下要求：

(1) 摄像头的安装位置可以清晰地拍摄到每个轧件的头尾位置。

(2) 在设定速度下，轧件摆动到待温区两端需要运送停车时，确保相邻轧件不会发生碰撞。

(3) 相邻轧件之间距离尽可能小。

待温区合并摆动待温示意如图 5-32 所示。

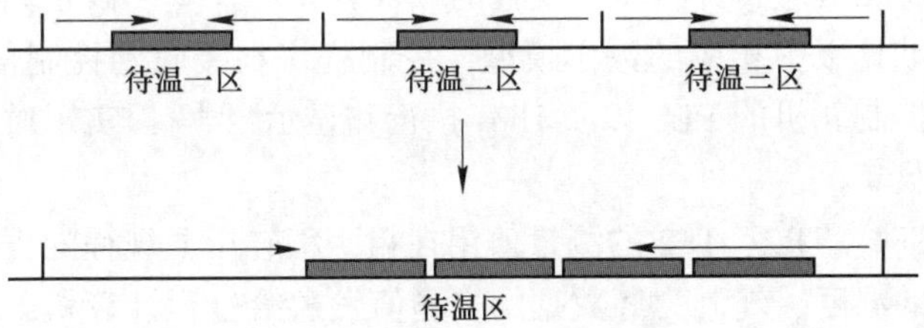

待温一区 待温二区 待温三区

待温区

图 5-32 摆动待温示意图

### 5.3.4 生产过程的数据微跟踪系统设计

准确记录轧制过程中的工艺、设备参数，实现生产过程和设备运行状态实时信息的共享，可以监视整个轧制生产过程中轧件的状态以及设备运行的状态，并可以对前一个生产阶段生产机组的运行状态进行判断。通过对生产过程的实时、连续监视功能，可以及时发现轧制过程中的异常现象，便于及时处理。同时，对于新产品开发、旧产品的轧制状态分析、轧制过程中相关参数的调整、生产计划的制定和生产质量的管理提供相关的决策依据[31-35]。

#### 5.3.4.1 轧件数据微跟踪队列的建立

在中厚板的轧制过程中，轧制生产线上经常存在多块轧件，且处于不同的生产状态，因此每一块轧件的位置、尺寸、冷却状态、温度等可能互不相同。对多块轧件的轧制过程数据精确跟踪，要求自动轧钢系统可以分别对每个轧件的轧制过程进行记录，且对温度值需要精确的预测。为了更精确地对轧件的轧制过程数据进行跟踪记录，在PLC的程序设计中使用先入先出的队列结构，对生产线上的轧件进行有效管理和跟踪。在程序的轧件微跟踪队列中，使用ID标号作为轧件的标识，在轧制队列中创建新的数据块，并结合轧件所处的状态，用于轧件的数据微跟踪。

数据块中包含轧件的ID号、头部位置、尾部位置、轧件尺寸、碳含量、控轧温度、终轧温度、当前温度、轧件状态、占用辊道编号、轧制力、辊缝、道次厚度、电机转速、电流等参数。

根据测温仪的上升沿信号，检测到运送出加热炉的轧件后，将该轧件的相应数据块添加至轧件数据微跟踪队列中，并初始化轧件的参数。在轧制生产过程中，根据轧件的状态，确定轧件所处的轧制工艺区域，并与过程自动化级中的信息相对应，确保轧件加工过程中参数设定和数据收集的准确性。在精轧结束后，轧件运送至冷却辊道，将该轧件的数据块从程序的轧件数据微跟踪队列中删除。最先完成精轧操作的轧件存储在轧制队列的队头，在删除了队头存储的轧件后，需要将后续轧件的数据块依次向前移动，即生产线中未完成轧制操作的轧件的相关数据块依次前移。

#### 5.3.4.2 微跟踪的数据选取

轧制过程中各个轧制参数的计算在过程自动化级中完成，过程计算机确定轧件在轧线上的分布情况，以及所处的某个轧制工艺区域位置，与轧件生产过程中的除鳞、轧制、运送、待温等工艺状态相对应，并将压下规程的预计算、再计算、修正计算、后计算等控制信号发送到过程自动化级中相应的数学模型，控制程序在接收到控制信号、完成计算后，将计算结果发送给控制轧机的PLC以及HMI执行和显示[36-37]，实现对轧件加工工艺过程的参数设定和数据收集。

测温仪TR1、TF1、TR2、TF2的测量值用在粗、精轧压下规程的再计算，每一轧制道次结束后，将相应的温度、轧制力等数据的实测值发送给过程计算机，进行修正计算。精轧结束后，将各项数据发送给过程计算机进行后计算，并用于后续的数据自学习，提高模型的计算精度。

轧件的区域宏跟踪将轧制生产线分成多个宏跟踪区域，通过轧件在多个宏跟踪区域之间的转移，可以及时地跟踪轧件所处的轧制工艺区域，保证轧制跟踪队列中轧件的运送、轧制顺序以及与各个轧件相关设定值数学模型的计算，精确轧制。区域的宏跟踪涉及整个轧制生产线，跟踪的轧件数量多，信息量较大，因此对轧制相关数据的跟踪以及记录速度较慢。这里在基础自动化级中，提取具有代表性的相关数据，记录在轧件微跟踪队列中。

轧件的数据微跟踪包括轧件的位置、轧制过程中的温度、轧制力、辊缝、转速、电流、厚度，数据选取及更新规则如下：

（1）根据轧件在运送过程中所占用辊道的辊道速度、运送方向、定时中断模块的时间周期等数据，计算轧件被运送的距离以及轧件头部的位置，并使用热检、图像信号进行修正，用于轧件的位置微跟踪。当轧件在占用一段辊道时，使用该段辊道的速度计算轧件的位置；当轧件占用两段辊道时，使用占用较长的那段辊道的速度计算轧件的位置；当轧件占用的辊道数目大于或等于 3 时，需要去除占用的第一段和最后一段辊道，使用中间辊道的平均速度计算轧件的位置。

（2）生产过程中的温度通过温降模型实时计算获得，空冷状态下的温度跟踪模型由终端控制调用，实时计算；水冷、轧制状态下的温度跟踪模型由触发信号调用，温度值实时存储在轧件微跟踪队列中。

（3）轧制力、辊缝、转速、电流、厚度参数由咬钢信号值控制，分别取具有代表性的轧件头部、中部、尾部三个部位在轧制过程中实测值的平均值进行跟踪存储。

图 5-33 所示为粗轧过程中某一道次的轧制力、辊缝、厚度、转速、电流的 PDA 数据图像。根据咬钢信号计算获得轧制的时间为 4. 14 s，因此，分别对头部、中部、尾部三部分取 500 ms 轧制过程的数据（见表 5-7），求取平均值，存入轧件跟踪队列中，用于后续的分析。

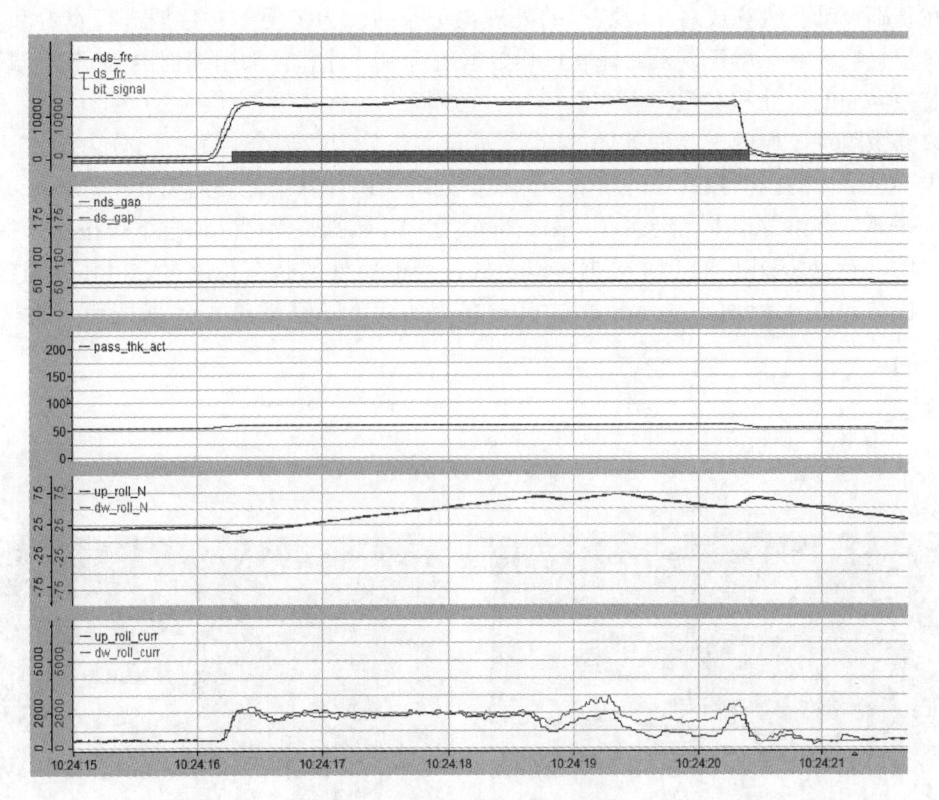


图 5-33　轧制过程的 PDA 数据

**表 5-7　轧制过程数据均值**

| 轧制参数 | 头部平均值 | 中部平均值 | 尾部平均值 |
|---|---|---|---|
| 非传动轧制力/kN | 12362. 784 | 12980. 899 | 11563. 542 |
| 传动轧制力/kN | 13321. 631 | 13703. 372 | 12073. 678 |
| 非传动侧辊缝/mm | 58. 361 | 58. 376 | 58. 257 |
| 传动侧辊缝/mm | 58. 004 | 58. 034 | 57. 930 |

续表 5-7

| 轧制参数 | 头部平均值 | 中部平均值 | 尾部平均值 |
|---|---|---|---|
| 道次厚度/mm | 58.536 | 58.595 | 58.039 |
| 上辊转速/r · min$^{-1}$ | 18.029 | 59.455 | 53.787 |
| 下辊转速/r · min$^{-1}$ | 18.298 | 59.757 | 54.155 |
| 上辊电流/A | 1967.021 | 1785.27 | 1006.769 |
| 下辊电流/A | 1801.344 | 1945.849 | 1818.990 |

#### 5.3.4.3 数据微跟踪系统设计

在基础自动化级完成对相应数据的处理与记录后，为了便于对数据进行查看和分析，基于对位置的计算、修正以及对轧制过程数据的选取、计算，采用编程语言完成对数据微跟踪监控界面的设计和实现。

数据微跟踪监控的主界面如图 5-34 所示，主要分为两部分：第一部分为图像显示区域，用于显示待温区图像的处理结果，并根据处理结果计算出轧件当前在待温区所处的位置，这一部分在第 3 章中已经实现；第二部分为 PDI 数据显示区，通过下拉按钮选择轧件的 ID 号，显示对应轧件的 PDI 数据，以及轧件当前所处的状态及位置。粗轧过程数据和精轧过程数据在子界面中显示，通过点击左侧的粗轧、精轧过程数据按钮，跳转到子界面。

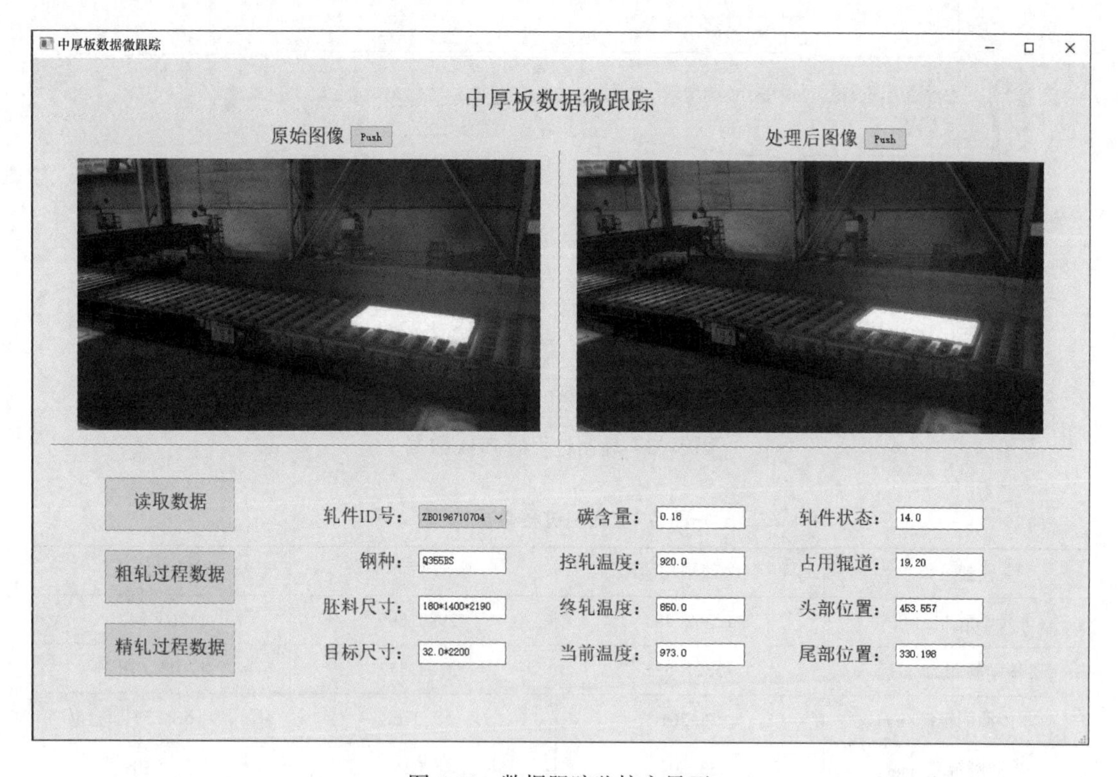


图 5-34 数据跟踪监控主界面

粗轧过程数据的监控界面如图 5-35 所示，也分为两部分：第一部分为数据显示区域，经过采集、处理后，记录在轧件跟踪队列中各个道次的轧制过程数据，通过左上角的下拉按钮选择当前轧件的道次数，显示当前道次各个参数的记录值；第二部分为右侧的数据图像显示区域，通过点击上侧的轧制力图像、辊缝图像、厚度图像、转速图像、电流图像 5 个按钮，读取当前道次完整的过程数据，显示当前道次相应参数的数据图像。

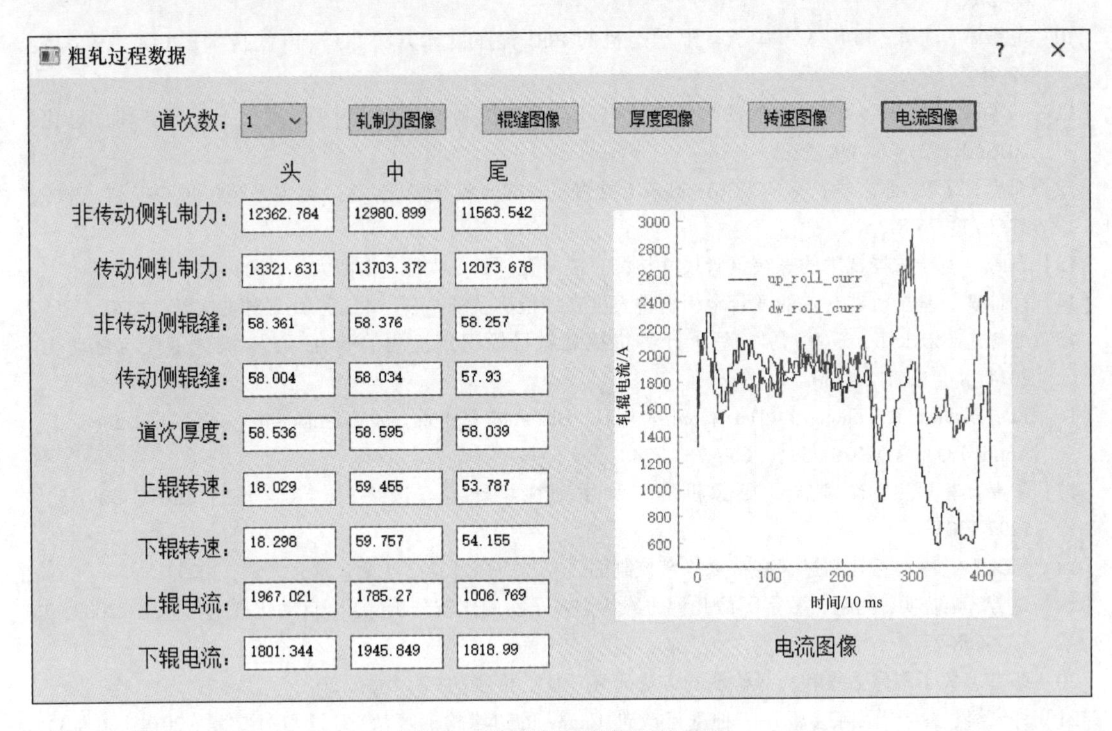


图 5-35 粗轧过程数据监控界面

轧件数据微跟踪模型对生产过程中轧件位置、温度、过程数据的采集及存储进行分析和设计，并充分发挥机器视觉技术在边缘检测和定位应用中的优势，可用于处理待温过程中的各种异常状态，所开发的软件与 PLC 系统实时通信，可实现对轧件跟踪过程的自动矫正。

## 参 考 文 献


[1] 杨凯. 基于有限状态机理论的 MCS 控制系统的设计与实现 [D]. 杭州：浙江大学，2015.

[2] Wojciech Z, Grzegorz A, Kazimierz K, et al. Finite state machine based modelling of discrete control algorithm in LAD diagram language with use of new generation engineering software [J]. Procedia Computer Science, 2019, 159 (12): 2560-2569.

[3] Lv C, Sheng W X, Liu K Y, et al. Multi-status modelling and event simulation in smart distribution network based on finite state machine [J]. IET Generation, Transmission & Distribution, 2019, 13 (13): 2846-2855.

[4] 孙学锋. 基于有限状态机的工作流引擎的设计和实现 [D]. 北京：北京邮电大学，2008.

[5] 黄永程，杨斌，王鹏程，等. PLC 状态转移图在电动机正反转控制中的应用 [J]. 机电工程技术，2018, 47 (4): 103-104.

[6] 刘秀罗，黄柯棣，朱小俊．有限状态机在 CGF 行为建模中的应用［J］．系统仿真学报，2001，33（5）：663-665.

[7] 林文博．基于虚拟现实的生产线仿真关键技术研究及其应用［D］．杭州：浙江大学，2019.

[8] 杨思．生产线仿真平台逻辑控制研究［D］．武汉：华中科技大学，2019.

[9] 吴桐，郭书杰．基于 S7-1500 的工业自动化仿真软件设计［J］．渤海大学学报，2020，41（3）：264-270.

[10] 范雄涛，沈勇，和淑芬．基于有限状态机的 PLC 程序设计方法［J］．电气技术，2018，19（2）：92-95.

[11] 马孟雷，段玥彤．PLC 在钢铁冶金企业电气自动化控制中的应用［J］．现代工业经济和信息化，2018，8（2）：68-69.

[12] 祁忠，笃竣，张志学，等．IEC61850 SCL 配置工具的研究与实现［J］．电力系统保护与控制，2009，37（7）：76-81.

[13] 石野．基于机器视觉的螺纹钢管尺寸检测算法研究［D］．太原：山西大学，2020.

[14] 孙佳贺．基于机器视觉的镁合金板材垂直度在线检测系统［D］．北京：北京林业大学，2020.

[15] 甄栋志，朱永伟，苏楠，等．基于计算机视觉对目标识别检测的研究［J］．机械工程与自动化，2014，1（1）：129-130.

[16] JuarezSalazar R，Zheng J，DiazRamirez V H. Distorted pinhole camera modeling and calibration［J］. Applied Optics，2020，59（36）：763-774.

[17] 朱嘉，李醒飞，徐颖欣．摄像机的一种主动视觉标定方法［J］．光学学报，2010，30（5）：1297-1303.

[18] 何纯玉．中厚板轧制过程高精度侧弯控制的研究与应用［D］．沈阳：东北大学，2009.

[19] 赵芳，栾晓明，孙越．数字图像几种边缘检测算子检测比较分析［J］．自动化技术与应用，2009，28（3）：68-72.

[20] 彭古．关于图像去噪和边缘检测的方法研究［D］．长沙：中南大学，2012.

[21] 许宏科，秦严严，陈会茹．一种基于改进 Canny 的边缘检测算法［J］．红外技术，2014，36（3）：210-214.

[22] 赵同刚，陈迅．基于监督学习的 Canny 图像边缘检测改进算法研究［J］．半导体光电，2016，37（5）：731-734.

[23] 张玲艳．基于 Canny 理论的自适应边缘检测方法研究［D］．西安：西北大学，2009.

[24] Guan Q S，Zhao J. Overview of color image segmentation methods［J］. International Journal of Frontiers in Sociology，2020，2（8）：411-423.

[25] Cuneyt A，Cihan T. ColorED：Color edge and segment detection by Edge Drawing（ED）［J］. Journal of Visual Communication and Image Representation，2017，44（2）：82-94.

[26] 张磊．基于主成分分析和双边滤波的图像降噪算法研究［D］．曲阜：曲阜师范大学，2018.

[27] Gavaskar R G，Chaudhury K. Fast adaptive bilateral filtering［J］. IEEE Transactions on Image Processing：A Publication of the IEEE Signal Processing Society，2018，28（12）：322-331.

[28] Xu Q. A modified canny edge detector based on weighted least squares［J］. Computational Statistics，2020，34（6）：683-694.

[29] 王植，贺赛先．一种基于 Canny 理论的自适应边缘检测方法［J］．中国图象图形学报，2004，26（8）：65-70.

[30] Wang J. Research on detection method of radiator brazing based on machine vision［J］. Artificial Intelligence and Robotics Research，2020，9（3）：512-524.

[31] 文学．重轨万能线轧制参数监视及优化关键技术研究［D］．重庆：重庆大学，2009.

[32] 李彦瑞，杨春节，张瀚文，等．流程工业数字孪生关键技术探讨［J］．自动化学报，2021，47（3）：501-514.

[33] 刘晔，闫博，刘长鑫．基于厚板生产大数据的智能监控系统研究［J］．控制工程，2020，27（12）：2204-2209.

[34] 吕伟华．线材轧制数据采集系统开发及活套控制参数优化研究［D］．上海：上海交通大学，2007.

[35] 夏立玲．数据挖掘在流程工业中的应用研究［J］．软件导刊，2009，8（10）：178-179.

[36] 胡贤磊．中厚板轧机过程控制模型的研究［D］．沈阳：东北大学，2003.

[37] 刘子英．中厚板轧线跟踪系统的开发与应用［D］．沈阳：东北大学，2010.

# 6　数字驱动的中厚板轧机自动转钢系统开发和应用

## 6.1　自动转钢系统开发背景与总体架构

### 6.1.1　开发背景

中厚板轧制过程中板坯在展宽阶段的前、后均需要进行转钢操作。根据轧制策略的不同，除全纵轧制外，每块板坯都要涉及1~2次的转钢过程。转钢操作是中厚板轧制生产中的一个重要环节，转钢时间也是影响产量的因素之一[1-5]。中厚板产线的自动化程度已经很高，特别在轧区，除了转钢操作外均已实现自动控制，转钢操作是中厚板轧区全自动控制系统中唯一需要人工操作的部分，成为自动控制的瓶颈。自动转钢可使中厚板生产过程实现真正意义上的自动轧钢，无需人为干预，从而提高生产效率，使生产工艺过程具备更高的重现性和精确性[6]。

自动转钢技术包括钢坯转角的快速识别与自动化控制，需要解决的技术难度包括：转钢过程板坯角度检测，需要在轧机附近恶劣环境下进行高速、精确自动测量，即对板坯的检测需要考虑环境的影响；板坯在转钢时异常情况下的快速、智能化处理，即系统需要具备对异常情况的自适应处理能力，通过学习人工操作完成转钢过程，以缩短转钢时间。

本研究结合轧机控制系统，以快速转钢控制技术为开发目标，采用机器视觉技术实时检测板坯位置、角度、速度等信息，建立自动转钢模型，并通过学习操作工转钢的控制过程，以转钢最小时间为约束条件进行模型训练，最终根据来料条件给出合理的转钢控制动作，并在转钢控制中自动优化，以替代人工实现转钢闭环控制。

### 6.1.2　总体架构

自动转钢系统根据功能需求需要进行如下配置：

（1）高速工业相机：负责采集钢坯在机前、后辊道上的实时图像，送给服务器进行处理，相机采用千兆网口工业相机，支持POE GigE协议。

（2）图像采集与模型控制计算机：与相机相连接，基于图像处理算法对钢坯图像进行检测，获取其位置与角度信息，通过转钢模型为轧机自动化系统提供自动转钢指令。

（3）交换机：将计算机与相机组成高速网络，实现数据访问。

转钢控制系统与轧机自动化系统之间通过以太网进行数据通信，自动转钢指令由转钢系统发送给轧机基础自动化控制器，再通过现场总线传递给变频器，实现对转钢辊道的控制。

自动转钢控制系统架构如图6-1所示。

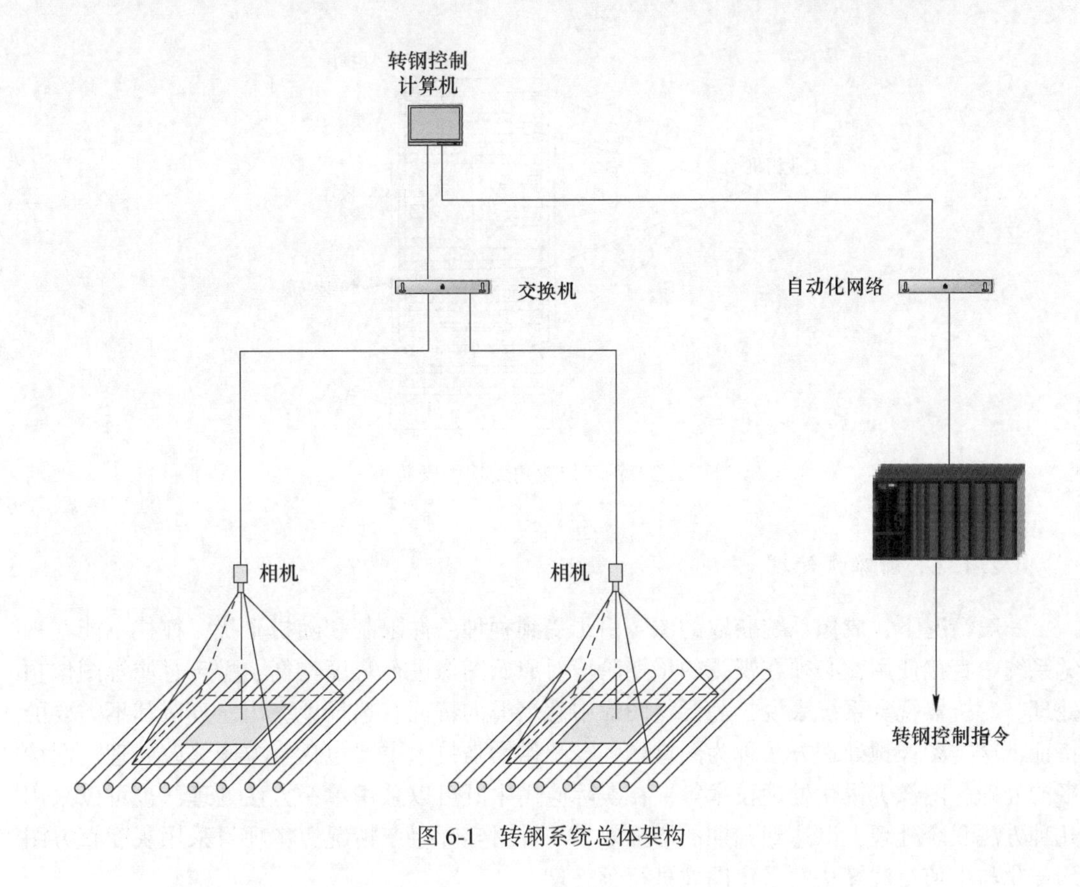


图 6-1　转钢系统总体架构

## 6.2　基于机器视觉技术的钢坯形状位置检测

中厚板钢坯位置和形状的高精度测量是自动转钢控制的前提条件。在实际生产过程中，受环境的限制，所采集的钢坯图像可能会受到部分遮挡，以及水汽等因素的干扰，再加上传统的图像判断处理算法考虑因素较少，难以获得连续稳定的钢坯角度变化[7-10]，使得转钢控制因缺少钢坯角度的精确反馈值而影响了自动转钢的投入率。针对上述问题，通过图像算法的改进与角度跟踪算法的开发减少环境因素对转角测量的干扰，平滑转钢过程钢坯角度的变化，为中厚板自动转钢控制提供支撑，以提高轧制过程的自动化、智能化水平，使生产工艺过程具备足够高的重现性和精确性。

在轧机附近安装工业相机，建立基于机器视觉的实时钢坯状态信息检测装置，以获得轧机转钢辊道上坯料位置与角度，安装如图 6-2 所示。

### 6.2.1　基于图像处理技术测量钢坯角度方法

开发图像标定方法，得到稳定、精确的板坯形状信息，其处理过程主要包括工业相机的控制及数据采集、高热板坯图像畸变处理、板坯轮廓检测及标定、板坯角点判断，从而获取板坯的位置、大小、角度等。

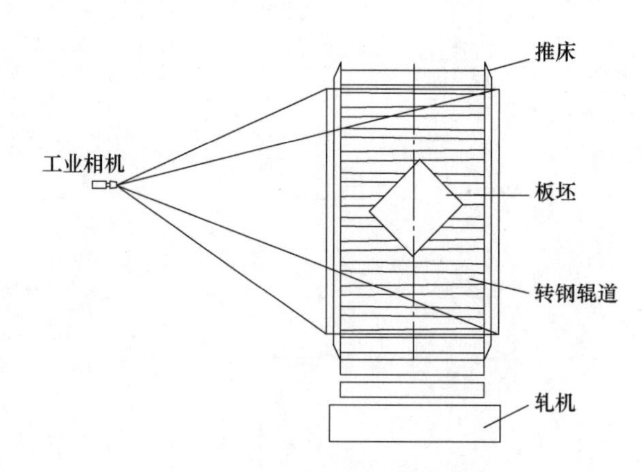


图 6-2  钢坯位置角度检测安装

6.2.1.1  图像预处理

一般情况下，成像系统获取的图像由于受到种种条件限制和随机干扰，往往不能在视觉系统中直接使用，必须在视觉的早期阶段对原始图像进行灰度均衡、噪声过滤等图像预处理。对机器视觉系统来说，需要将图像中感兴趣的特征有选择地突出，衰减其不需要的特征，这类图像预处理方法称为图像增强。图像增强技术主要包括直方图修改处理、图像平滑处理、图像尖锐化处理技术等，在实际应用中既可以采用单一方法处理，也可以采用几种方法联合处理，以达到预期的增强效果。针对实际生产情况，本项目采用灰度直方图均衡化与中值滤波算法对采集图像进行预处理。

6.2.1.2  图像标定与投影变换

由检测图像计算三维空间中物体的几何信息，并由此重建和识别物体，而空间物体表面某点的三维几何位置与其在图像中对应点之间的相互关系是由相机成像的几何模型决定的，这些几何模型参数就是摄像机参数。标定过程就是确定相机的几何和光学参数、相机相对于世界坐标系的方位。标定过程可以消除畸变，获得图像中物体更加真实的尺寸信息。

采集图像过程，考虑到相机防护与安装维护的便捷性，相机常常安装在辊道的侧上方，图像中获得的坯料形状需要恢复到正常的矩形，才能进一步进行处理。基于相机的安装角度，建立投影变换矩阵，对原始图像进行投影变换处理，如图 6-3 所示。

6.2.1.3  图像阈值分割

利用图像中要提取的坯料与其背景在灰度特性上的差异，把图像视为具有不同灰度级的两类区域的组合，选取一个合适的阈值，以确定图像中每一个像素点是属于目标还是背景区域，从而进行相应的二值图像分割。要从复杂的景物中分辨出目标并将其形状完整地提取出来，阈值的选择是图像分割技术的关键。阈值选取方法很多，本项目结合实际情况，在图像内容不太复杂、前景和背景区分较明显、灰度分布较集中的情况下，采用基于灰度直方图阈值分割的直方图双峰法，可获得很好的分割效果。

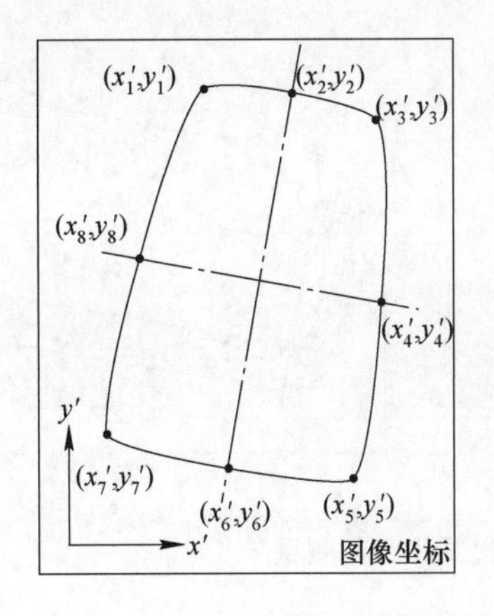


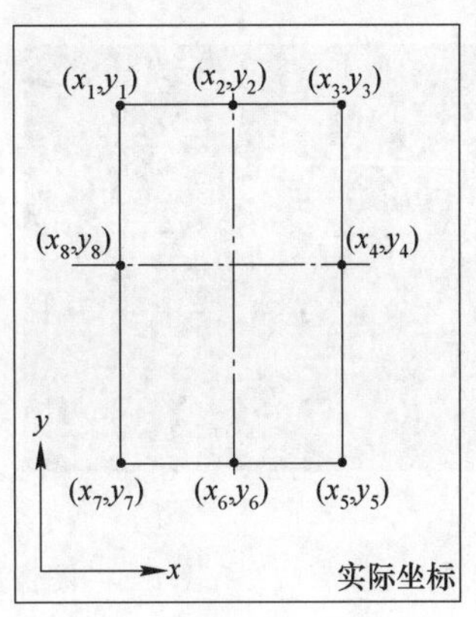


图 6-3 图像畸变消除与投影变换

#### 6.2.1.4 图像边缘检测

图像的边缘可以定义为在图像的局部区域内图像特征的差别，表现为图像上的不连续性。经典的边缘提取方法是考察图像的像素在某个邻域内灰度的变化，利用边缘邻近一阶或二阶方向导数的变化规律检测边缘，边缘检测算子检查每个像素的邻域并对灰度变化率进行量化，通常也包括方向的确定。边缘检测大多数是基于方向导数采用模板求卷积的方法。

图 6-4 为利用边缘算子检测得到的钢板边缘。

图 6-4 图像边缘检测

#### 6.2.1.5 边缘跟踪与拟合

获得带有坯料边缘图像后，通过图像腐蚀与膨胀算法，去除其中的微小区域、连接边缘为闭合区域，开发连续边缘跟踪算法，基于闭合区域面积、矩形度与位置等信息提取出坯料边缘。利用坯料边界点进行矩形拟合，获得其位置与角度信息，作为转钢控制过程的反馈值。测量过程如图 6-5 所示。

#### 6.2.1.6 转钢角度自动平滑处理

板坯的角度是基于对图像中板坯边缘的矩形拟合获得，考虑到板坯长、宽接近的情

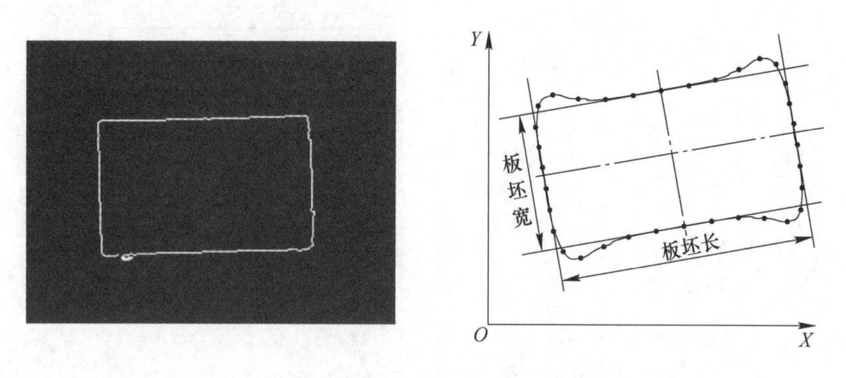


图 6-5 图像边缘跟踪与测量

况，由于外扰，检测角度会存在跳变的情况（图像两帧间角度相差 90°或 180°），这不利于转钢控制过程的平稳进行。本项目对相机采集连续图像的板坯角度进行对比判断，当出现角度跳变的情况，会自动按照前序过程已检测的角度变化进行平滑，保证在任何情况下坯料的角度变化均为连续。

### 6.2.2 中厚板钢坯角度的抗干扰测量方法

转钢过程的自动控制是基于钢坯的实际角度进行反馈控制的，钢坯角度的高精度识别是自动转钢控制的核心。在实际生产过程中，采集的钢坯图像可能会受到部分遮挡，以及环境中水汽等因素的干扰（见图 6-6），再加上传统的图像判断处理算法考虑因素较少，难以适应实际环境，无法获得连续稳定的钢坯角度变化，使得转钢控制由于缺少钢坯角度的精确反馈值而失败，直接影响自动转钢的投入率。

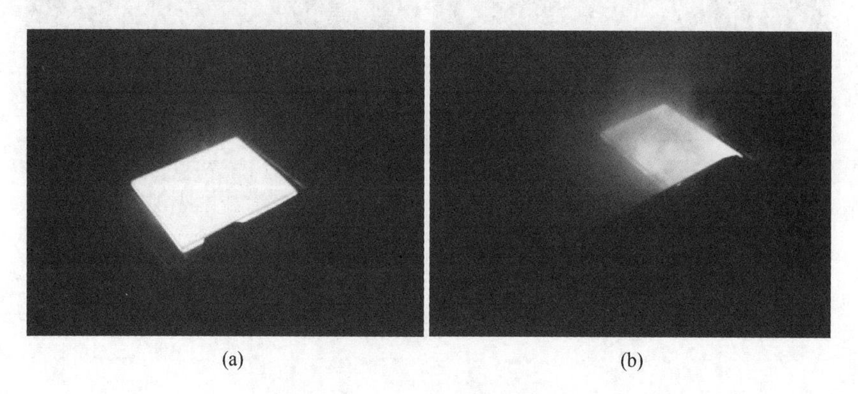

(a) (b)

图 6-6 钢坯图像采集

（a）正常采集图像；（b）受水汽污染图像

为实现中厚板生产过程的角度抗干扰测量功能，作者团队开发了改进的图像处理算法与角度自适应平滑算法，以图像自适应增强和霍夫变换算法相结合的图像处理算法实现对部分遮挡、水汽污染的图像中钢坯的自适应检测，剔除干扰因素；同时基于队列技术对钢坯角度进行跟踪，根据角度变化趋势实现对钢坯角度的平滑处理，剔除钢坯角度异常情况。基于以上两种主要方法的结合，为自动转钢控制提供实时、稳定的角度检测反馈值。

#### 6.2.2.1 图像的仿射变换

受生产现场条件的限制，相机常常安装于辊道的附近，而不是正上方，所获得的图像是倾斜的。为了便于精确测量钢坯的角度，规定水平轴为轧线方向，垂直轴为辊道方向，在对钢坯角度测量前首先需要使用仿射变换对图像进行矫正。

如图 6-7 所示，矫正后的图像变为俯视图，此时测量的钢坯角度即为实际角度。仿射变换具体步骤包括：

（1）读取转钢区域图像。

（2）获取原始目标中的 4 个关键坐标点。

（3）通过原始 4 个坐标点计算出新的坐标点。

（4）根据坐标点计算仿射变换矩阵。

（5）应用仿射变换矩阵进行变换，完成图像的矫正。

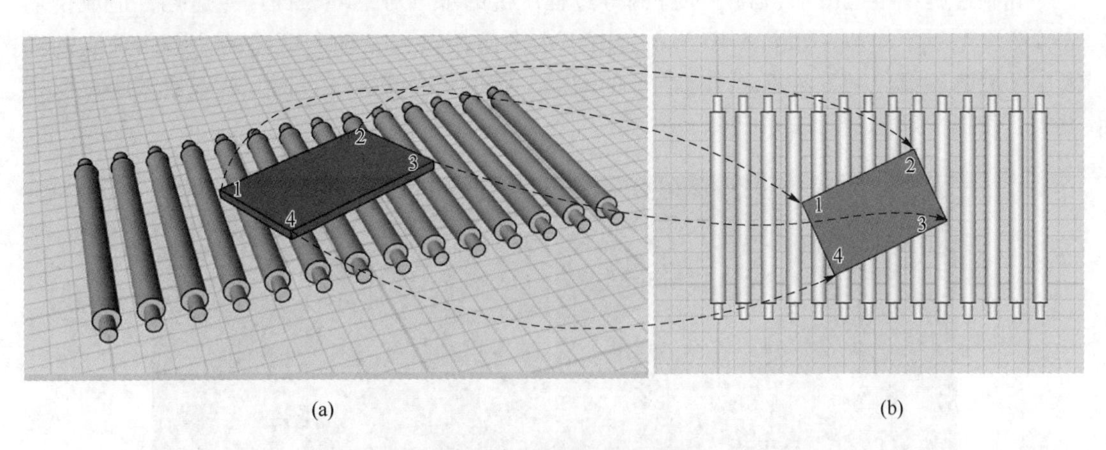


(a) (b)

图 6-7 图像投影变换示意
（a）采集图像；（b）投影变换后图像

在实际应用过程中，利用相机采集图像，在图像中按照转钢辊道的范围选择 4 个关键点 1~4，获得图像坐标，如图 6-8 所示。再按照实际的尺寸，给出对应的 4 个坐标点 1′~4′，利用图像坐标与实际坐标之间的关系计算仿射变换矩阵，实现对钢坯图像的矫正转换。图 6-9 所示为钢坯转换前后的对比。

图 6-8 图像中仿射坐标变换坐标点选择

图 6-9 图像仿射前后对比

#### 6.2.2.2 钢坯图像的自适应增强

轧制过程中辊道冷却、高压水除鳞等过程产生的水汽对钢坯表面产生遮挡，造成钢坯表面亮度严重不均匀，如图 6-10 所示。由于水汽遮挡过程是动态变化的，因此获取钢坯表面区域的阈值分割算法难以确定合适的阈值，导致获取的钢坯表面区域或者太小，或者太大，使得角度测量无法完成。

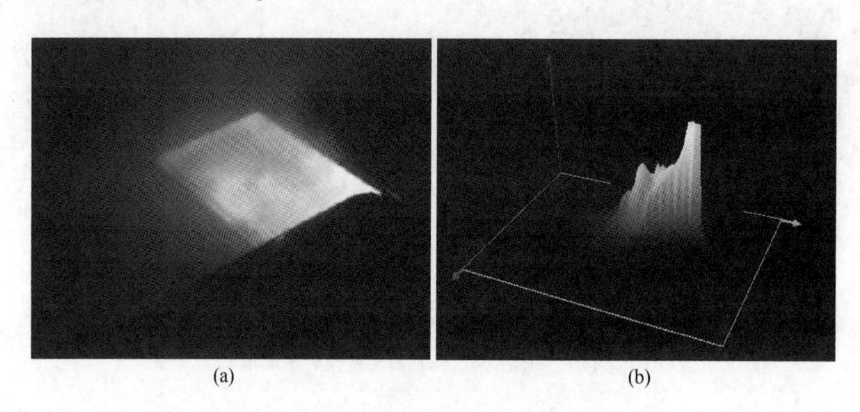

(a) (b)

图 6-10 被水汽遮挡的钢坯表面亮度分布

(a) 采集的钢坯图像；(b) 钢坯表面亮度分布

针对轧制过程中钢坯被水汽污染情况，作者团队开发了针对灰度图像的自适应增强技术[11-15]，以获得稳定的钢坯表面区域，具体步骤如下：

(1) 设置像素分割阈值为 $g_1$，像素拉伸阈值为 $g_2$，要求 $g_1$、$g_2$ 小于最大灰度值 255。

(2) 对图像 $P_1$ 按最大比例增强对比度，增强后图像为 $P_2$，其最大灰度值为 255。

(3) 用 $g_1$ 对图像进行阈值分割，将图像中灰度值大于 $g_1$ 的像素作为分割区域，如果获得的分割区域接近矩形，则说明图像的自适应增强完成；否则执行步骤 (4)。

(4) 在图像 $P_2$ 中，将灰度值大于 $g_2$ 的像素灰度值设置为 $g_2$。

(5) 令 $P_2$ 赋值至 $P_1$，执行步骤 (2)。

按以上步骤，采集的原始钢坯灰度图像在处理结束后，即可得到分割区域接近矩形的钢坯表面区域，为下一步的角度测量提供数据基础。

针对图 6-10 中被水汽遮挡的钢坯图像，选择分割阈值为 $g_1 = 180$，像素拉伸阈值为

$g_2=200$，通过 3 次迭代获得了矩形率为 0.86 的钢坯表面像素集合，可用于后续的角度检测。从图 6-11 可知，改进的图像增强迭代算法去除了水汽对钢坯表面的污染。

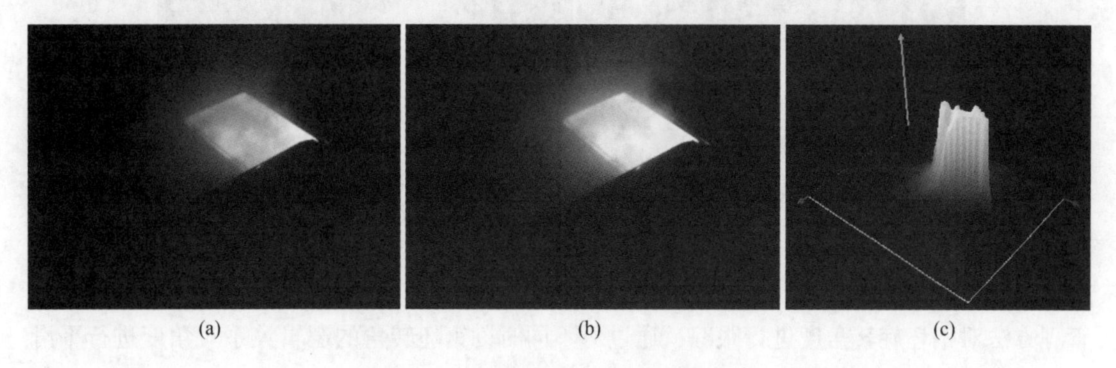


图 6-11 图像增强迭代算法处理结果

（a）原始钢坯图像；（b）增强后钢坯图像；（c）增强后钢坯表面亮度分布

#### 6.2.2.3 基于外接最小矩形的钢坯角度测量方法

钢坯表面信息经过自适应增强处理后，转化为表面像素集合，由于转钢过程需要实时计算此表面像素集合所代表的矩形与坐标轴的夹角，因此需要对表面像素集合矩形化处理，如图 6-12 所示，$L_1$ 为矩形的长边，$L_2$ 为矩形的短边，$\alpha$ 为矩形转角。利用代表钢坯表面的像素集合，采用基于外接最小矩形的方法来拟合钢坯表面形状，得到边长、角度与坐标信息，作为对图像中钢坯的检测结果。

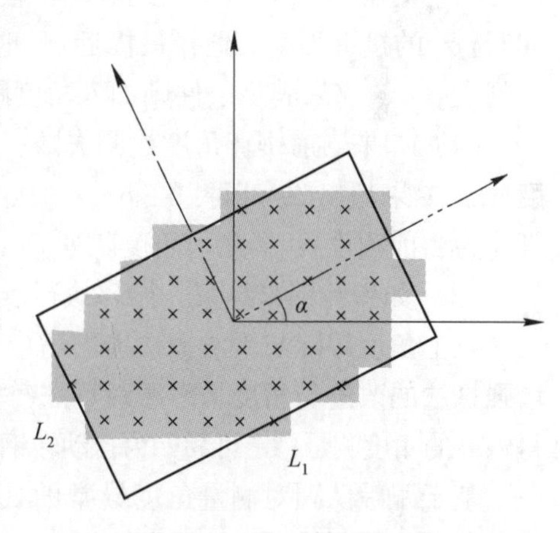


图 6-12 使用最小外接矩形进行拟合

基于外接最小矩形对钢坯表面像素集合的拟合过程采用如下方法：设定一等间隔角度，令获取的钢坯表面像素集合在 90°范围内旋转，每次旋转后用一个水平的外接矩形拟合其边界。在这一过程中，记录下所有外接矩形中最小面积的参数，此最小面积外接矩形即为所寻找的对应钢坯表面像素集合的最小外接矩形，旋转角度即为钢坯的转角。

利用以上算法，在获得表面像素集合后，采用外接最小矩形对钢坯表面像素集合进行拟合。为加快最小外接矩形的搜索速度，先进行初步查找，设定间隔角度为 5°，令钢坯表面像素集合在 0~90°范围内旋转，每次旋转后用一个水平的外接矩形拟合其边界，如图 6-13 所示，初步找到的最小外接矩形位于旋转 35°处。接着在此基础上再进行详细查找，查找范围为 30°~35°，例如详细查找选择间隔角度为 0.5°，最后找到的最小面积外接矩形位于 36.5°，此转角度即为钢坯实际转角。

#### 6.2.2.4 基于跟踪队列的钢坯角度平滑处理方法

钢坯角度测量过程中，受部分遮挡、环境干扰等因素的影响，角度测量可能会出现失败、角度跳变的情况，这严重影响了转钢的实时控制过程。项目采用“先入先出”的队列

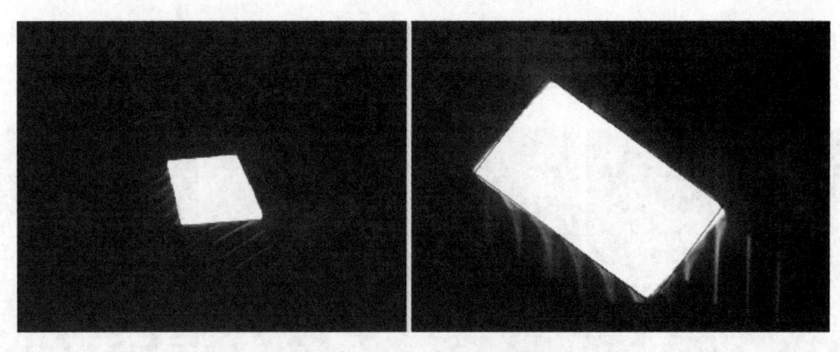

图 6-13 钢坯角度测量结果

管理方法对钢坯旋转角度进行跟踪，通过对不同时刻钢坯转角的逻辑关系对角度进行平滑处理[16-17]。钢坯角度平滑处理步骤如下：

（1）建立跟踪队列，用于存储转钢过程中不同时刻的钢坯转角值。

（2）钢坯的初始角度规定为0°附近，大于0°为逆时针转钢，小于0°为顺时针转钢。

（3）基于外接最小矩形的方法测量当前钢坯角度为 $\alpha$，在角度跟踪队列中提取最近一次的测量角度为 $\alpha_1$。由于受到环境影响，需要评估 $\alpha_1$ 是否合理，即判断 $\alpha$、$\alpha+90°$、$\alpha-90°$ 与 $\alpha_1$ 的接近程度，选择最接近 $\alpha_1$ 的角度值作为当前角度 $\alpha'$，并且判断 $\alpha_1$ 与 $\alpha'$ 是否小于阈值 $\Delta\alpha$，如果满足条件则加入角度跟踪队列，否则认为角度检测失败。

（4）如果当前钢坯角度检测失败，在保护时间 $\Delta t$ 内，当前角度 $\alpha$ 取队列中最近的角度 $\alpha_1$；如果超出 $\Delta t$ 时间，在 $\alpha$、$\alpha+90°$、$\alpha-90°$ 中选择与队列中最近的角度差值最小的角度作为当前角度 $\alpha'$，加入角度队列。

（5）如果转钢未结束，循环执行步骤（3），否则清除队列，结束角度平滑计算。

以上角度跟踪与平滑算法能够适应复杂生产环境，检测速度快（≤20 ms），通过图像增强算法的改进与角度平滑跟踪算法[18-21]能够尽可能减少环境因素对转角测量的干扰，使得钢坯的角度测量稳定可靠，为自动转钢过程对钢坯角度需求提供足够高的重现性和精确性。

基于跟踪队列对测量角度异常的处理示例如图 6-14 所示，对于出现钢坯被遮挡造成的长、短边检测错误而造成角度跳变的情况，在保护时间内检测失败的情况，使用以上算法均可以得到有效的平滑角度。

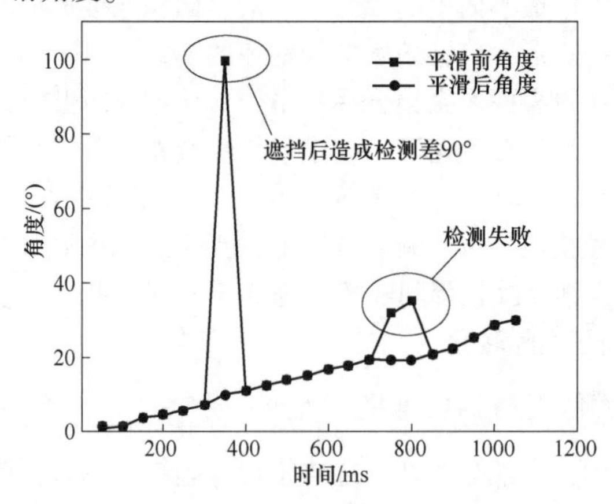


图 6-14 钢坯角度异常处理

# 6.3　自动转钢控制模型开发

提升转钢效率是自动转钢控制系统的研发目标。图 6-15 所示为转钢系统组成。基于机器学习算法，以最小转钢时间为约束条件，通过对操作人员转钢经验的采集与处理，开发的智能转钢控制模型，实现了对转钢辊道的速度优化设定。智能转钢控制模型特点是基于转钢操作经验数据库，采用数据挖掘算法[22]，在线推理最快转钢速度设定工艺，同时对转钢异常情况搜索最优转钢策略，进行智能化诊断与修正。

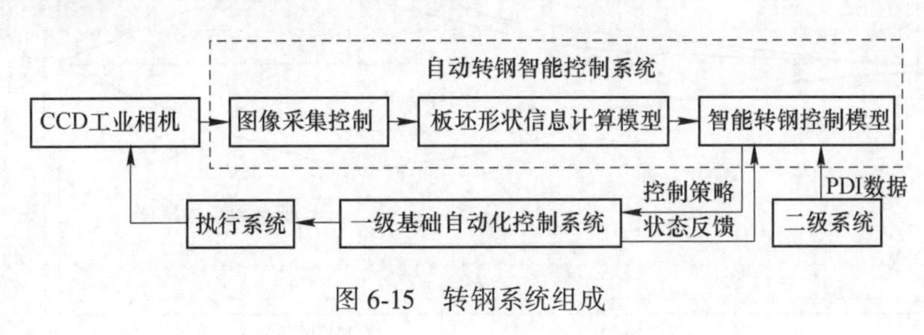


图 6-15　转钢系统组成

## 6.3.1　转钢过程学习方法

转钢过程影响因素众多，这些影响因素难以用模型进行评估，属于复杂和不确定问题，适合采用机器学习的控制方法进行处理。

（1）操作经验学习。建立转钢数据库与数据文件，在采用人工转钢时，针对不同尺寸钢坯，采集跟踪操作人员对于转钢的整个控制过程，形成转钢过程大数据库或数据文件，基于生产数据开发算法，以坯料角度旋转时间作为评价手段，对复杂因素进行学习，从历史数据中提取转钢最优策略，学习结果可作为转钢控制的初始设定。

（2）闭环赋能。以坯料角度实时检测信息、坯料信息作为状态感知量，在信息空间处理，融合转钢模型与经验学习的结果进行快速决策，获得转钢所需要的辊道速度设定；再通过反馈效果（有输入有输出）启用机器学习算法，更新信息空间的决策策略，实现完整闭环控制。

（3）对不确定因素的机器学习。将转钢控制过程的反馈与操作人员的控制经验相互融合，开发基于时间序列的机器学习算法，提取出不同状态下的转钢最优策略进行实际应用，并将每次转钢反馈结果作为下次学习的样板加入历史数据库，使得学习结果始终保持对生产实际情况的自适应能力。

## 6.3.2　速度推理模型开发

在自动转钢过程中，转钢效率与设备能力和坯料尺寸有关，因此在转钢过程中尽可能加速钢坯旋转速度以提升转钢效率，同时保证转钢结束时的钢坯角度，也是实现高速转钢的前提条件。转钢控制分为辊道加速与辊道降速两个过程，以高速转钢为目标的转钢过程需要确定最优的辊道加速与辊道减速的转折点。受到转钢辊道电机能力、轧制厚度、宽度与长度等因素的影响，速度转折点具有幅度变化大的特点，难以采用机理模型直接建模进行描述。本研发依托于生产数据，基于机器学习算法进行数据挖掘，建立推理模型，用于推理钢坯加速与减速转折处的角度设定，通过与实际钢坯测量角度对比确定高速转钢条件下的最优速度制度。转钢过程钢坯角度平滑处理效果如图 6-16 所示。

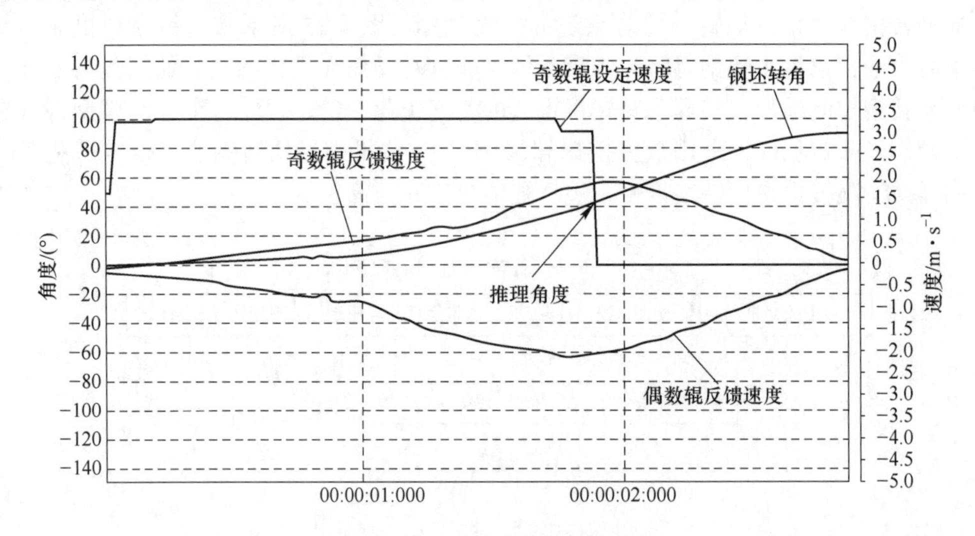


图 6-16 钢坯测量角度平滑处理

为提高模型的推理精度，转钢系统以固定时间间隔采集生产过程中每块钢坯的转钢操作动作序列，通过与轧件尺寸、检测系统获取的钢坯角度与位置信息的时空匹配，生成原始的转钢数据集，基于数据预处理算法自动筛选有效的训练数据。通过采集实际生产过程中钢坯转钢过程的有效数据，建立训练数据集。令其中 80%数据用来进行网络训练；10%数据用于验证模型预测值与真实值的差距，以防止网络过度拟合；剩下的 10%数据用来做测试，用于检查网络的鲁棒性和泛化能力。

以钢坯尺寸、转钢速度作为输入，以钢坯加速与减速转折处的角度为输出，如图 6-17 所示，建立深度神经网络（DNN）推理架构[23]，通过对数据的训练获得网络输入与输出的非线性映射关系，实现了在满足最短转钢时间条件下对转钢速度的精准设定。在推理模型中，激活函数采用 ReLu 函数，防止训练过程出现梯度消失或梯度爆炸的现象。ReLu 函数的表达式为：

$$f(X) = \max(0,\ X) \tag{6-1}$$

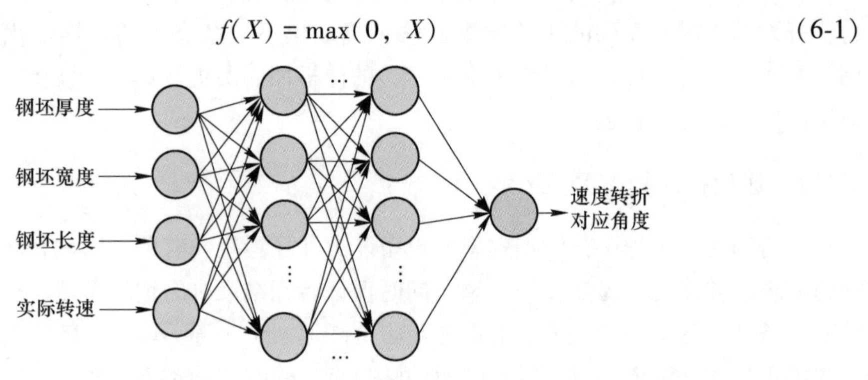


图 6-17 基于 DNN 的转钢推理模型

基于 DNN 网络推理转钢角度属于回归问题，为了增强网络训练过程的鲁棒性与稳定性，损失函数采用 $\mathrm{smooth}_{L_1}$，其函数形式见式（6-2），$\mathrm{smooth}_{L_1}$ 损失函数在 $x$ 较大时，梯度为常数，解决了 $L_2$ 损失中梯度较大破坏训练参数的问题，而当 $x$ 较小时，梯度会动态减小，解决了 $L_1$ 损失中难以收敛的问题。

$$\mathrm{smooth}_{L_1}(x)=\begin{cases}0.5x^2\times 1/\sigma^2, & |x|<1/\sigma^2\\ |x|-0.5, & \text{其他}\end{cases}\tag{6-2}$$

模型训练完成后，将测试集数据导入推理模型进行验证，实际数据与预测结果的对比如图 6-18 所示。回归评价指标中的 $R^2$ 为 0.995，MSE 为 0.081，预测模型对于测试集中未训练的数据能进行较准确的预测，说明建立的推理模型具有良好的泛化性。

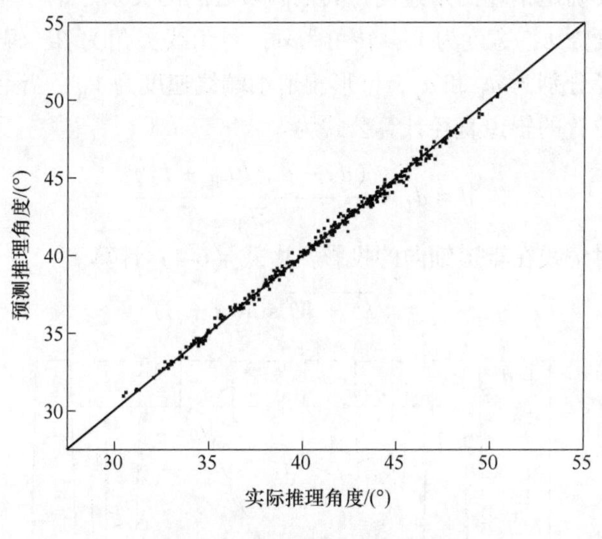


图 6-18 模型预测结果对比

基于深度神经网络模型获得推理角度与钢坯尺寸、实际角度之间的映射关系，在工程实际应用过程中，利用训练好的网络，通过分析输入与输出的规律，可采用非线性拟合方法简化输入与输出的变化规律，在损失精度不大的前提下，加速推理的闭环控制时间。

### 6.3.3 提升转钢全过程效率的方法

实际的转钢过程包括在转钢道次抛钢后辊道控制权的交接、钢坯高速转钢与推床提前参与的预摆动作，转钢总时间为以上各步骤所花费的时间总和。将转钢全过程作为整体考虑进行效率提升才是提高轧机节奏的关键。转钢系统通过图像处理算法实时追踪钢坯位置，辊道的手动与自动控制采用柔性交接处理方法，使用预先划分的转钢区域范围代替手动转钢时相对固定的转钢位置。在转钢道次，当转钢系统预判钢坯进入合适的转钢区域时，通过与基础自动化系统的高速通信进行数据交接，提前申请转钢辊道控制权以启动转钢控制功能，减少钢坯运输所浪费的时间。

在转钢道次，推床首先需要打开至最大开口度，在转钢完成时再夹紧以保证钢坯对中轧制，由于推床速度限制，钢坯旋转到位后再启动推床夹紧时会增加推床到位的等待时间。针对这一情况，转钢系统以减少推床夹紧等待时间为目标，基于钢坯尺寸建立推床预摆模型，根据钢坯旋转角度，自适应计算推床对中控制指令，实现钢坯旋转到位与推床对中到位的匹配融合，减少推床对中过程的等待时间，进一步提升转钢效率。

转钢系统以减少推床对中等待为目标，基于钢坯尺寸建立推床预摆模型，根据钢坯宽度、旋转角度，自适应计算推床对中控制指令，实现钢坯旋转到位与推床对中到位的匹配融合，减少推床对中过程的等待时间，进一步提升转钢效率。

推床预摆模型需要考虑对中时间与钢坯旋转到位时间的匹配。在转钢辊道的旋转过程中，钢坯与锥形辊道的接触位置不断发生变化，接触的辊道直径随之变化，为精确预测钢坯的到位时间，需要确定钢坯的角速度与其他因素之间的关系。钢坯与辊道尺寸如图 6-19 所示，假设钢坯长度为 $L$，宽度为 $W$，转角为 $\alpha$，对角线夹角为 $\beta$，辊道长度为 $L_R$，锥形辊道的细、粗端直径分别为 $d_1$ 和 $d_2$，锥形辊道细端线速度为 $V_R$。当钢坯转角为 $\alpha$ 时，钢坯与锥形辊道接触位置的辊道直径计算公式为：

$$d = d_1 + \frac{(d_2 - d_1)(L_R + L_1)}{2L_R} \tag{6-3}$$

式中　$L_1$——钢坯对角线在辊道轴向的投影，由式（6-4）计算。

$$L_1 = \sqrt{L^2 + W^2}\sin(\alpha + \beta) \tag{6-4}$$

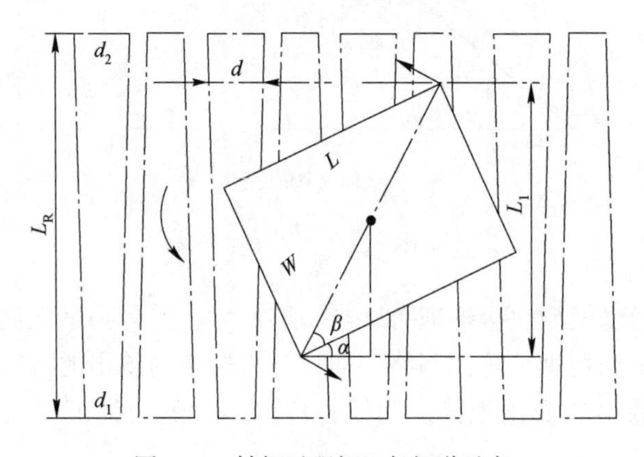


图 6-19　转钢过程钢坯与辊道示意

钢坯与锥形辊道接触位置水平线速度 $V_P$ 为：

$$V_P = \frac{d}{d_1}V_R \tag{6-5}$$

由此得到钢坯在转角 $\alpha$ 时的角速度为：

$$\omega = \left[2 + \frac{(d_2 - d_1)(L_R - L_1)}{L_R d_1}\right]\frac{V_R}{L_1} \tag{6-6}$$

根据钢坯尺寸、辊道线速度、转角，由式（6-6）计算钢坯的角速度，进而预估当前角度至转钢到位时所需时间，与推床对中所剩余时间相配合，自动计算推床控制指令，实现对推床的预摆控制。

通过对转钢全过程控制中的步序交接柔性处理、高速转钢速度设定推理与推床预摆模型开发等功能的整合，开发自动转钢控制系统。此智能调控方法可最大限度地减少时间浪费，使得总体转钢过程更加流畅有序，进一步提升轧制节奏。

### 6.3.4 转钢异常状态自学习方法

在转钢过程中，由于钢坯的翘、扣等原因，钢坯与辊道之间经常出现打滑现象，从而导致转钢失败。转钢异常问题难以采用推理模型直接控制。在实际生产过程中发生异常时转钢效率受现场设备、环境影响很大，没有统一的操作规范与控制逻辑。针对转钢异常问题，基于对转钢的过程中所建立的操作经验数据库的数据挖掘，以离线强化学习算法快速辨识异常情况特征[24-27]，快速搜索最优转钢策略，通过智能判断满足异常情况下快速转钢的要求。转钢过程学习框架设计如图 6-20 所示。

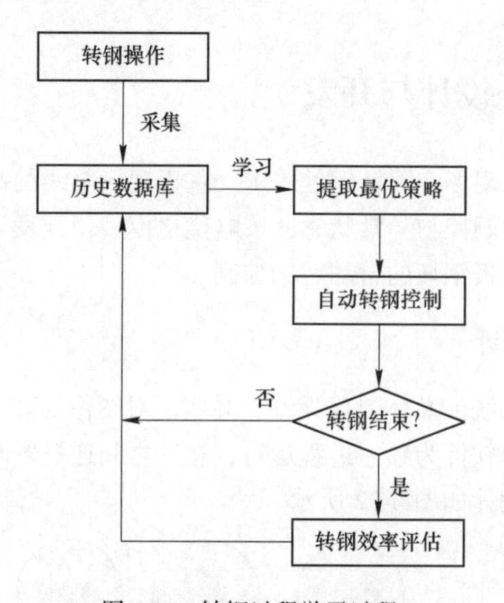


图 6-20 转钢过程学习过程

强化学习是延迟奖励过程，通过对一个完整的转钢过程的观测，按转钢效率给予奖励评分，作为对最优转钢策略提取的依据。由于实际转钢过程不允许智能体进行自由探索，基于传统的 DQN 与 DDPG 等 off-policy 模型，修正适合转钢控制的离线强化学习方法，基于时序差分算法对转钢经验数据进行训练，自动辨识异常状态，获得对不同状态下的离散量、连续量转钢策略输出[28-32]，训练过程如图 6-21 所示。由于转钢策略来源于操作经验，因此在训练前需要积累一定时间的操作数据，训练后输出的最优转钢策略即为操作经验中的奖励评分最大值，即异常状态下转钢时间最短、转钢效率最高的经验策略，用于实际转钢异常控制。

强化学习过程需要积累一定量的转钢异常数据才能够训练出合适的策略，目前对于转钢数据的采集仍在进行中，随着大数据的不断积累，通过离线强化学习算法的优化学习，可以实现对于钢坯异常情况的快速辨识与转钢决策。

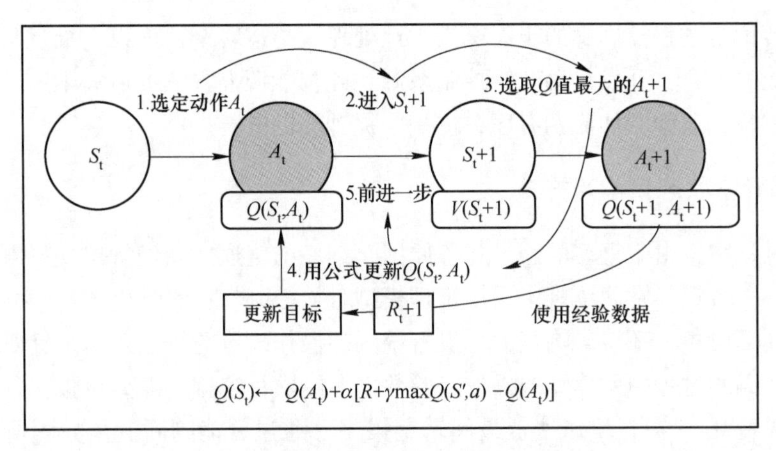


图 6-21 强化学习算法训练过程

# 6.4 自动转钢系统设计与开发

本节结合中厚板轧机现场实际转钢的需求，基于现场总线的高速通信、抗干扰的钢坯图像检测、转钢全过程的调控与异常状态的策略优化模型，开发了数字驱动的自动转钢控制系统软件，实现对中厚板钢坯的自动转钢控制。

## 6.4.1 软件系统架构设计

通过 C++语言完成系统的总体界面设计，并实现对图像处理、数据通信与转钢控制模型的设计与开发，这三套软件为独立进程运行，相互之间通过共享内存实现数据传递。自动转钢的系统具体结构设计如图 6-22 所示。

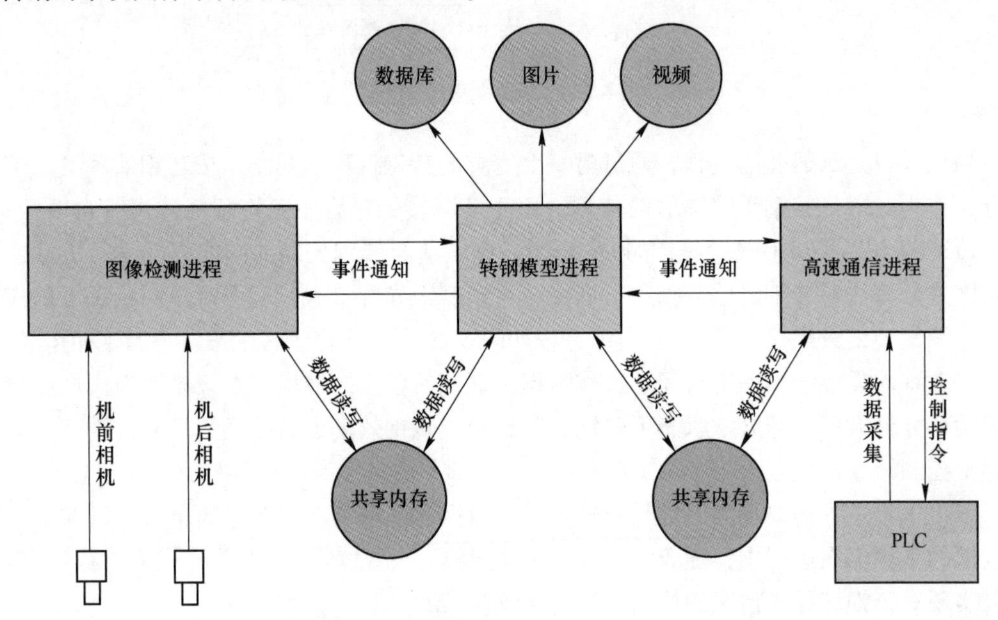


图 6-22 转钢系统软件架构设计

## 6.4.2 图像检测软件开发

钢坯图像检测软件实现转钢过程中钢坯的角度与位置识别，其稳定的检测能力是转钢控制的前提条件。转钢图像检测软件的相机通信接口基于海康威视相机 SDK 包开发，支持主流的 GIGE 接口相机，如海康相机、Basler 相机等，具备通用性。转钢图像检测系统可以实现对机前、机后两台相机同时并发的检测识别功能，实时进行图像处理，通过前后帧的跟踪能力，获取完整的钢坯角度与位置信息，为转钢模型提供转钢闭环控制的检测值。

相机启动连接后，系统在主界面区域显示采集的机前、机后原始图像与处理后的图像，图像刷新时间由配置文件指定，处理后图像可只显示钢坯边缘信息，也可以设置叠加原始图像显示，同时在处理后图像中会列出实时角度与位置信息。图像显示区域如图 6-23 所示。

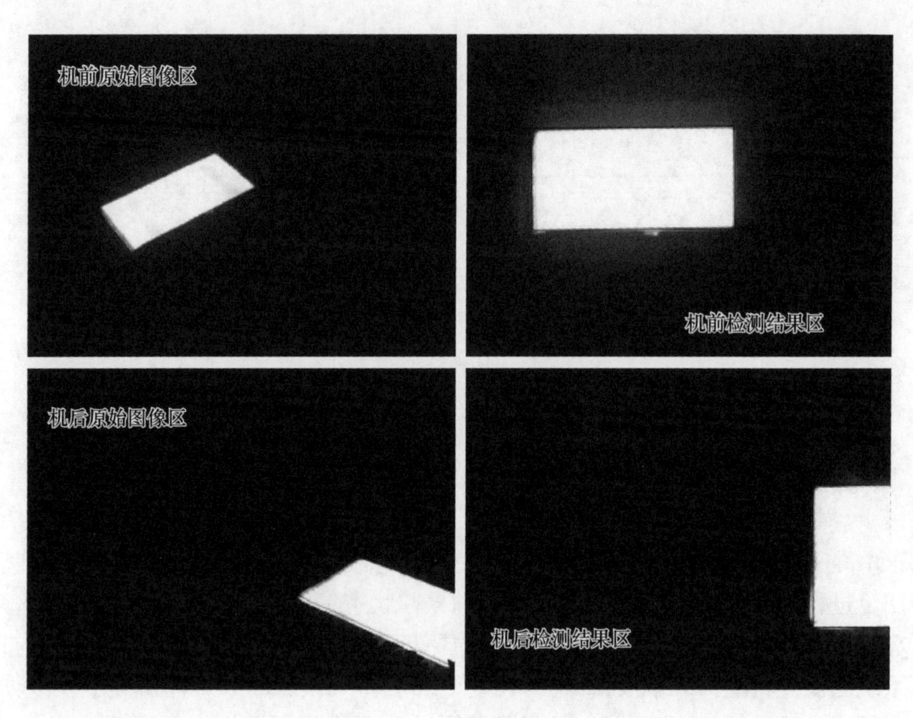


图 6-23 主画面图像显示区域

## 6.4.3 转钢控制模型软件开发

转钢控制模型软件包含转钢策略设定的核心模型，通过连接图像检测系统与实时通信系统，完成整个转钢的控制过程，转钢控制模型软件中具备完善的数据采集功能、模型的设定、优化与自学习功能。转钢模型控制系统可以实现对不同产品规格钢坯的转钢过程进行快速推理设定，通过基于实际生产数据的训练模型完成对转钢过程的偏差学习和自适应。

当转钢启动时，系统同时以采样时间高速采集图像进程中的钢坯角度、位置与通信进程中的控制器的上传数据，并以时间为匹配条件存储在数据文件中，为后续的转钢指令查询、回放、数据训练与分析提供支撑。图 6-24 为某块钢坯采集数据的历史曲线显示，从曲线中可以详细分析各个变量之间的对应关系。

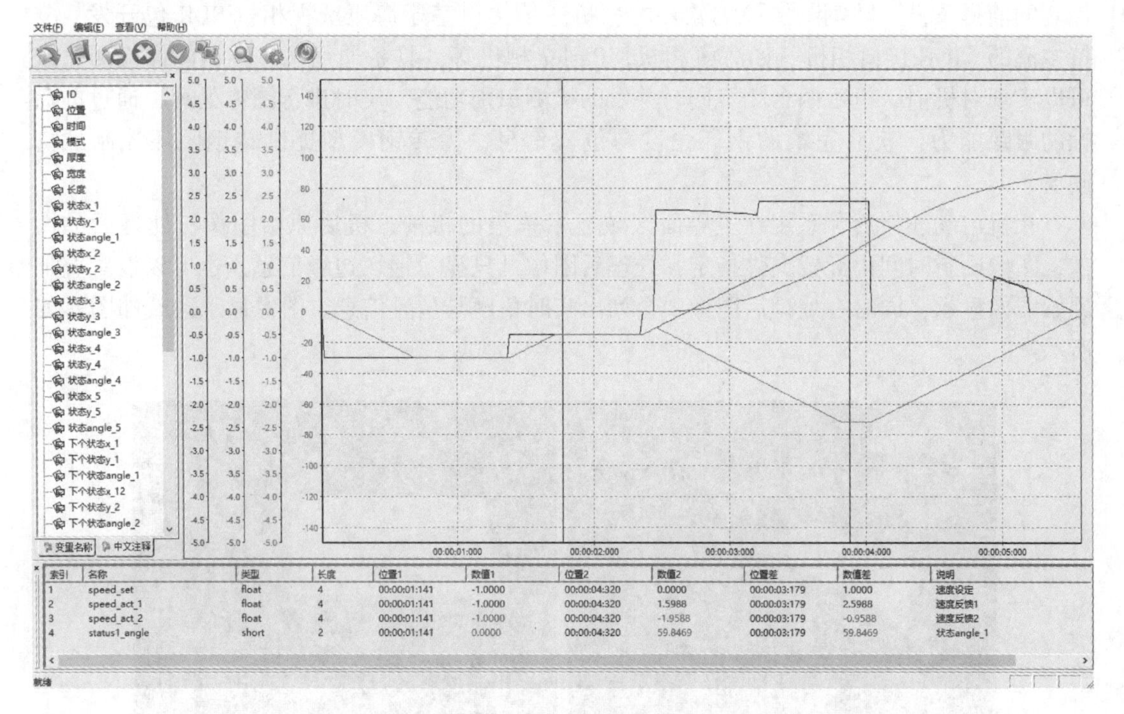


图 6-24 转钢过程采集数据

## 6.5 自动转钢系统的现场应用

基于中厚板现场实际转钢需求，结合基于现场总线的高速通信、抗干扰的钢坯图像检测、转钢全过程的智能调控与基于强化学习的异常状态的策略优化模型，作者团队开发了数字驱动的自动转钢控制系统软件，实现对中厚板钢坯的自动转钢控制。所开发的自动转钢控制系统已在宝钢湛江 4300 mm 宽厚板生产线、新天铁 2500 mm 中厚板生产线成功应用。生产过程中手动转钢与自动转钢数据的统计和分析结果表明，自动转钢控制过程稳定、流畅，相比手动转钢，每块钢坯转钢时间平均缩短 1~2 s，自动转钢系统实现了对手动转钢的替代。现场实际应用的自动转钢系统和现场实际应用场景如图 6-25 和图 6-26 所示。

实际应用表明，数据驱动模型解决了转钢过程难以直接建模、控制过程复杂等因素导致控制效率不高的问题。该项技术通过数据驱动算法对生产大数据进行深入挖掘，特别是针对转钢异常情况，通过机器学习算法对异常特征进行快速、精确辨识，基于网络模型的自组织优化能力寻找最优转钢策略，从转钢全过程进一步挖掘潜力，提升生产节奏。

该项技术的应用不仅提升了中厚板轧机的自动化控制水平，而且使生产工艺过程具备足够高的重现性和精确性，对于中厚板产线的智能化升级和提质增效具有普适性意义。

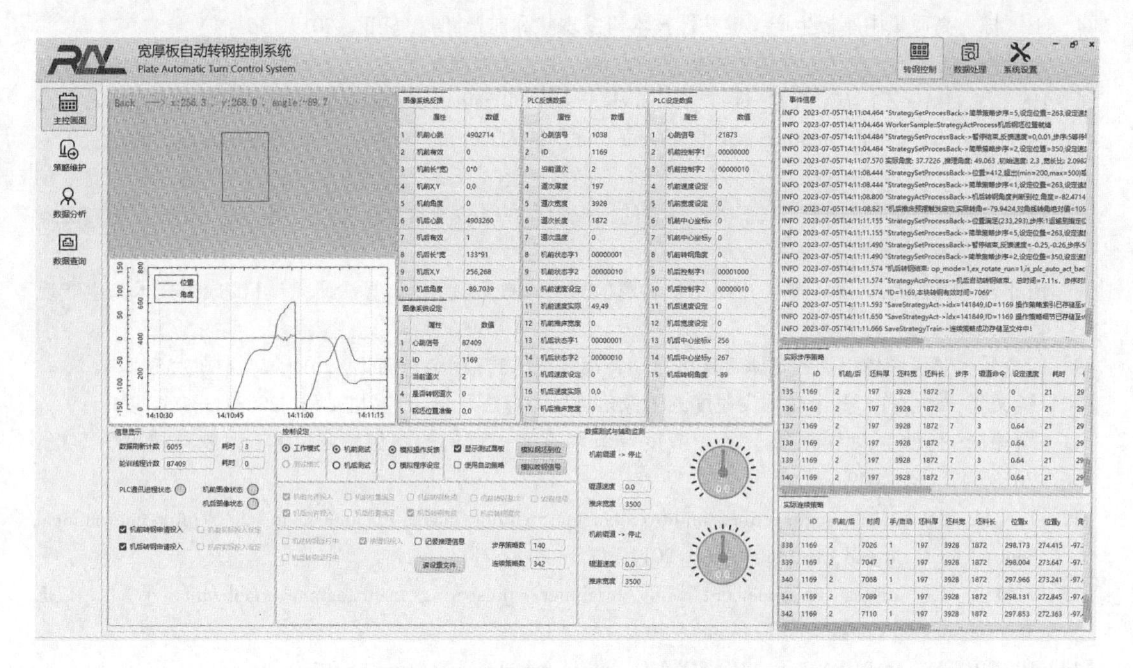


图 6-25　实际应用的自动转钢系统示意图

图 6-26　中厚板轧机自动转钢控制过程

## 参 考 文 献


[1] 丁修堃，于九明，张延华，等．中厚板平面形状数学模型的建立 [J]. 钢铁，1998，33（2）：33.

[2] 矫志杰，何纯玉，赵忠，等．中厚板轧制过程高精度智能化控制系统的研发进展与应用 [J]. 轧钢，2022，99（6）：52.

[3] ZHAO Y, YANG Q, HE A, et al. Precision plate plan view pattern predictive model [J]. Journal of Iron and Steel Research, International, 2011, 18（11）: 26.

[4] 王国栋. 高质量中厚板生产关键共性技术研发现状和前景 [J]. 轧钢, 2019, 36 (1): 1.

[5] 王国栋, 刘相华, 王君. 我国中厚板生产设备、工艺技术的发展 [J]. 中国冶金, 2004 (9): 1.

[6] HE C Y, JIAO Z J, WU X G, et al. Research on control method of turning plate based on image processing technology [C]. 6th International Conference on Manufacturing Science and Engineering, 2015 (1): 197-201.

[7] 杨恒, 张洋, 高元军, 等. 基于机器视觉的钢板轮廓在线检测系统开发与应用 [J]. 山东冶金, 2022, 44 (3): 49.

[8] 伍非凡, 胡旭晓, 胡远, 等. 中厚钢板轮廓检测中线激光端点提取算法研究 [J]. 成组技术与生产现代化, 2017, 34 (3): 58.

[9] 门全乐. 基于图像识别的宽厚板轧机自动转钢方案 [J]. 冶金自动化, 2010, 34 (6): 55.

[10] 钱文光, 林小竹. 基于轮廓尖锐度的图像角点检测算法 [J]. 计算机工程, 2008, 34 (6): 3.

[11] 贾伟振, 何秋生, 卢冉, 等. 基于灰度调节和直方图重构的图像增强 [J]. 太原科技大学学报, 2012, 42 (6): 449.

[12] LIN H, SHI Z. Multi-scale retinex improvement for nighttime image enhancement [J]. Optik-International Journal for Light and Electron Optics, 2014, 125 (24): 7143.

[13] KIM Y T. Contrast enhancement using brightness preserving bi-histogram equalization [J]. IEEE Transactions on Consumer Electronics, 2002, 43 (1): 1.

[14] PIZER S M, AMBURN E P, AUSTIN J D, et al. Adaptive histogram equalization and its variations [J]. Computer Vision Graphics and Image Processing, 1987, 39 (3): 355.

[15] 张超超, 王新民. 一种模糊图像增强算法 [J]. 长春工业大学学报, 2018, 39 (5): 441.

[16] 吴展, 蔡萍. 一种改进的动态过程测量数据预处理方法 [J]. 传感技术学报, 2010, 23 (4): 558.

[17] 邝小磊. 动态测量中传感器非线性拟合方法 [J]. 传感器技术, 2002, 21 (7): 38.

[18] 曾文锋, 李树山, 王江安. 基于仿射变换模型的图像配准中的平移、旋转和缩放 [J]. 红外与激光工程, 2001, 30 (1): 18.

[19] 王颖, 李锋. 基于改进透视变换的结构光图像校正 [J]. 计算机与数字工程, 2019, 47 (5): 1240.

[20] MUKHOPADHYAY P, CHAUDHURI B B. A survey of hough transform [J/OL]. Pattern Recognition, 2015, 48 (3): 993.

[21] 董阳, 于洪鹏, 台立钢, 等. 基于最小外接矩形的目标工件定位算法 [J]. 机械工程师, 2022 (12): 21.

[22] 刘鸿. 常用人工智能技术在钢铁领域中的应用概述 [J]. 冶金自动化, 2019, 43 (4): 24.

[23] 潘晓英, 曹园, 贾蓉. 神经网络架构搜索发展综述 [J]. 西安邮电大学学报, 2022, 27 (4): 43.

[24] FUJIMOTO S, MEGER D, PRECUP D. Off-policy deep reinforcement learning without exploration [C]. International Conference on Machine Learning. 2019: 2052-2062.

[25] HAARNOJA T, ZHOU A, ABBEEL P, et al. Soft Actor-Critic: Off-policy maximum entropy deep reinforcement learning with a stochastic actor [C]. International Conference on Machine Learning. 2018: 1856-1865.

[26] GU S, LILLICRAP T, SUTSKEVER I, et al. Continuous deep q-learning with model based acceleration [C]. International Conference on Machine Learning. 2016: 2829-2838.

[27] 俞扬. 离线数据强化学习: 途径与进展 [J]. 中国基础科学, 2022, 24 (3): 35.

[28] 宋仕元, 胡剑波, 王应洋, 等. 滑模控制器参数整定的 Actor-Critic 学习算法 [J]. 电光与控制, 2020, 27 (9): 24.

[29] 邹启杰, 蒋亚军, 高兵, 等. 协作多智能体深度强化学习研究综述 [J]. 航空兵器, 2022, 29 (6): 78.

[30] ARULKUMARAN K, DEISENROTH M P, BRUNDAGE M, et al. Deep reinforcement learning: A brief survey [J]. IEEE Signal Processing Magazine, 2017, 34 (6): 26.

[31] 张健, 姜夏, 史晓宇, 等. 基于离线强化学习的交叉口生态驾驶控制 [J]. 东南大学学报 (自然科学版), 2022, 52 (4): 762.

[32] Iqbal S, Sha F. Actor-attention-critic for multi-agent reinforcement learning [C] //International Conference on Machine Learning. PMLR, 2019: 2961-2970.

# 7 中厚板轧后冷却过程控制系统

在热轧生产流程中，轧后冷却是关键性环节之一，它对最终产品的组织类别和力学性能有着重要影响[1-2]。中厚板轧后冷却过程是一个涉及换热、相变和应力应变等多场耦合的复杂过程，其控制难点在于冷却的影响因素错综复杂，很难建立一套能真实反映冷却过程的固定模型。此外受工况条件影响，换规格冷却温度难以命中且波动较大。

轧后冷却控制的核心目标是精准命中工艺温度。温度控制模型非常复杂，它受很多因素的综合影响，如水温、钢板温度、钢板规格、水流密度及钢板成分等，很难有一个固定的数学模型以满足多变的工况条件。因此温控模型只有具备较强的自学习能力，才能适应复杂多变的工业生产条件。国内外很多学者或机构都致力于优化温控模型的研究。比如传统的层别分类[3]、模糊控制[4]、基于实例[5]以及神经网络[6]等自学习模型。

东北大学开发的中厚板先进冷却系统（Advanced Cooling of System for Plate Mill, ADCOS-PM）结合各类模型优势，针对中厚板冷却过程特点运用了具备无监督学习能力的变比例网格模型[7]（Variable Scale Grid, VSG，见图 7-1）和在线深度神经网络模型（Deep Neural Networks, DNN）。这种“VSG+DNN”的双模型并行系统，不仅考虑了冷却过程中各参数的物理意义及作用程度，同时也考虑了历史冷却实际之间的内在关系。

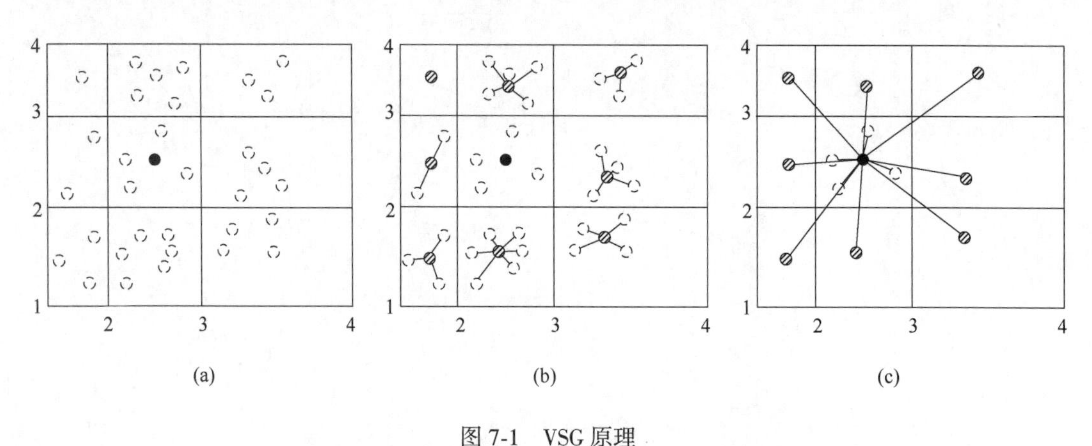


图 7-1 VSG 原理

（a）变比例空间网格划分；（b）点簇聚类；（c）加权计算

然而，无论哪种模型都很难认识到数字背后的物理意义，这很大程度依赖于数据源的质量，数据源的质量决定整个模型的预测精度和学习效率。因此，在大数据背景和各种智能模型盛行的时代下，如何进行数据挖掘以及如何处理人与机器的协同关系，尤为重要。

## 7.1 数据清洗技术

钢板冷却换热过程受很多因素影响，如水温、钢板温度、钢板规格、水流密度及钢板成分等，这些数据能否全面收集以及可靠程度是模型控制的首要问题。一条生产线的数据量往往十分庞大，检测仪表故障、人为疏忽、通信不畅等会造成数据异常或冗余，因此有必要先进行数据清洗。

### 7.1.1 数据补全

对于温度数据采集间断或信号缺失，一般采用加权平均、回归拟合或温度模型推算等方式。例如，由于水汽影响，很难检测到可靠的终轧温度数据，现场应用往往通过模型根据已知采样数据推测出未知或难测得的终轧温度数据或者根据历史样本数据通过马氏距离进行加权计算。

马氏距离除了考虑空间几何关系的相似外，还考虑各种特征参数之间的联系：

$$d_{\mathrm{m}} = \sqrt{(x-y)^{T}\boldsymbol{S}^{-1}(x-y)} \tag{7-1}$$

式中　$x$，$y$——统一分布下的两个实例；

　　　$\boldsymbol{S}$——$x$ 和 $y$ 的协方差矩阵。

### 7.1.2 数据异常诊断

在冷却过程中，往往检测仪表会无差别地采集大量数据并保存至数据库，数据源的可靠性是参与模型计算前需要重点考虑的问题。分类法是一种根据输入数据源建立分类模型的系统方法，主要包括决策树法[8]、基于规则法、神经网络[9]、支持向量机和朴素贝叶斯分类法[10]等。通过合适的分类模型将已有的大量数据进行合理分类：保留准确可靠的高质量数据，检测异常数据进行故障诊断，剔除虚假信号数据等，都对整个控制系统运转和生产顺利进行起到积极的作用。

由于树形模型更加接近人的思维方式，可以产生可视化的分类规则，产生的模型具有可解释性，因此本章采用决策树分类法，如图 7-2 所示。其中信息熵是度量样本集合纯度的指标，则样本集合 $D$ 的信息熵定义为：

$$\mathrm{Entropy}(D) = -\sum_{k=1}^{|y|} p_k \log_2 p_k \tag{7-2}$$

式中　$p_k$——当前样本集合 $D$ 中第 $k$ 类样本所占的比例。

假定离散属性 $s$ 有 $V$ 个可能的取值 $\{s^1, s^2, \cdots, s^V\}$，记 $D^v$ 为第 $v$ 个分支结点包含了 $D$ 中所有在属性 $s$ 上取值为 $s^v$ 的样本，则可计算出用属性 $s$ 对样本集 $D$ 进行划分的信息增益：

$$\mathrm{Info\_Gain}(D, s) = \mathrm{Entropy}(D) - \sum_{v=1}^{V} \frac{|D^v|}{|D|}\mathrm{Entropy}(D^v) \tag{7-3}$$

决策树在选择划分属性时是在当前结点的属性集合中选择一个最优属性，这里引用随

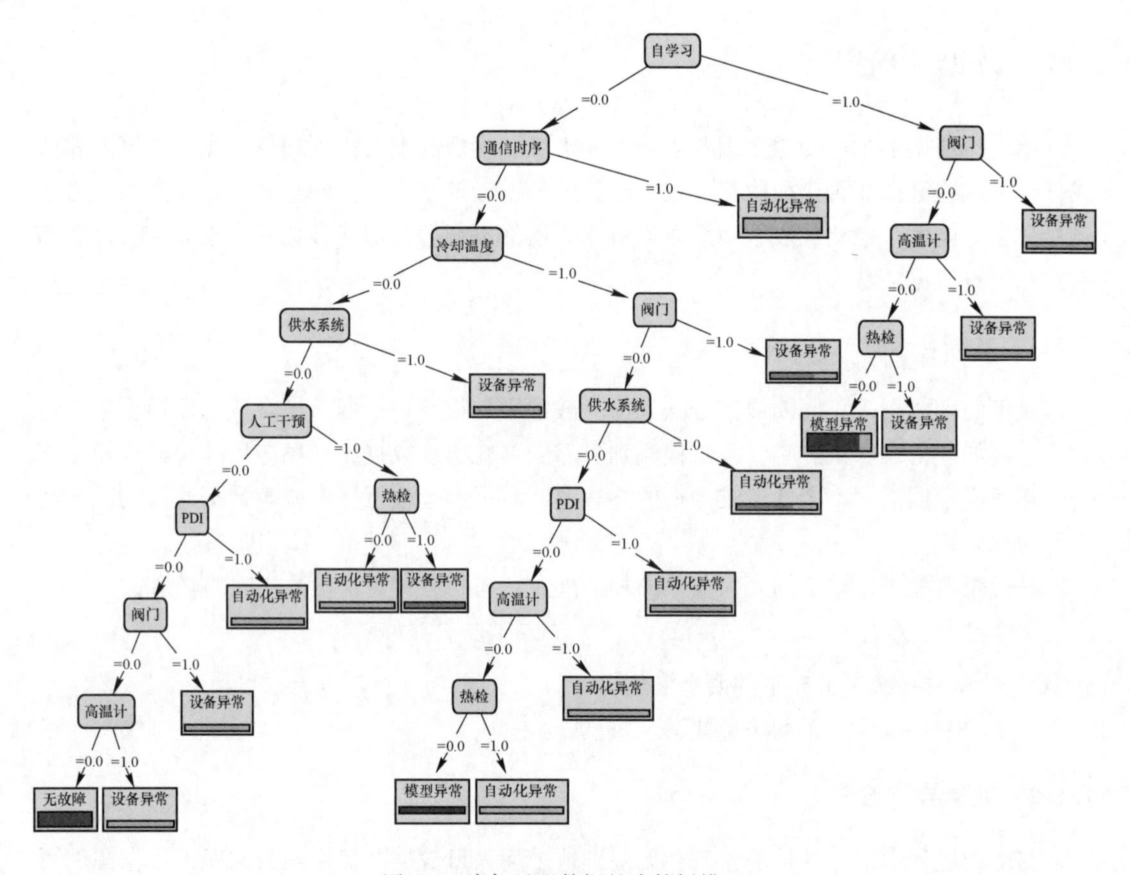


图 7-2  冷却过程数据的决策树模型

机森林算法[11]，通过集成学习的思想将多棵树组合一起，在决策树的基础上，引入随机子集合随机属性的选择，解决决策树泛化能力弱的缺点。

## 7.2  轧后冷却预测模型

由热轧中厚板生产流程数据可知，控制冷却系统接收到的钢板 PDI 数据主要包括钢板厚度、钢板宽度、目标冷却速率、开冷温度、目标终冷温度、水温、终轧温度等参数，预计算模型需要根据上述的 PDI 数据计算出所需要的集管流量、集管个数、冷却时间和钢板速度等冷却规程，对不同冷却工艺的钢板进行组合控制。根据传统层别模型和工艺模型，最终选择包括钢板厚度、目标冷却速率、开冷温度等 11 个输入参数，流量、冷却时间和钢板速度等输出参数，相关描述见表 7-1。

**表 7-1  模型输入输出参数**

| 编号 | 参数 | 单位 | 编号 | 参数 | 单位 |
|---|---|---|---|---|---|
| 1 | 钢板厚度 | mm | 3 | 冷却速率 | ℃/s |
| 2 | 钢板宽度 | mm | 4 | 开冷温度 | ℃ |

续表 7-1

| 编号 | 参数 | 单位 | 编号 | 参数 | 单位 |
|---|---|---|---|---|---|
| 5 | 终冷温度 | ℃ | 10 | ω(Mn) | % |
| 6 | 温降 | ℃ | 11 | ω(Cr) | % |
| 7 | 水温 | ℃ | 12 | 流量（输出） | $m^3/h$ |
| 8 | 终轧温度 | ℃ | 13 | 冷却时间（输出） | s |
| 9 | ω(C) | % | 14 | 钢板速度（输出） | m/s |

本章以预处理后的数据集为基础建立冷却规程预测模型，将预处理后的数据按照训练集 80%和测试集 20%的比例划分，模型的评价指标在 MAE 和 RMSE 的基础上加入 MAPE 来衡量模型的相对误差大小，其计算公式为：

$$\mathrm{MAPE} = \frac{100\%}{n}\sum_{i=1}^{n}\left|\frac{\hat{y}_i - y_i}{y_i}\right| \tag{7-4}$$

在划分训练集和测试集时，为了避免随机数种子对模型预测精度的影响，采用了 5 折交叉验证方法，并对 5 次模型评估结果取平均值得到最终模型结果。

### 7.2.1 基于深度森林回归的冷却规程预测

#### 7.2.1.1 深度森林算法

目前，深度学习模型大多数是建立在神经网络之上，它是一种多层参数化的可分化非线性模型，通过反向传播算法实现训练数据。在数据集足够大的情况下，深度学习在分类和回归的性能均优于传统的机器学习，因此其适合处理非结构化的数据，如图片、自然语言等。深度神经网络虽然很强大，但是存在不足之处。在处理数据集较小的结构化数据时，DNN 的表现不佳，它有太多的参数，并且学习性能严重依赖于仔细的参数调整。

深度森林模型是周志华等人在 2017 年研究出的算法，又称为多粒度级联森林，这是一个非神经网络式的深度模型[12]。该算法结合了深度学习和集成学习的思想，具有两种算法的特点并且对训练数据量要求较低。该算法通过 Bagging 策略对数据进行学习使得模型具有很好的抗过拟合性质，相比于深度神经网络，具有参数少且受参数影响小、精度高、可解释性强的优势。深度森林由两个结构组成：第一是多粒度扫描结构，它的作用是对特征变量进行转换，增强样本特征的多样性，加强级联森林的性能；第二是级联森林结构，它与深度神经网络的结构相似，级联结构的层数可以根据数据自动确定，不需要在训练之间手动设置，智能化程度较高[13]。

深度森林模型广泛应用在不同领域的数据分类和预测任务中，并且采用默认参数便能取得优异的性能[14-16]。考虑到热轧中厚板生产数据的结构化特点以及训练的要求，本节采用基于深度森林算法建立冷却规程预测模型。

A 多粒度扫描

多粒度扫描是一种引用了类似于卷积神经网络的数据增强方式，用来增强级联森林的分类和预测能力。

如图 7-3 所示，多粒度扫描使用多个尺寸的滑动窗口对原始数据进行局部采样，其中滑动窗口的设置具有不同的步长，通过采用不同步长的滑动窗口可以获得多组大小不同的子集，从而增加输入特征参数的多样性，进一步挖掘数据中更有用的信息。将获得的子集输入到一组基学习器中进行分类或预测任务，一般两个基学习器所采用的算法不同，通常为随机森林和完全随机森林，算法种类的增加可以增强模型的分类或预测的能力。然后，将随机森林和完全随机森林的输出结果组合成向量，作为新的特征输入到后面的级联森林中，增加了数据特征向量的多样性，从而提高深度森林模型的分类或预测能力。

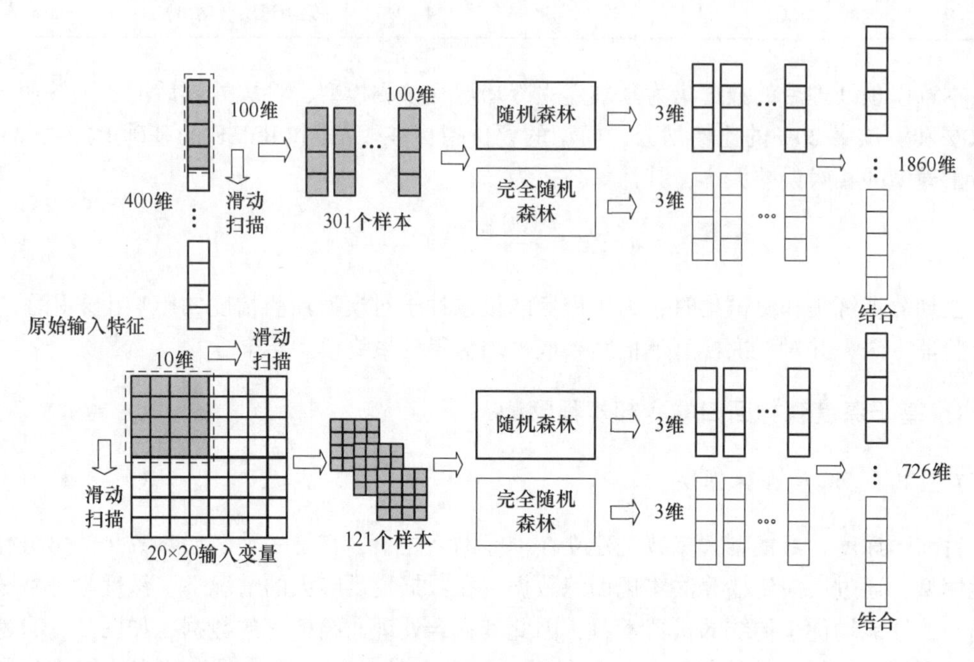


图 7-3 多粒度扫描结构

B 级联森林结构

级联森林结构与深度神经网络中的全连接层的思想相似，结构中每一层都是由多个森林组成，而每一个森林又是由多个决策树组成，这些多种基学习器增强了模型分类和预测能力，而且多层的结构使得模型具有深度学习的表征学习能力。在级联森林的全连接层结构中，第一个级联层的输出结果会与原始特征组合成一个新的特征向量，并作为第二个级联层的输入。以此类推，这种方式增加了样本的多样性，提高了模型的预测能力。在集成学习中，基学习器的多样性起到了至关重要的作用，因此在级联层中的基学习器也采用不同类型的算法来增强模型的预测能力，如图 7-4 中分别采用了完全随机森林和随机森林模型，不同的森林模型能够有效地降低模型的检测方差，增强模型的泛化能力。其中，每个森林算法都会输出各自的预测结果，通过统计每个森林的树中叶子节点上输出结果所占比例，对同一个森林算法中所有树的输出结果比例求平均，获得每个基学习器的输出结果，然后与原始特征组合，作为下一级的输入。深度森林算法为了进一步降低模型过拟合现象的发生，在每个级联层中都采用 $k$ 折交叉验证法，每层训练结束时，都要验证模型的预测准确率或损失函数大小，当达到设定的阈值或损失函数不再减小，则终止生成下一个级联层，直接输出分类或预测结果。在实际训练时，考虑到训练成本或者计算资源有限，可以采用训练的误差来代替 $k$ 折的交叉验证。

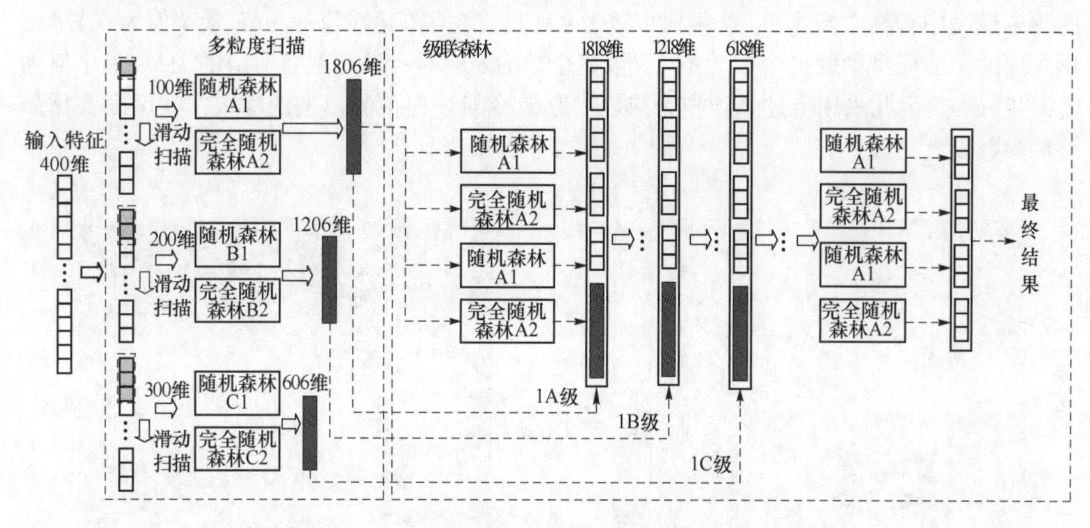


图 7-4　深度森林结构[12]

深度森林模型与其他复杂的深度学习算法相比，具有可以通过自适应确定级联层层数、训练时间短、执行效率、并行度高等特点，在小数据集和大数据集中都有优异的性能。

#### 7.2.1.2　深度森林回归模型参数选择

深度森林的参数主要有基学习器的种类、多粒度扫描中滑动窗口的个数和维度、级联森林中深度学习的层数等。为了保证基学习器的多样性，在多粒度扫描和级联森林中采用随机森林和完全随机森林两种模型。其中，滑动窗口根据式（7-5）设置[12]。

$$\{\dim_1,\ \dim_2,\ \dim_3\} = \left\{\left[\frac{d}{16}\right],\ \left[\frac{d}{8}\right],\ \left[\frac{d}{4}\right]\right\} \tag{7-5}$$

式中　$\dim_n$——滑动窗口的维度；

　　$d$——输入特征向量的维度。

本节中分别设置了维度为 1、2 和 3 的滑动窗口，而级联层层数可自适应设定，无需手动设定。除此之外，还需要对模型中两种森林的个数 $n_1$、$n_2$ 和决策树 $t_1$、$t_2$ 的个数进行讨论，通常将随机森林和完全随机森林的参数设置为：$n_1 = n_2 = n$，$t_1 = t_2 = t$。本节在其他模型参数保持默认值不变、树的最大深度没有约束、叶子节点所需最小样本数为 1 的条件下，采用网格搜索法探究了森林个数 $n$ 和决策树个数 $t$ 对模型预测精度的影响，参数的设置见式（7-6），以 MAE 作为目标函数。预测器采用 LightGBM，这是一种新的基于直方图的决策树学习方法，以深度限制的 Leaf-wise 叶子生长策略、单边梯度采样和互斥特征捆绑技术的新方法。该方法具有加速训练、降低模型对内存的消耗、支持分布式、预测精度高、快速处理数据的能力。

$$\begin{cases} n:\ [1,\ 2,\ 3,\ 4,\ 5] \\ t:\ [100,\ 200,\ 300,\ 400,\ 500,\ 600,\ 700,\ 800,\ 900,\ 1000] \end{cases} \tag{7-6}$$

图 7-5 分别显示了模型的两个参数与模型性能的关系。由图可见，流量预测模型中森林个数为 1、决策树个数为 600 时，该点颜色对应的 MAE 值最小值为 6. 10 $m^3/h$；冷却时间预测模型中森林个数为 1、决策树个数为 900 时，该点颜色对应的 MAE 最小值为 0. 174 s；钢板速度预测模型中森林个数为 1，决策树个数为 800 时，该点颜色对应的 MAE 最小值为 0. 0449 m/s。因此采用上述数值作为热轧中厚板冷却规程预测模型的参数，其深度森林最终的参数设置见表 7-2。

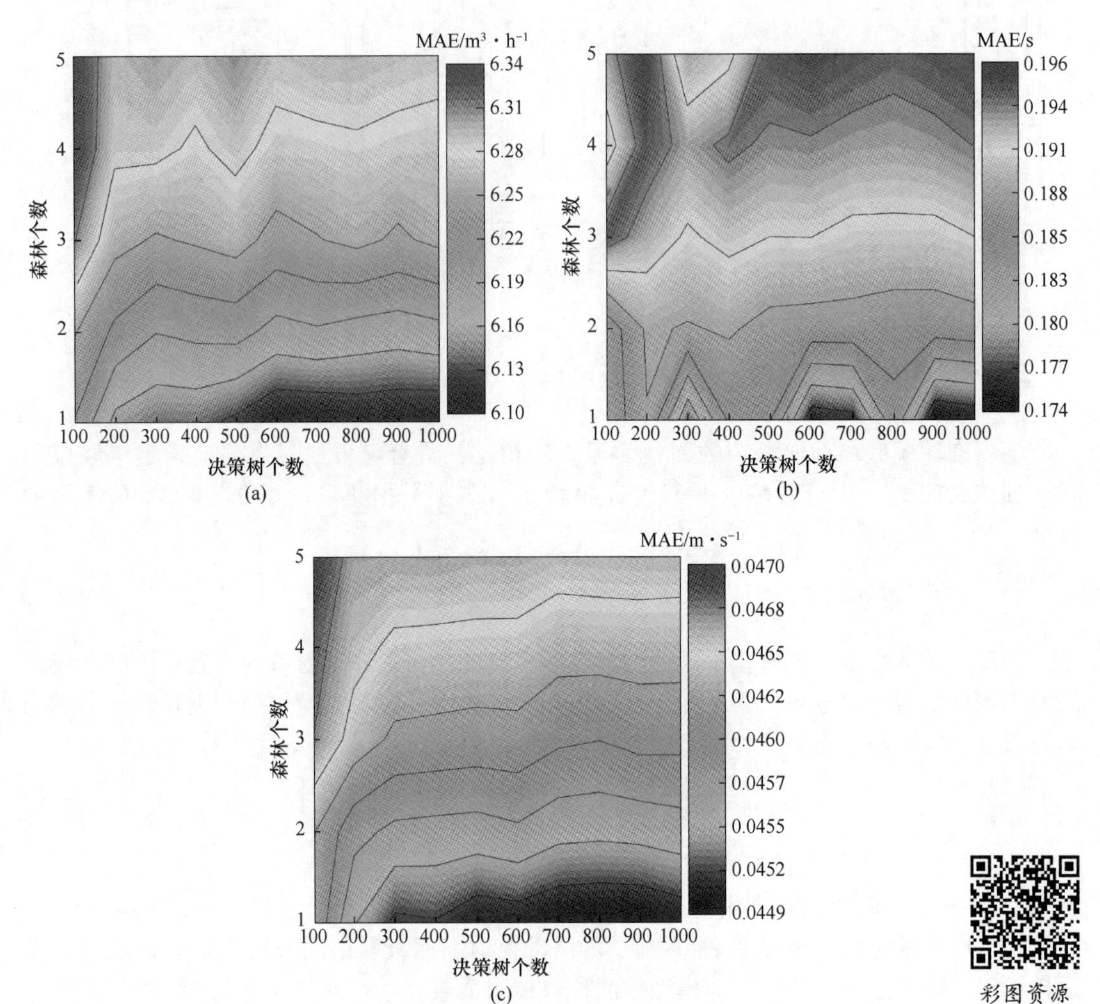


图 7-5 深度森林参数对模型性能的影响
（a）流量；（b）冷却时间；（c）钢板速度

**表 7-2 深度森林回归模型的最终参数**

| 参数 | 流量/$m^3 \cdot h^{-1}$ | 冷却时间/s | 速度/$m \cdot s^{-1}$ |
| --- | --- | --- | --- |
| 森林种类 | 完全随机森林、随机森林 | | |
| 多粒度扫描窗口 | 1、2、3 | | |
| 森林个数 | 1 | 1 | 1 |
| 决策树个数 | 600 | 900 | 800 |

#### 7.2.1.3 构建随机森林和支持向量机模型

本节通过构建随机森林回归（RFR）和支持向量机回归（SVR）模型，与前文建立的gcForest模型进行预测性能对比。为了保证模型对比实验的公平性，也采用网格搜索寻优RFR和SVR模型的参数。

A 基于随机森林回归的冷却规程预测模型

随机森林（Random Forests，RF）算法理论最早是由Leo Breiman和Adele Cutler两位学者提出的，它是一种使用多个决策树来预测观测变量的机器学习算法[17]。决策树模型通常是根据数据属性进行分类建模，模型容易出现严重的过拟合现象，而随机森林是将多个决策树的结果进行整合，其预测结果是在多个决策树的基础上建立的，因此具有不易过拟合、准确率高、可识别重要特征和训练时间短等优点。随机森林模型的结构如图7-6所示。首先采用Bagging方法从初始热轧中厚板数据$D$中，通过有放回的自助采样方法抽取$N$个热轧中厚板数据子集，每次抽取训练样本时未被抽取的数据组成$N$个样本的袋外数据（Out of Bag，OOB）作为测试样本集。假设变量有$M$维，从$M$维变量中随机抽取$D_{max}$个变量作为当前节点的候选变量子集，并以变量中最佳的分裂方式对该节点进行分裂。然后针对每个子集的数据构建一个回归决策树模型，模型采用的是CART决策树。最后将每个子集回归结果整合到一起构成一个随机森林模型。当随机森林进行预测时，数据会输入到每个决策树中得到回归结果，将每一个决策树的回归结果取平均值作为随机森林的预测结果。

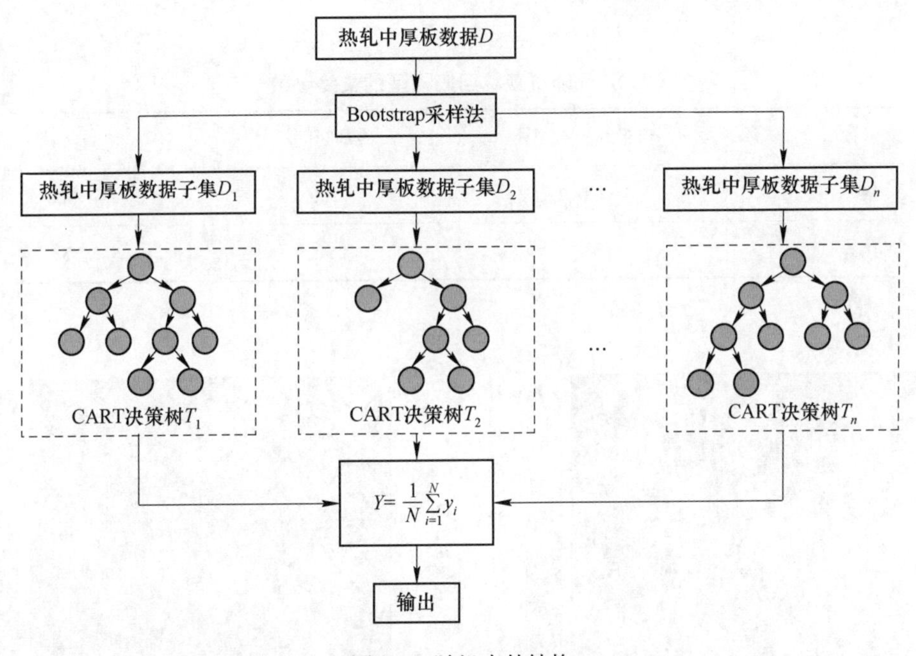


图7-6 随机森林结构

在随机森林建模过程中，随着决策树的增加，训练的模型不易出现过拟合现象，其原因是模型的泛化误差会在一个极限值处收敛。根据式（7-7）可知，随机森林模型的泛化误差比决策树的泛化误差低 $\bar{\rho}$ 倍[17]。

$$\mathrm{PE}(\mathrm{forest}) = \bar{\rho}(E_{\theta}\mathrm{sd}(\theta))^2 \leqslant \bar{\rho}\mathrm{PE}(\mathrm{tree}) \tag{7-7}$$

在随机森林算法中，影响模型预测精度的主要参数有决策树的数目（$N$）、树的最大深度（$D_{\max}$）、叶子节点的最小样本数、特征划分的最小样本数等多个参数。理论上，在建模的过程中，随着决策树的个数增多，模型学习到的信息越多，回归预测精度就越高。但实际上决策树个数过多，模型的结构过于复杂，训练时间增加，甚至会出现过拟合现象，反而降低模型的预测精度。树的最大深度影响模型所划分的特征信息，会直接影响随机森林中每个决策树基学习的性能，树的最大深度越大，模型结构也就越复杂，由于超过一定深度的枝条会被剪断，因此需要根据训练数据的特征属性将其控制在一定范围内，达到抑制过拟合的效果。叶子节点的最小样本数定义了一个节点的最小值，在模型训练过程中，只有包括足够的训练样本，才能进行分支。特征划分的最小样本数受到叶子节点的最小样本数的影响，当某个节点的样本数小于它时，将不再进行分割。

本节采用网格搜索法来确定最优的 $N$ 和 $D_{\max}$ 值，以测试集的 MAE 为网格搜索参数的目标函数。为了保障搜索过程的有效性，将搜索过程分为两个步骤。第一步初步筛选，设置 $N$ 和 $D_{\max}$ 值的搜索范围如式（7-8）所示。第二步准确筛选，根据第一步的初筛的结果，缩小 $D_{\max}$ 的步长为 2 进行搜索。最终确定流量、冷却时间和钢板速度的最优模型参数见表 7-3，搜索过程的 MAE 变化如图 7-7 所示。

$$\begin{cases} N \in [50,\ 100,\ 150,\ 200,\ 250,\ 300] \\ D_{\max} \in [3,\ 5,\ 8,\ 10,\ 12,\ 15,\ 20,\ 25,\ 30,\ 35,\ 40,\ 45,\ 50] \end{cases} \tag{7-8}$$

**表 7-3  随机森林回归模型的最终参数**

| 参数 | 流量/m³ · h⁻¹ | 冷却时间/s | 速度/m · s⁻¹ |
|---|---|---|---|
| $N$ | 200 | 200 | 300 |
| $D_{\max}$ | 38 | 32 | 38 |

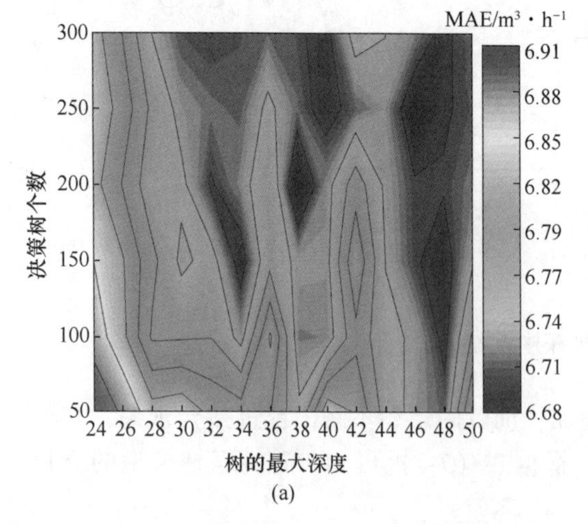

(a)

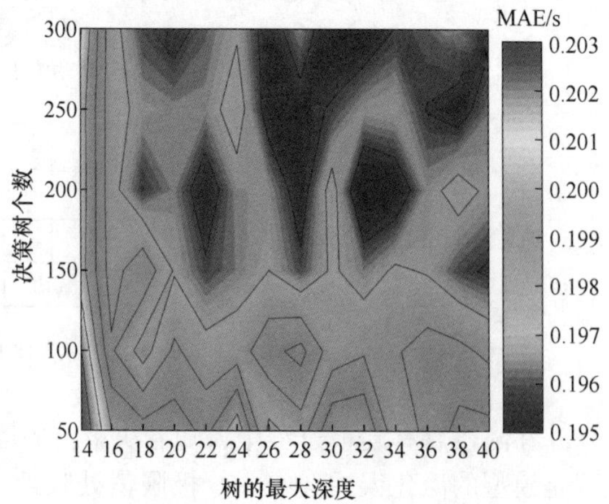

(b)

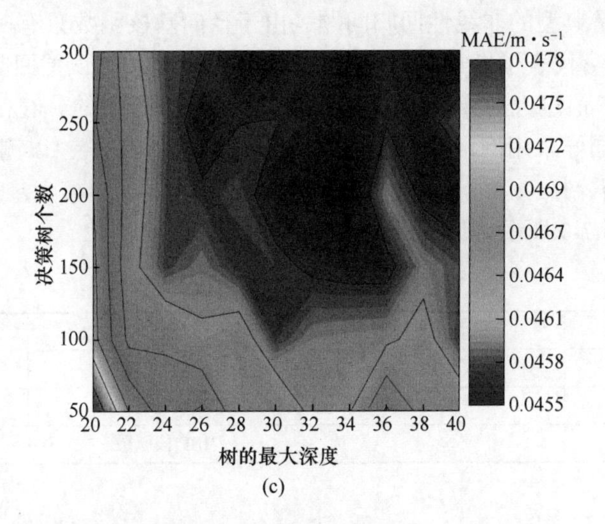


(c)

彩图资源

图 7-7 随机森林回归参数对模型性能的影响

（a）流量；（b）冷却时间；（c）钢板速度

B 基于支持向量回归的冷却规程预测模型

支持向量机模型（Support Vector Machine，SVM）是以统计学习理论为基础，基于结构风险最小化原则的机器学习模型，目前在分类、回归等方面的应用十分广泛，其中支持向量回归模型（Support Vector Regression，SVR）常用于处理回归问题。假设给定数据集 $\{(x_1, y_1), (x_2, y_2), \cdots, (x_m, y_m)\}$，其中下 $x, y \in R$，存在一个函数 $f(x) = w^T x + b$，使得 $f(x)$ 与 $y$ 尽可能接近。传统回归模型使用预测值 $f(x)$ 与实际值 $y$ 之间的差来计算损失，且当 $f(x) = y$ 时，损失为零。SVR 在 $f(x)$ 和 $y$ 的绝对值之差大于 $\varepsilon$ 时才计算差值，如图 7-8 所示，以 $f(x)$ 为中心构建 $2\varepsilon$ 的隔离带，样本落入该区域则可以认为是预测正确，不计算预测误差。

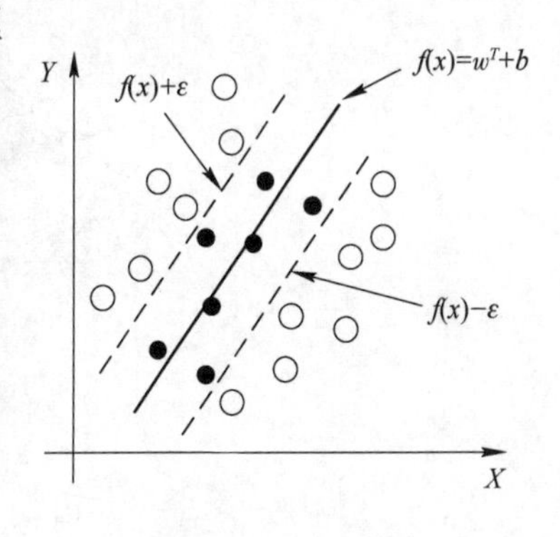


图 7-8 SVR 示意图

SVR 模型的解的形式为：

$$f(x) = \sum_{i=1}^{m} (\hat{\alpha}_1 - \alpha_i) \boldsymbol{x}_i^{\mathrm{T}} + b \tag{7-9}$$

式中 $\hat{\alpha}_1$，$\alpha_i$ ——拉格朗日系数。

一般来说，工业中实际求解的问题都是非线性问题，无法采用线性进行分类，因此需要在式（7-9）的基础上引入核函数，利用核函数将数据从原始空间映射到高维特征空间中，将原始空间中线性不可分的问题转化为线性可分的问题，最终得到 SVR 模型为：

$$f(x) = \sum_{i=1}^{m} (\hat{\alpha}_1 - \alpha_i) K(x, x_j) + b \tag{7-10}$$

式中 $K(x, x_j)$ ——核函数，$K(x, x_j) = \boldsymbol{\phi}(x)^{\mathrm{T}} \boldsymbol{\phi}(x_i)$ 。

常见的核函数包括线性核函数、多项式核函数、径向基核函数和 Sigmoid 核函数。

核函数、惩罚因子 $c$ 和核函数参数 $g$ 是支持向量回归中的重要参数[18]，热轧中厚板冷却规程预测问题是典型的非线性回归问题，由于径向基核函数只有一个参数，因此本节选择径向基核函数。$c$ 代表了异常值的权重，随着 $c$ 值的增加，误差回归的惩罚增加，预测效果得到改善，但 $c$ 值过大会导致过拟合。因此只有选择合适的 $c$ 值和 $g$ 值才能达到理想的预测效果。本节同样采用网格搜索法来确定最优的 $c$ 值和 $g$ 值，以测试集 MAE 作为目标函数，搜索范围如下：$\log_2 c \in [-4, 4]$，$\log_2 g \in [-4, 4]$，搜索步长为 0.5，搜索过程中 MAE 的变化如图 7-9 所示，最优的参数结果见表 7-4。

**表 7-4　支持向量回归模型的最终参数**

| 参数 | 流量/$m^3 \cdot h^{-1}$ | 冷却时间/s | 速度/$m \cdot s^{-1}$ |
|---|---|---|---|
| $\log_2 c$ | 0 | −4 | −4 |
| $\log_2 g$ | −2 | −3 | −1 |
| 核函数 | RBF 核函数 | | |

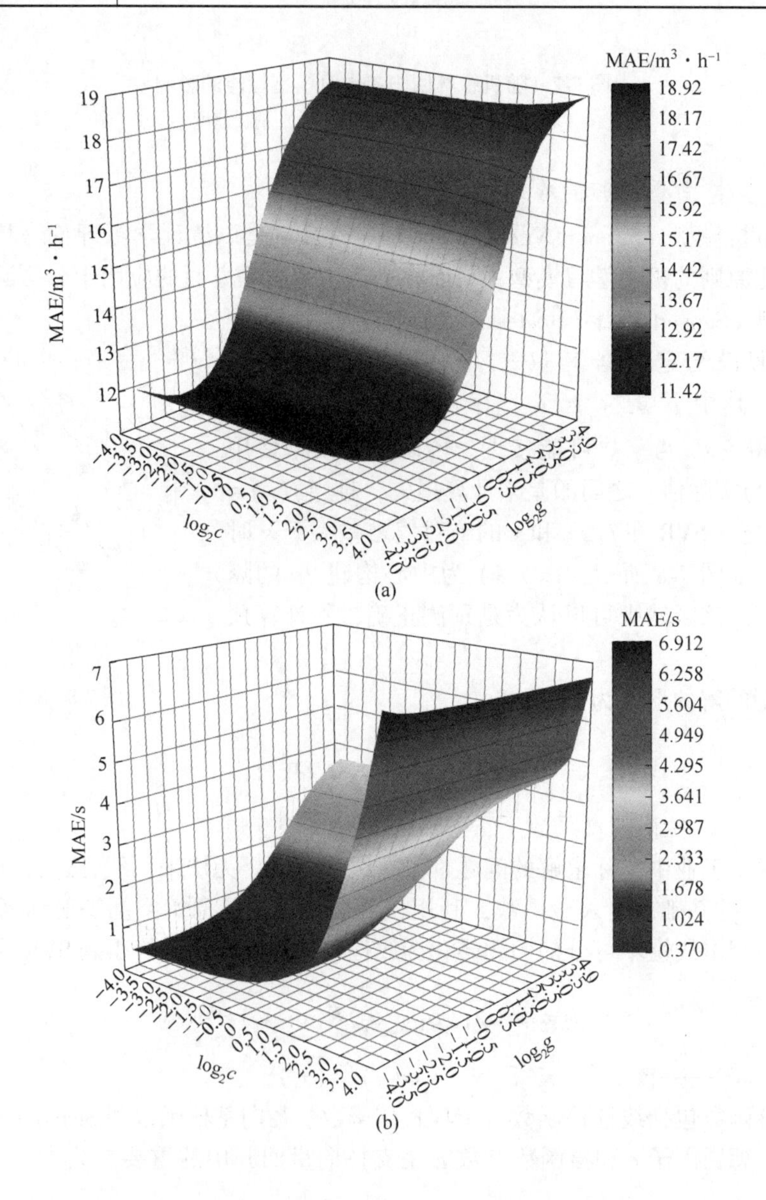

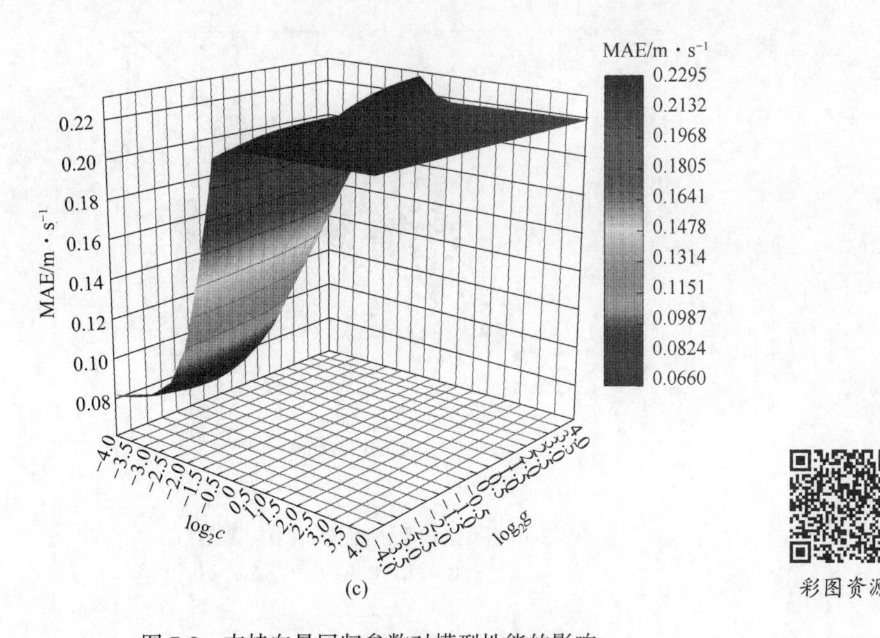


彩图资源

图 7-9　支持向量回归参数对模型性能的影响
（a）流量；（b）冷却时间；（c）钢板速度

### 7.2.1.4　结果分析

前两节重点讨论了采用网格搜索时模型的参数对模型预测效果的影响，本节重点讨论SVR、RFR 和 gcForest 三类模型在最佳参数条件下模型预测的综合性能。图 7-10（a）~（c）分别为流量、冷却时间和钢板速度预测结果散点图，为了比较 SVR、RFR 和 gcForest的冷却规程预测性能，预测值和实际值的绝对误差的绝对值用于对颜色标度进行分级。从图 7-10 流量预测结果散点图中可以看出，SVR 模型的回归效果明显低于 RF 和 gcForest 模型，相比于 RF 模型，gcForest 模型预测的散点图中绿色的点占比更多，红色和蓝色的点有所减少。

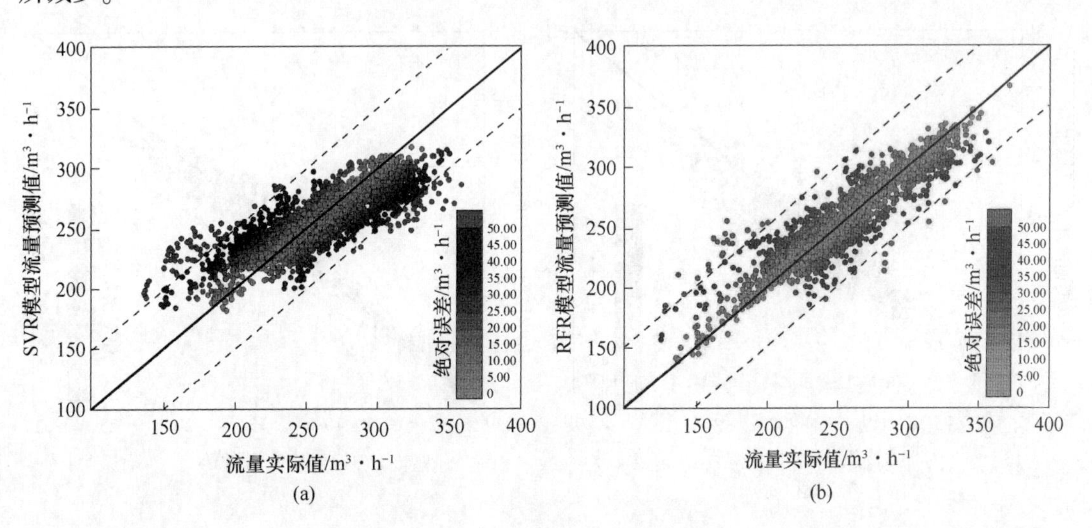

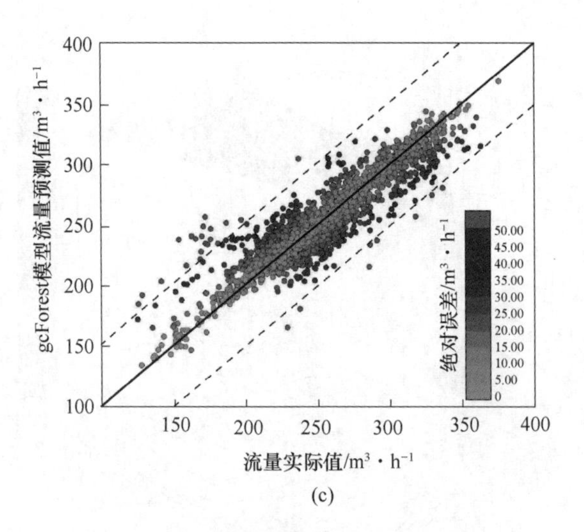

图 7-10　不同模型的流量预测结果散点图

(a) SVR；(b) RFR；(c) gcForest

从图 7-11 冷却时间预测结果散点图中可以看出，三个模型都取得了较好的回归效果，相比于 SVR 和 RF 模型，gcForest 模型预测的散点在辅助线外的更少且更加集中于 $y = x$ 直线附近，这意味着 gcForest 模型的回归效果更好。

从图 7-12 钢板速度预测结果散点图中可以看出，SVR 模型的预测的散点在辅助线外较多，蓝色和红色的点占比较大，而 RFR 模型和 gcForest 模型的预测效果相差不大。

仅从散点图中难以准确地判断模型的性能，为了更加全面、定量地对比三种模型的预测精度，采用 MAE、RMSE 和 MAPE 评价模型，误差指标的计算结果见表 7-5。从表 7-5 可以看出，gcForest 模型在流量、冷却时间和钢板速度上的 MAE、RMSE 和 MAPE 均优于 SVR 和 RFR 模型。其中，流量预测的 MAE、RMSE 和 MAPE 分别为 6.10 $m^3/h$、10.03 $m^3/h$ 和 2.54%；冷却时间预测的 MAE、RMSE 和 MAPE 分别为 0.174 s、0.349 s 和 1.72%；钢板速度预测的 MAE、RMSE 和 MAPE 分别为 0.0449 m/s、0.0676 m/s 和 3.65%。gcForest 模

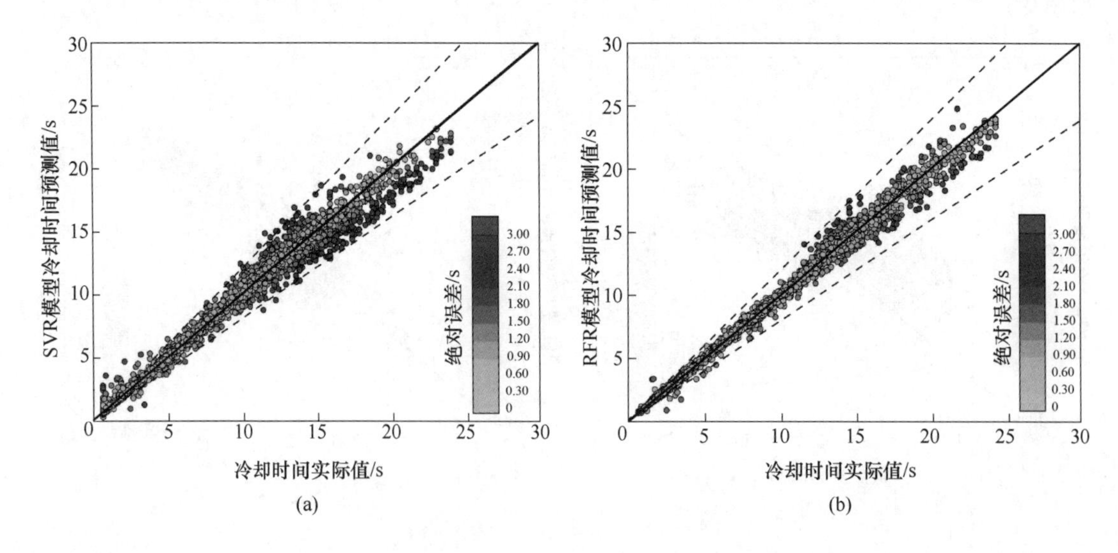

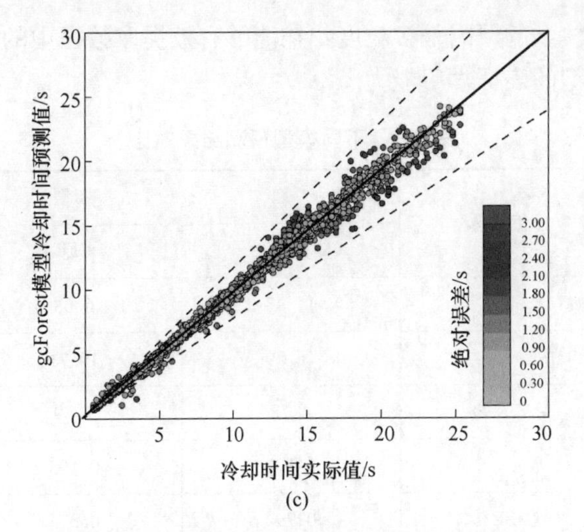

彩图资源

图 7-11 不同模型的冷却时间预测结果散点图

（a）SVR；（b）RFR；（c）gcForest

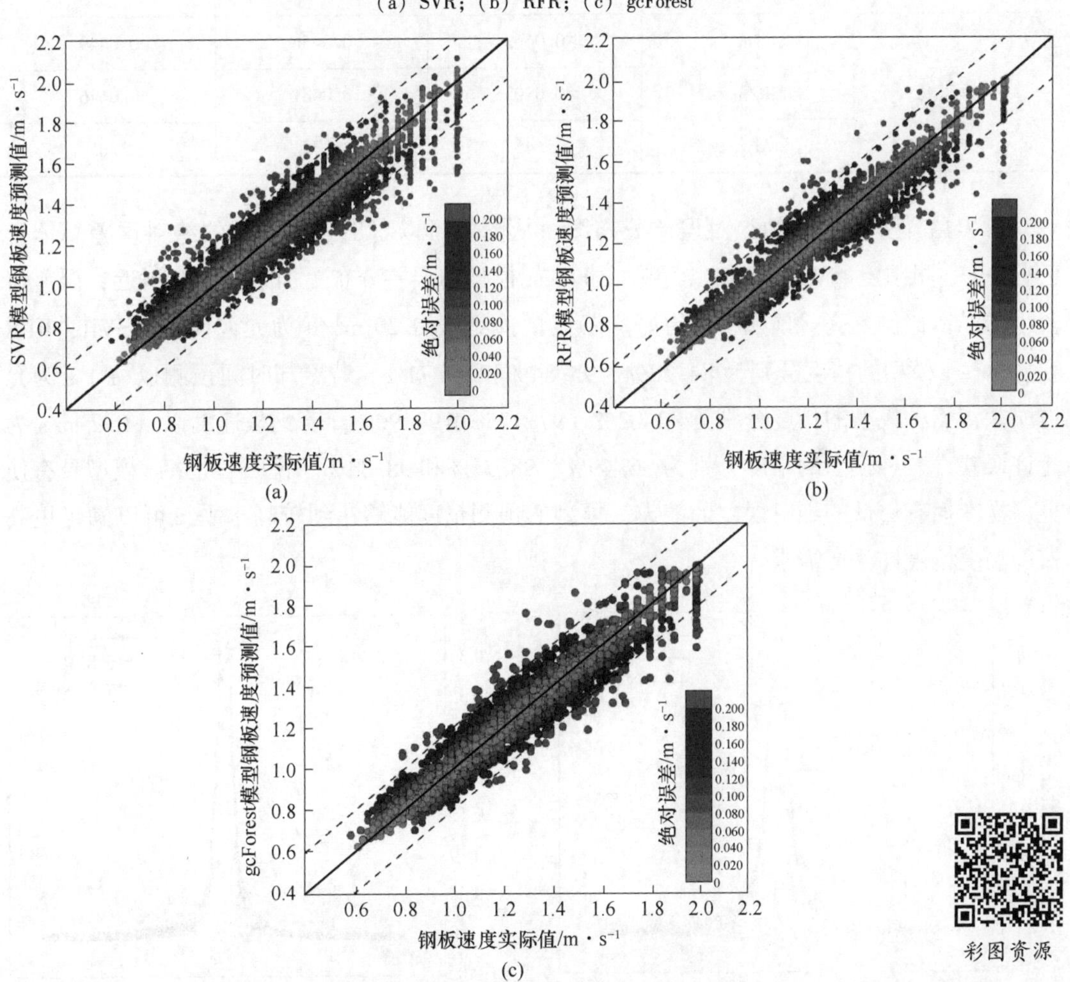


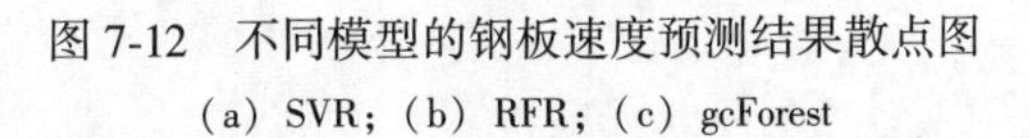

彩图资源

图 7-12 不同模型的钢板速度预测结果散点图

（a）SVR；（b）RFR；（c）gcForest

型明显优于其他两个模型的原因是多粒度扫描能够有效提取数据中的特征，级联森林的深度学习结构增强了模型的表征学习能力。

**表 7-5 不同模型预测结果对比**

| 冷却规程 | 评价指标 | 模型 | | |
|---|---|---|---|---|
| | | SVR | RFR | gcForest |
| 流量 | MAE/$m^3 \cdot h^{-1}$ | 11.43 | 6.68 | 6.10 |
| | RMSE/$m^3 \cdot h^{-1}$ | 16.89 | 10.71 | 10.03 |
| | MAPE/% | 4.78 | 2.79 | 2.54 |
| 冷却时间 | MAE/s | 0.371 | 0.195 | 0.174 |
| | RMSE/s | 0.794 | 0.374 | 0.349 |
| | MAPE/% | 3.64 | 1.82 | 1.72 |
| 钢板速度 | MAE/$m \cdot s^{-1}$ | 0.0663 | 0.0456 | 0.0449 |
| | RMSE/$m \cdot s^{-1}$ | 0.0903 | 0.0681 | 0.0676 |
| | MAPE/% | 5.45 | 3.75 | 3.65 |

图 7-13 为不同模型的绝对误差分布图。从图中可以看出三个模型的绝对误差总体呈正态分布，相比于 SVR 和 RFR 模型，gcForest 模型的误差分布更加集中于 0 附近，误差值较小的样本比例更高，预测精度更好。若流量预测以 ±20 $m^3/h$ 为允许误差，SVR、RFR 和 gcForest 模型的精度分别为 84.23%、93.84%和 94.71%。若冷却时间预测以 ±1 s 为允许误差，三种模型的精度分别为 92.02%、97.12%和 97.90%。若钢板速度以 ±0.2 m/s 为允许误差，三种模型的精度分别为 96.49%、98.31%和 98.34%。说明 gcForest 模型具有使更多样本拥有更低的绝对误差的能力，模型的预测精度能够达到较高水平，可以满足更高控冷温度精度的生产需求。

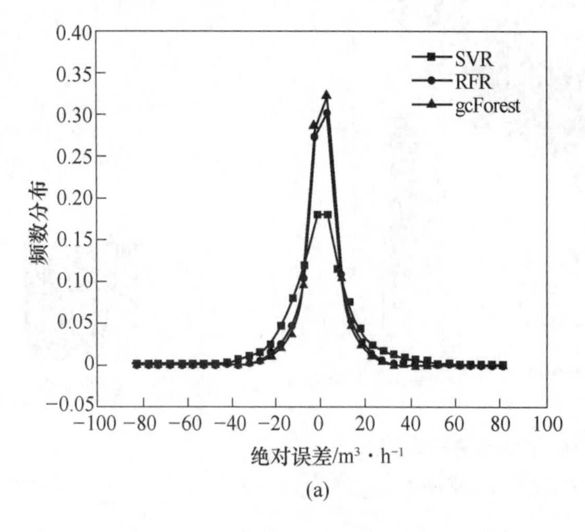

(a)

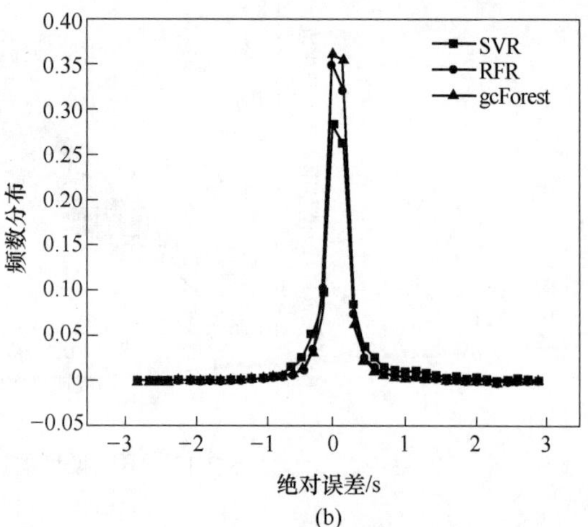

(b)

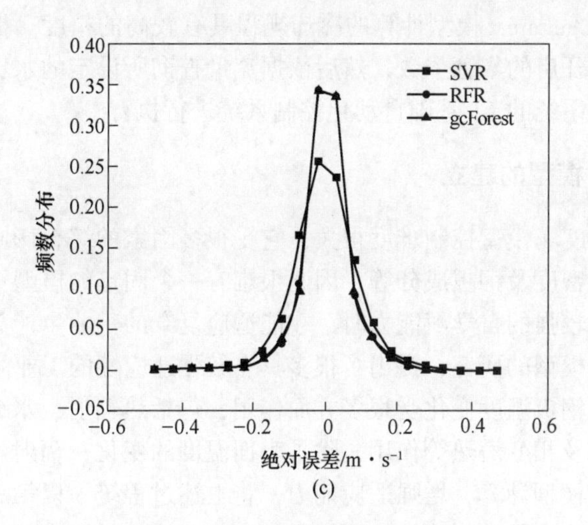


图 7-13　不同模型的绝对误差分布图

(a) 流量；(b) 冷却时间；(c) 钢板速度

为了进一步验证 gcForest 模型计算冷却规程的精确性，量化实际冷却规程和计算冷却规程之间的差异，引入冷却规程误差度的概念。假设计算冷却规程中流量、冷却时间和钢板速度分别为 $flow_{cal}$、$t_{cal}$ 和 $v_{cal}$，实际冷却规程对应的参数分别为 $flow_{act}$、$t_{act}$ 和 $v_{act}$，那么流量误差可以表示为：

$$S_{flow} = \frac{2 \times |flow_{act} - flow_{cal}|}{flow_{act} + flow_{cal}} \tag{7-11}$$

冷却规程中冷却时间 $S_t$ 和钢板速度 $S_v$ 的计算公式与式（7-11）相似，那么最终冷却规程误差度可以表示为：

$$S_{bias} = (S_{flow} + S_t + S_v) \times 100\% \tag{7-12}$$

根据上述冷却规程误差度计算方法，抽样计算某厂 Q235B 厚度为 24.8~89.6 mm 的钢板冷却规程误差度，计算结果如图 7-14 所示。由图可以看到抽样点的冷却规程误差度大

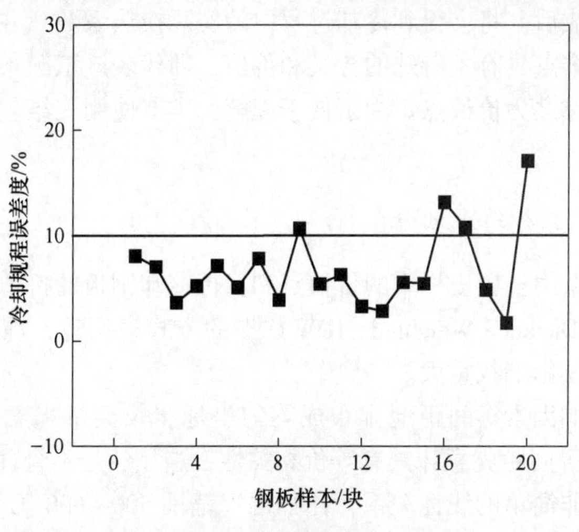


图 7-14　冷却规程误差度

部分小于 10%，说明 gcForest 模型计算的冷却规程具有较高的精度。根据冷却时间和钢板速度可以计算出需要开启的集管个数，然后依据流量查询所设定的水比，将上述冷却规程信息发送至控制冷却系统的 L1 基础自动化控制系统进行执行。

### 7.2.2 VSG 自学习模型的建立

冷却过程中的温度场模型控制难度很大，它受很多因素的综合影响，如水温、钢板温度、钢板规格、水流密度及钢板成分等，因此很难有一个固定的模型可以满足多变的工况条件。模型只有具备较强的自学习能力时，才能适应复杂的工业生产条件。国内外很多学者都致力于优化温控模型的研究，提出了很多具有较强适应性的工业温控模型。

在实际生产中，钢板温度变化受很多方面作用，包括热辐射、水或气的对流换热、钢板与辊道的热传导以及相变潜热等作用，除了表面温度的变化，辐射量和潜热发热量是不可测量的。为了便于模型计算，增强适应能力，将上述过程统一以第三类边界条件的方式表达，即采用综合换热系数的形式。钢板材料的密度可认为是恒定不变的，热传导和比热物性参数与化学成分和材料温度有关，可事先通过实验测定。冷却水或环境温度可以通过现场传感仪器实时获得。所以，影响温控精度最关键的模型参数就是对流换热系数。换热系数的取值范围很大，而且受钢板温度、介质水温、钢板厚度、水流密度和目标冷却温度等多个工况条件综合影响，因此为了保证模型的精度和适应性，关键是要建立关于换热系数的自学习模型。

汲取目前主流自学习模型的各个特点，优化并弥补不足之处，同时结合数据挖掘及智能化的思想，作者团队研发出更适合工业冷却温度控制的自学习模型——变比例网格模型。该模型的特点是考虑了众多因素对冷却过程的真实影响情况，建立一种变坐标步长的多维空间，同时运用聚类算法，将空间进行有限网格化，可大大提高计算效率。

#### 7.2.2.1 多维空间坐标系建立

假想一个多维空间坐标系，将每个影响换热系数的因素（工况条件）视为空间中的一个坐标维度，这样已知待冷却钢板的工况条件，便可以在这个多维空间中找到与其对应的点。这块钢板冷却完成后，将会得到冷却过程中的实际换热系数，并赋值给空间中与之对应的坐标点，此时这个点具有了特殊的含义和价值，即代表该工况条件下冷却过程的换热系数。这样的坐标点称之为价值点。为了便于理解，本节使用三维空间坐标系做表述，如图 7-15 所示。

#### 7.2.2.2 变步长坐标维度划分

在多维空间坐标系中，历史样本的价值点和目标冷却钢板的价值点之间的关系利用反距离权重法（Inverse Distance Weighted，IDW）[19] 的方式来衡量，即空间距离远其影响权重小，空间距离近则其影响权重大。

然而，直接将影响因素等间距地排布成均匀坐标步长会带来意想不到的误差。根据 IDW 原理，空间上的等间距就意味具有等价相关性，这显然是不合理的。因为，影响因素对换热系数的作用并非简单的线性关系，比如温度范围 500~600 ℃和 600~700 ℃，虽然两者的温度步长相同都是 100，但是其对换热系数的影响并非相同。所以，建立多维空间

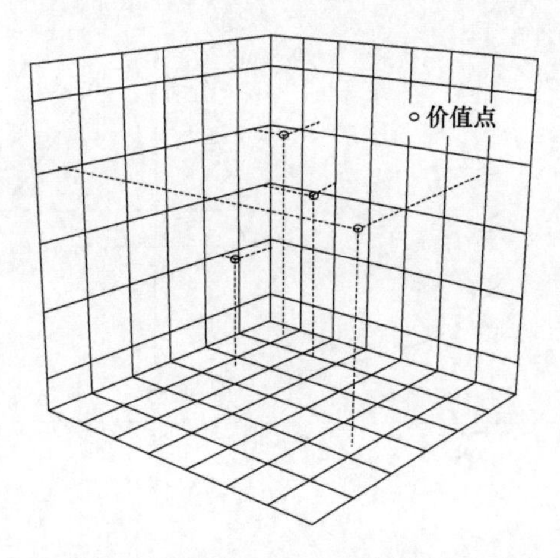


图 7-15 价值点在多维空间坐标系中的定位

坐标系的关键一步是考虑每个因素对换热系数的真实影响程度来确定每个维度的坐标步长。

以三维空间坐标系为例，选择水温 $w$、钢板厚度 $d$ 和目标冷却温度 $t$ 分别代表一个维度。通过实验测定或工业数据分析，分别得出各影响因素与换热系数的关系曲线，如图 7-16 所示，换热系数可以表达成包含 $w$、$d$ 和 $t$ 的函数关系式 $W(w)$、$D(d)$ 和 $T(t)$。

下面对这些函数关系做等效变换。考虑到函数的变换特性，分别考虑单调和非单调两种情况。

(1) 单调函数。

根据相同换热系数的变化 $\Delta h$，可获得对应水温 $w$ 和厚度 $d$ 的变化：

$$\Delta w_k = w_k - w_{k-1} = W^{-1}(h_0 + k\Delta h) - W^{-1}[h_0 + (k-1)\Delta h],\ k = 1,\ 2,\ \cdots,\ n \quad (7\text{-}13)$$

$$\Delta d_k = d_k - d_{k-1} = D^{-1}(h_0 + k\Delta h) - D^{-1}[h_0 + (k-1)\Delta h],\ k = 1,\ 2,\ \cdots,\ n \quad (7\text{-}14)$$

式中 $h_0$——换热系数起始极值；

$\Delta h$——换热系数的等价影响程度；

$\Delta w$——$\Delta h$ 所对应的水温变化步长；

$\Delta d$——$\Delta h$ 所对应的钢板厚度变化步长。

由式（7-14）可知，当 $\Delta h$ 取较小时，可认为 $\Delta w$ 和 $\Delta d$ 对换热系数影响程度基本一致，同理依次类推，可以将函数曲线 $W^{-1}(h)$ 和 $D^{-1}(h)$ 划分成若干个具有等价影响程度的小区间。

(2) 非单调函数。

非单调性的函数关系相对复杂，钢板温度与换热系数的关系 $T(t)$ 就属于非单调函数关系，如图 7-16（c）所示。因此，本节采用一种坐标原点变换的特殊处理方法。如图 7-16（d）所示，函数关系已知情况下可容易得到 $T(t)$ 的拐点 $t_0$，由于空间距离采用的是相对空间坐标计算，因此将坐标原点平移至 $t_0$ 将对空间距离的衡量不构成影响。经过坐标变换后，此时的换热系数初始极值 $h_0$ 就等于 $T(t)$，然后重复单调函数的处理过程，即可获得换热系数等价影响程度所对应的钢板温度的变化步长 $\Delta t$。

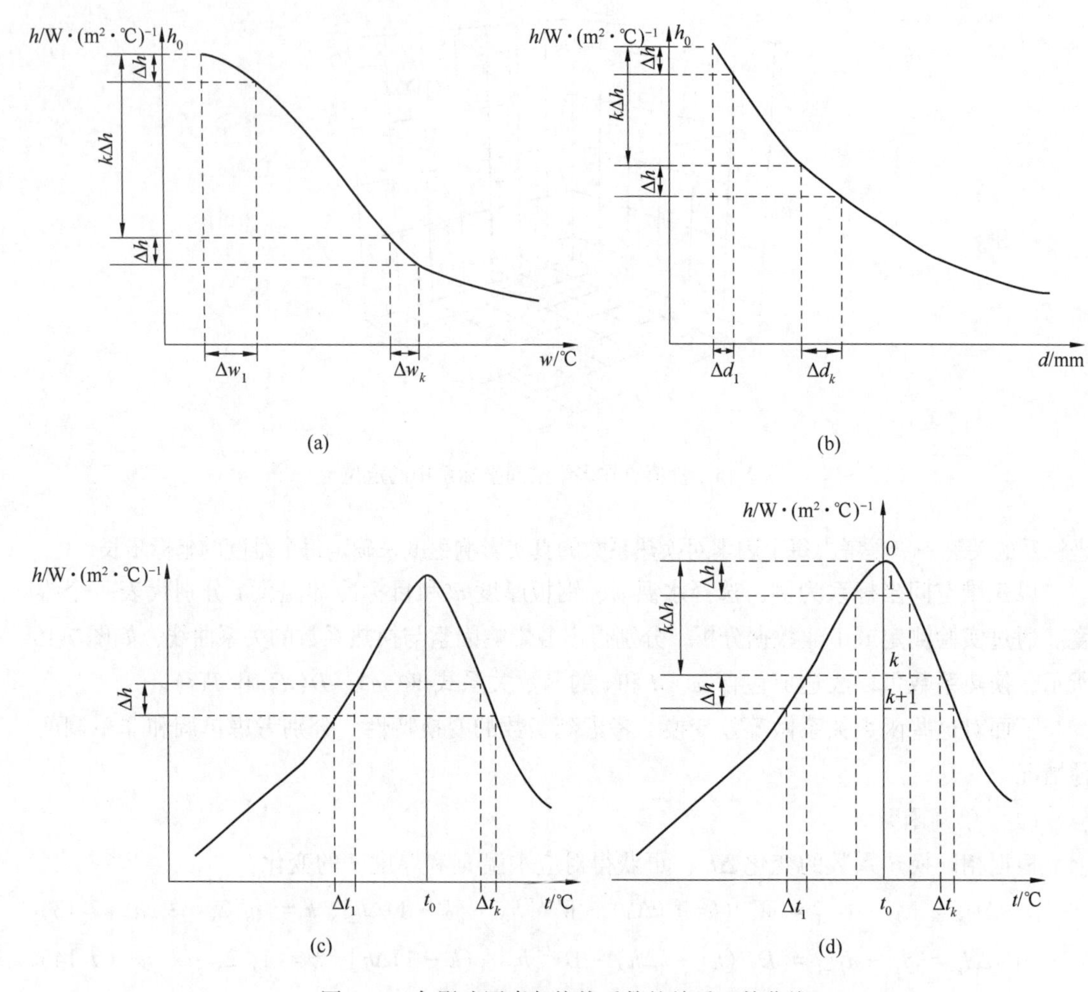


图 7-16　各影响因素与换热系数的关系函数曲线

（a）水温因素；（b）钢板厚度因素；（c）钢板温度因素；（d）钢板温度与换热系数的关系函数的坐标变换

至此，多维空间坐标系中各维度的坐标步长得以确定，形成如图 7-17 所示变比例步长的多维空间坐标系。但是，这样的坐标维度仍有欠缺，因为每个维度所代表的物理意义不同，即物理单位不同，这对空间距离计算会产生不合理的夸大效应。例如，钢板温度 650~700 ℃（$\Delta t$）和水温 25~30 ℃（$\Delta w$）对换热系数的影响程度可能是相同的，但是单纯依据坐标计算，$\Delta t$ 值为 50，而 $\Delta w$ 值为 5，也就是说两者对换热的影响程度差别达 10 倍，这显然不符合实际情况。因此，下面分别对每个维度做归一化处理，将各影响因子统一成无纲量的实数。图 7-18 所示是各维度坐标节点之差（坐标步长）和的映射关系，同时除以 $\Delta h$ 即可得到：

$$\frac{k\Delta h}{\Delta h} = k,\ k = 1,\ 2,\ \cdots,\ n \tag{7-15}$$

由此可获得一系列连续的整数，如图 7-18 中坐标节点 0，1，…，这样完全用数值关系即可取代不同单位所代表的物理意义。同时，两个整数之间可通过线性插值得到近乎连续的所有工况条件所对应的小数值。

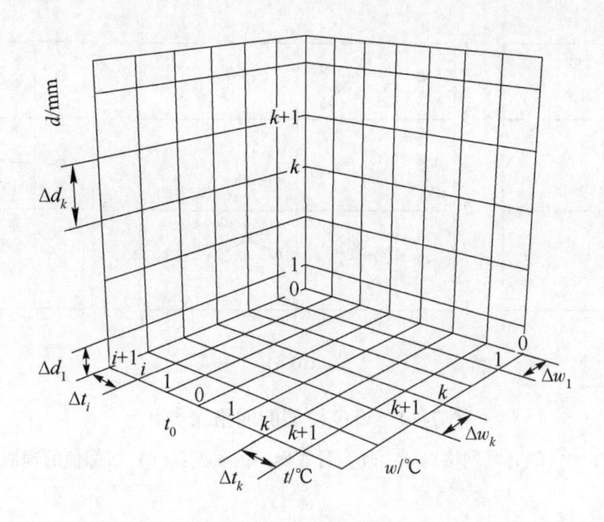


图 7-17 变步长的多维空间坐标系示意图

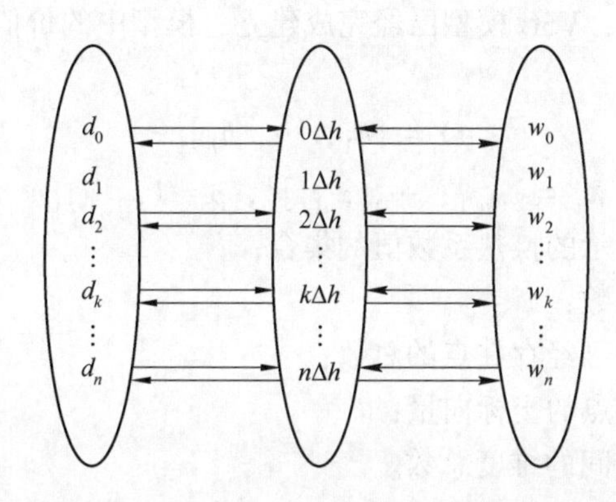


图 7-18 钢板厚度与水温对换热系数等效影响程度的映射关系

#### 7.2.2.3 网格聚类化方法

基于第 7.2.2.2 节建立的变步长多维空间坐标系，根据每个维度的坐标节点，可以将整个多维空间划分成有限个单元。以二维坐标系为例，如图 7-19 所示。

由于各维度两节点之间都是对应相同的 $\Delta h$，因此可认为落在同一个网格单元内价值点对换热系数的影响程度是近乎一致的，如图 7-19（a）中虚线圈。通过聚类算法[20]，可以在每一个单元格里找到质心，质心的值可作为它所属单元内全部价值点的代表，如图 7-19（b）中灰色圆。这样，空间中繁多的点只需考虑每个单元格内的质心参与计算即可。若单元格内没有新价值点的添加，则该单元内的质心就可以当作已知参数直接使用；若单元内有新价值点的加入，需将该单元包含的价值点参与计算，而其他单元内的质心将不受影响，如此可大大降低计算消耗，如图 7-19（c）中黑色实心圆表示新增的价值点。

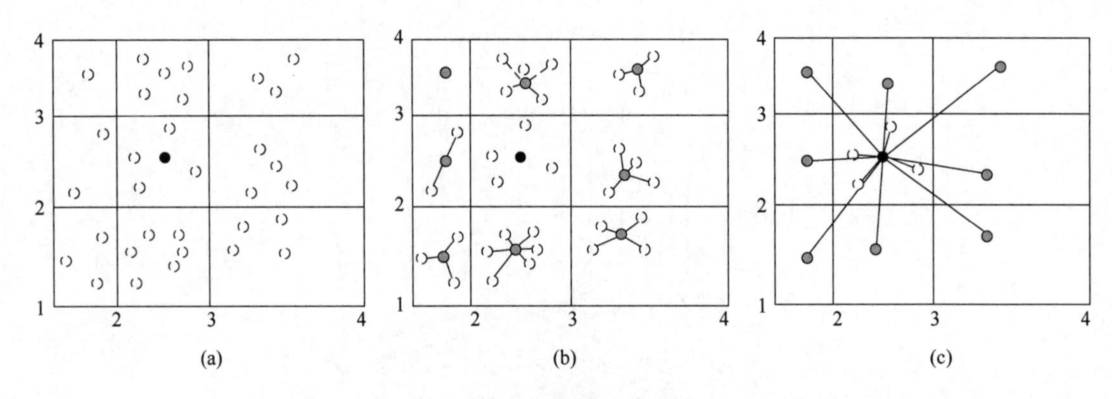


图 7-19 VSG 模型的网格聚类化

(a) 空间有限网格划分；(b) 计算网格内质点；(c) 目标值的预估

#### 7.2.2.4 目标系数的预测

通过上述的建模过程，VSG 模型已经完成建立，模型中的价值点可以定义成以下数值形式：

$$Y = \{h_1, \cdots, h_n\}$$
$$\boldsymbol{X}_p = [x_{p,1}, \cdots, x_{p,d}]^{\mathrm{T}}, \ p = 1, \cdots, n \tag{7-16}$$

式中 $Y$——价值点所表示的换热系数值的集合；

$h$——对流换热系数；

$n$——多维空间中已经存在点的总数；

$\boldsymbol{X}_p$——第 $p$ 个价值点的坐标向量；

$d$——构建整个空间的维度总数。

根据第 7.2.2.3 节，网格单元和质心可以定义成以下数值形式：

$$E = \{e_1, \cdots, e_m\}$$
$$V = \{v_1, \cdots, v_m\} \tag{7-17}$$
$$C = \{c_1, \cdots, c_m\}$$

式中 $m$——网格单元总数；

$e$——某一个单元；

$v$——质心所代表的换热系数；

$c$——质心的坐标。

多维空间中已经存在 $n$ 个价值点，当一块新的待冷却钢板到来时，根据工艺信息和工况条件可知新价值点的坐标 $X_{n+1}$ 。新点对应的换热系数就是所要求解的目标值 $h_{n+1}$ ，计算步骤如下：

(1) 通过坐标找到目标价值点所属的网格单元。

$$X_{n+1} \in e_i, \ i = 1, \cdots, m \tag{7-18}$$

这样 $e_i$ 以外的网格单元内的质心可直接参与后续模型的计算。

(2) 空间两点的相关性用欧式距离来表示，距离 $S$ 计算式见式 (7-19)。

$$S_p = \| X_{n+1} - X_j \| 2,\ X_j \in e_i$$
$$S_c = \| X_{n+1} - C_k \| 2,\ k = 1,\ \cdots,\ m \ \&\ k \neq i \tag{7-19}$$

式中 $S_p$ ——网格单元 $e_i$ 内的目标价值点与历史价值点的距离；

$S_c$ ——网格单元 $e_i$ 外目标价值点与各质心的距离，如图 7-19（c）所示。

根据 IDW 算法原则，权重 $w$ 可表示为：

$$w = S^{-1} \tag{7-20}$$

一旦权重确定后，目标点的换热系数 $h_{n+1}$ 以加权平均的方法得到，见式（7-21）。

$$h_{n+1} = \frac{\sum w_j h_j + \sum w_k C_k}{\sum w_j + \sum w_k} \tag{7-21}$$

#### 7.2.2.5 模型性能测评

本节基于国内某钢厂的生产条件，采用不同规格和冷却工艺的钢板对 VSG 模型做性能测试，并与其他具有自学习功能的模型进行对比，包括经典的层别模型（Classification Method，CFM）和传统的基于案例模型（Conventional Instance-Based Learning，CIBL）。1~5 号测试钢仅变厚度，6~10 号测试钢仅变目标终冷温度。具体测试工艺条件见表 7-6。

表 7-6 测试钢的工艺条件

| 序号 | 钢板厚度/mm | 水温/℃ | 开冷温度/℃ | 终冷温度/℃ |
|---|---|---|---|---|
| 1 | 18 | 24.8 | 780 | 660 |
| 2 | 20 | 25.1 | 780 | 660 |
| 3 | 25 | 25.2 | 780 | 660 |
| 4 | 30 | 25.2 | 780 | 660 |
| 5 | 40 | 25.2 | 780 | 660 |
| 6 | 20 | 24.3 | 780 | 680 |
| 7 | 20 | 24.3 | 780 | 660 |
| 8 | 20 | 24.5 | 780 | 600 |
| 9 | 20 | 24.5 | 780 | 570 |
| 10 | 20 | 24.5 | 780 | 520 |

图 7-20 所示为采用不同模型冷后实际温度与目标温度的结果。如图 7-20（a）所示，采用 CFM 模型，1~3 号钢的温度控制精度较高，但是 4 号钢和 5 号钢的控制精度明显偏低，根据历史样本数据可知，由于缺少 30 mm 和 40 mm 的冷却实例，因此 CFM 无法获得参考做出合理的预测。然而，VSG 和 CIBL 基于现有的冷却实例进行推理，在未知厚度领域内对温度控制精度都有不错的表现。这也说明 VSG 和 CIBL 相比 CFM 模型，不受层别划分的限制。

如图 7-20（b）所示，CFM 模型的控制精度存在较大的波动，这是由 CFM 关于温度层别的划分间隔偏大导致的。对于目标终冷温度大于 600 ℃的冷却钢板，CIBL 的控制精

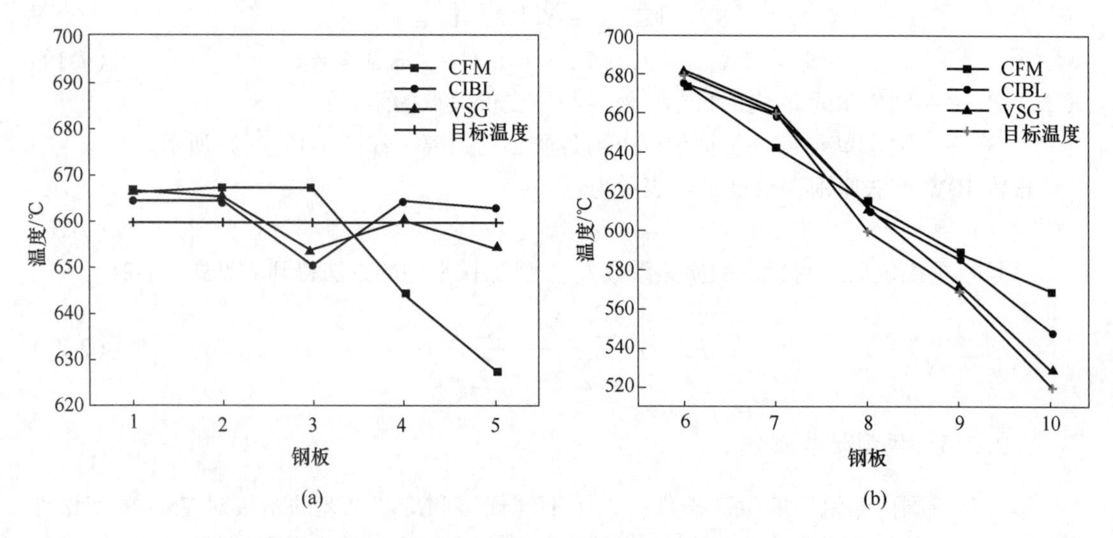


图 7-20  采用不同模型冷却后的实际温度与目标温度的对比

（a）1~5 号钢板；（b）6~10 号钢板

度较高，但在 520 ℃出现了较大的偏差。这是由于 CIBL 并未考虑冷却温度对换热系数的真实影响程度，仅认为距离越远，相关性越小。由图 7-20（b）可知，钢板温度和换热系数之间的影响并非简单的单调关系，钢板温度在 540~600 ℃间对换热系数的影响程度处于峰值，而两侧温度范围会出现对换热系数影响程度相同的区域，换句话说，在钢板温度这个维度上，存在着尽管距离很远，但对换热系数影响程度却很接近的情况。VSG 模型充分考虑了工况条件对换热系数真实影响程度的变化，因此在高温或低温阶段冷却都具有不错的控制精度。

VSG 和 CIBL 模型的精度均高于 CFM 模型，而 VSG 模型除了比 CIBL 模型更具有稳定性外，还具有更高的计算效率。

图 7-21 所示为分别使用 VSG 和 CIBL 模型预测这 10 块试验冷却钢板的换热系数所需要的计算次数。由图可见，CIBL 由于需考虑所有冷却实例，计算次数随着钢板数量的增加而直线增加，而 VSG 运用了网格聚类化算法，主要采用质心参与计算，大大缩短计算次数，计算效率比 CIBL 提高 75%以上，并且随着冷却钢板数量的增多，VSG 模型高效率的优势会更加显著。

### 7.2.3 “VSG+DNN”双自学习模型研究

在中厚板轧后控冷系统中，使用的 VSG 自学习模型具有响应速度快、计算效率高的优点，可是仍有其局限性，比如：考虑的影响因素不够全面，当规格改变时出现层别跃迁的问题等。针对上述问题，利用深度学习对大数据特征信息的挖掘能力，对原系统自学习模型进行补充，增加长期自学习模式，即基于深度学习模型建立起“VSG+DNN”双自学习模型并行运作构架的轧后控冷系统。

如图 7-22 所示，冷却规程由两套自学习模型并行控制：一个是原系统的温度场数学模型和 VSG 自学习模型，VSG 模型为变比例网格模型，可充分挖掘冷却数据的物理意义，

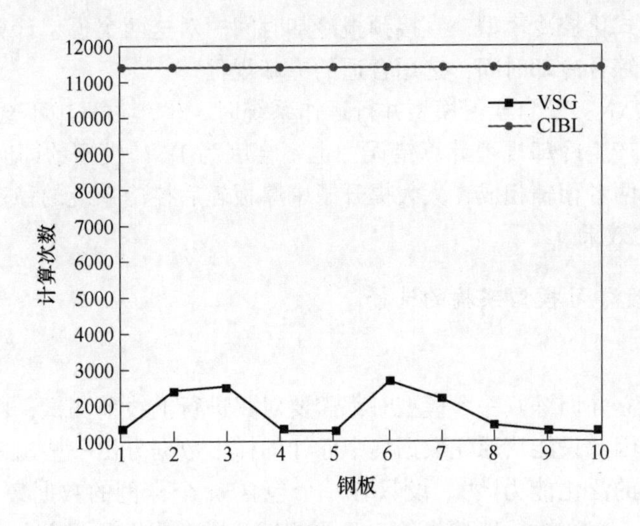


图 7-21 VSG 和 CIBL 模型计算权重时所需的计算次数

一种无监督空间聚类法，适合短期快速自学习；另一个为基于深度神经网络的预测模型，为高度非线性逻辑预测，一种有监督分类及回归法，该模型可以将工厂中长期积累下的优质数据进行一个统一的学习，适合长期稳健自学习。“VSG+DNN”双自学习模型运作模式同时采用了 VSG 自学习模型短期学习的优势和深度学习长期稳健自学习的特点，集两者优势于一体，可以大大提升系统控制精度。

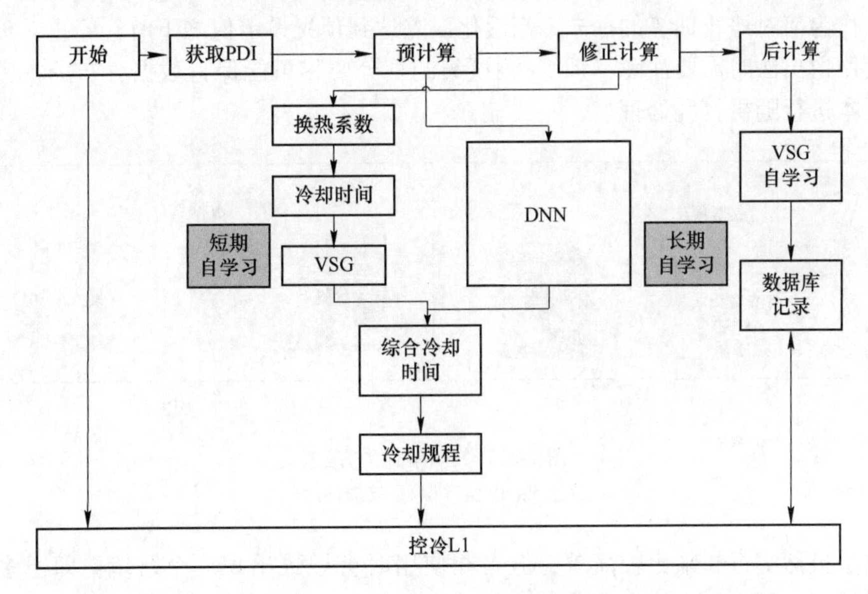


图 7-22 双自学习模型并行构架

双自学习模型并行运作时，轧机抛出冷却钢板 PDI 信息至控冷系统中，分别传入传统温度场模型计算与 DNN 预测模型中。温度场模型计算部分需通过 VSG 自学习模型在网络空间内选择其对应的自学习系数点，由该自学习系数赋值给水冷换热系数，通过温度场计算得出冷却时间。DNN 预测模型方面，将 PDI 信息输入深度学习模型中，通过深度神经网络建立一种无公式化控冷模型，直接预报冷却时间。对这两个模型计算出的冷却时间进行综合对比，得出综合冷却时间，选用合适的冷却规程。

运用“VSG+DNN”双自学习模型并行运作系统时，生产过程中不会因为 VSG 自学习模型的层别跃迁而产生冷却规程计算错误，也不会因为 DNN 模型的即时反应慢而出现修正不及时的情况，两者相辅相成，大大提升了中厚板轧后控冷系统的稳定性和鲁棒性，真正实现了 1+1>2 的效果。

#### 7.2.3.1 深度学习模型架构的选择

##### A 评估方法

通常，每次建立并训练好一个模型时都需要对其进行上线前测试，由于没有现场应用数据来实际测试，因此只能从原先数据集中已知的样本数据分出一些出来当作测试集，测试训练好的学习器的泛化能力[21]。设只有一个包含 $m$ 个样例的数据集 $D=\{(x_1, y_1), (x_2, y_2), \cdots, (x_m, y_m)\}$，既要训练，又要测试。通常假设测试样本也是从样本真实分布中独立同分布采用而得。对数据集 $D$ 进行适当处理，从中产生出训练集和测试集，一般有以下几种方式提取测试集。

（1）留出法。留出法（hold-out）是直接将数据集 $D$ 按一定的比例划分为两个互斥的集合，为了防止在划分时有数据聚集的现象，需在划分之前将数据集进行打乱处理。如图 7-23（a）所示，其中一个集合作为训练集 $S$，另一个作为测试集 $T$，并且满足 $D=S\cup T$，$S\cap T=\varnothing$。用训练集 $S$ 来对模型进行训练，在训练过程中用测试集 $T$ 来评估其测试误差，作为何时停止训练的标志，当泛化误差达到预先设定值之下时，停止对模型的训练。在使用留出法时需要注意，训练/测试集的划分要尽可能保持数据分布的一致性，即将数据样本进行随机打乱处理。

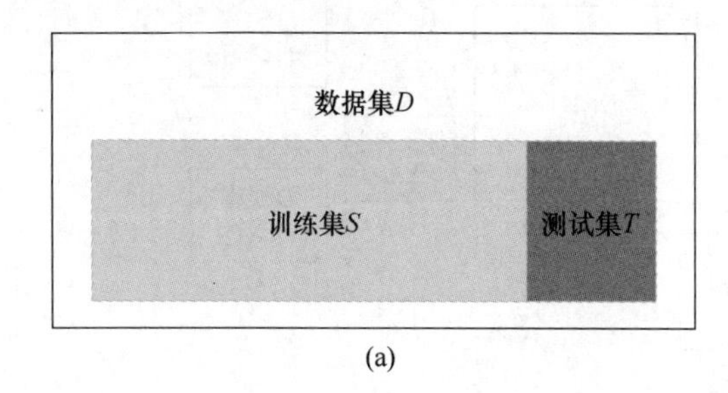


(a)

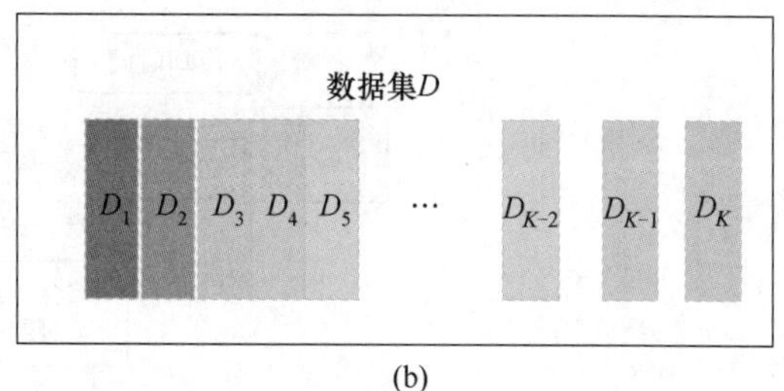


(b)

图 7-23 数据集处理方法
（a）留出法；（b）交叉验证法

留出法虽然实行起来比较简单，但是在使用时会导致出现一个窘境：即留多少的问题，如果使训练集 $S$ 包含绝大多数样本，则训练出的模型可能更接近于用数据集 $D$ 训练出的模型，但由于测试集 $T$ 比较小，评估结果可能不够稳定准确；若令测试集 $T$ 多包含一些样本，则训练集 $S$ 与数据集 $D$ 的差别就更大了，此时训练集 $S$ 会有可能出现某一类数据样本全部未包含的情况，与原数据集 $D$ 差别比较大，从而降低了评估结果的保真性。这个问题如今还没有完美的解决方案，常见做法是将 2/3～4/5 的样本用于训练，剩余样本用于测试。

(2) 交叉验证法。如图 7-23 (b) 所示，交叉验证法 (cross validation) 先将数据集 $D$ 进行随机打乱处理，然后将其划分为 $k$ 个大小相似的互斥子集，即 $D = D_1 \cup D_2 \cup \cdots \cup D_k$, $D_i \cap D_j = \varnothing(i \neq j)$ 。这一点跟留出法有点相似，相当于使用 $k$ 次留出法，每个子集 $D_i$ 都尽可能保持数据分布的一致性。然后，每次用 $k-1$ 个子集的并集作为训练集，余下的那个子集作为测试集，这样就可以获得 $k$ 组训练/测试集，从而可对模型进行 $k$ 次训练和测试，最终返回的是这 $k$ 次测试结果的均值。

与留出法相似，将数据集 $D$ 划分为 $k$ 个子集同样存在多种划分方式。为减少因样本划分不同而引入的差别，$k$ 折交叉验证通常要随机使用不同的划分重复 $p$ 次，最终的评估结果是这 $p$ 次 $k$ 折交叉验证结果的均值。

(3) 自助法。自助法 (bootstrapping) 是一个比较好的解决方案，如图 7-24 所示，它直接以自助采样法 (bootstrap sampling) 为基础。给定包含 $m$ 个样本的数据集 $D$，对它进行采样产生数据集 $D'$：每次随机从 $D$ 中挑选一个样本，将其拷贝放入 $D'$，然后再将该样本放回初始数据集 $D$ 中，使得该样本在下次采样时仍有可能被采到；这个过程重复执行 $m$ 次后，就得到了包含 $m$ 个样本的数据集 $D'$，这就是自助采样的结果。

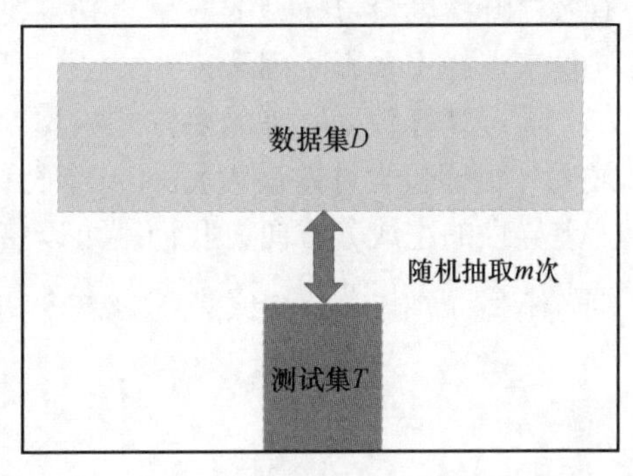

图 7-24 自助法

自助法相对于留出法和交叉验证法来说比较复杂麻烦，其在数据集较小的情况下应用效果最好，并且能够从原始数据集中产生多个不同的训练集。然而，自助法产生的数据集改变了初始数据集的分布，会引入估计偏差，因此，在初始数据量足够时，留出法和交叉验证法更常用一些。

在中厚板轧后控冷系统中，深度神经网络所需的数据集是从国内某中厚板厂企业服务器中的数据库中采集出来，其数据量庞大且优质，无需采用自助法生产数据集。在数据量足够的情况下，用不上自助法。在本次研究应用中，选择用交叉验证法来选出测试集对模型进行泛化评估。

B 主成分分析法选择网络参数

首先需确立深度神经网络的输出层单元。中厚板轧后控冷过程中的温度控制是一个不稳定且复杂的过程，如图 7-25 所示，轧后控冷过程中温度场模型与许多环境物理参数有关，如终轧温度、板材厚度、水流密度和水温等[22]。温度场模型中的这些物理参数之间存在着复杂的非线性关系，很难确定它们之间的函数关系。

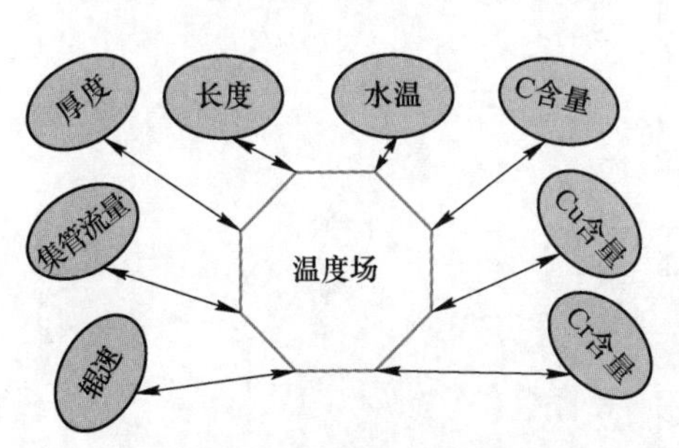

图 7-25 温度场影响因子

温度场模型实际参与计算的参数很多，若将现场所有影响都归结于换热系数一个参数进行调整，会使模型的鲁棒性差。故结合深度学习技术，建立一种无公式化控冷模型。水冷换热系数是一个关键参数，由水冷换热系数经过数学模型计算出来的冷却时间，它的精度直接影响终冷温度的控制精度，是影响终冷温度的最终影响因素。于是，直接将冷却时间作为深度神经网络的输出单元。

其次是确立深度神经网络输入层单元。输入层单元主要由影响温度场的相关参数确定，由某中厚板厂数据库中提取大量生产数据作为数据集，初步采集出板材宽度、板材厚度、板材长度、化学成分、冷却水温度、空气温度、终轧温度、目标终冷温度、集管流量、冷速、辊速等20多个影响因子。由于各个影响因子对温度场影响权重各不相同，因此采用主成分分析法（PCA）对数据进行预处理。

主成分分析方法是一种使用最广泛的数据压缩算法。其针对于大量数据进行分析，勾选出影响权重大的因素作为深度神经网络的输入层单元，以减少不重要因素的影响，从而有效提升深度学习模型的效率。其主要工作方式是通过计算数据矩阵的协方差矩阵和特征向量来选择主要影响因素。

通过计算数据矩阵的协方差矩阵，然后得到协方差矩阵的特征值及特征向量，特征值最大（也即包含方差最大）的 $N$ 个特征所对应的特征向量组成的矩阵，就是这些包含最大差异性的主成分方向，我们就可以将数据矩阵转换到新的空间当中，实现数据特征的降维（$N$ 维）。其中，均值 $\overline{X}$ 、方差 $S$ 和协方差 $C$ 的计算公式如下：

$$\overline{X} = \frac{1}{N}\sum_{i=1}^{N} X_i \tag{7-22}$$

$$S = \frac{1}{N-1}\sum_{i=1}^{N} (X_i - \overline{X})^2 \tag{7-23}$$

$$C = \frac{1}{N-1}\sum_{i=1}^{N} (X_i - \overline{X})(Y_i - \overline{Y}) \tag{7-24}$$

方差和协方差的除数是 $N-1$，这样是为了得到方差和协方差的无偏估计。

主成分分析法计算步骤如图7-26所示。

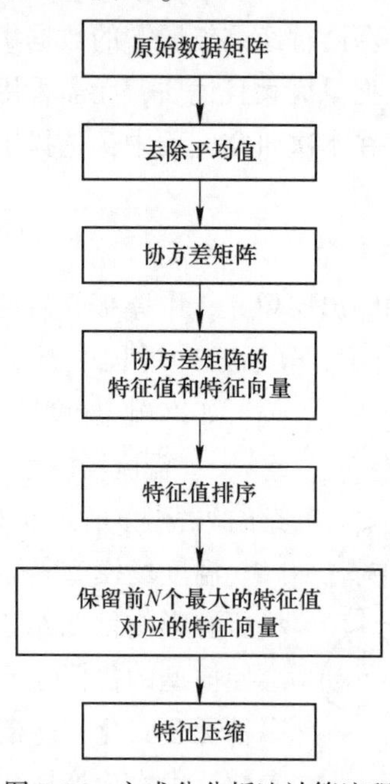


图7-26 主成分分析法计算流程

通过 PCA 函数得到数据所包含的信息量，然后通过定量的计算数据中所包含的信息决定出保留特征的比例。其 python 代码形式如图 7-27 所示。

```
dataMat=pca.replaceNanWithMean()
meanVals=mean(dataMat,axis=0)    #求平均值
meanRemoved=dataMat-meanVals    #去平均值
conMat=cov(meanRemoved,rowvar=0)#求协方差矩阵
eigVals,eigVects=linalg.eig(mat(covMat))#使用PCA函数获得特征值信息
```

图 7-27 python 代码

其中 eigVals 为特征值矩阵。表 7-7 中为 20 个影响因子特征值的计算结果，里面有很多值都是 0，这意味着这些特征都是其他特征的副本，都可以通过其他特征来表示，其本身没有提供额外的信息。可以看到表 7-7 中最前面的 9 个特征值的数量级都特别大，而后面的特征值都非常小。这表明，所有特征中只有部分特征是重要特征。

**表 7-7 特征值矩阵**

| | | | | |
|---|---|---|---|---|
| 2301849 | 5684798 | 77456 | 1314638 | 2900666 |
| 2097986 | 48863 | 6396325 | 11009 | 23 |
| 1. 30 | 45. 30 | 9. 45 | 0. 32 | 0. 20 |
| 0 | 0 | 100 | 0 | 0 |

表 7-8 是数据集中前 20 个主成分所占的总方差百分比，以及累计方差百分比。由表 7-8 可以看出，前 5 个主成分覆盖了数据 96. 4%的方差，前 9 个主成分覆盖了 99. 1%的方差。这表明，通过特征值分析，可以确定出需要保留的主成分及其个数，进而使得在数据集整体信息（总方差）损失很小的情况下，可以实现数据的大幅度降维。

**表 7-8 方差百分比** （%）

| 影响因子 | 方差百分比 | 累积方差百分比 |
|---|---|---|
| 板材厚度 | 50. 20 | 50. 20 |
| 终轧温度 | 20. 10 | 70. 30 |
| 目标终冷温度 | 16. 30 | 86. 60 |
| 集管流量 | 8. 80 | 85. 40 |
| 辊速 | 5. 30 | 90. 70 |
| 冷却水温度 | 3. 30 | 94. 00 |
| 空气温度 | 2. 40 | 96. 40 |
| C 含量 | 1. 10 | 97. 50 |
| Mn 含量 | 0. 30 | 99. 10 |

由 PCA 结果分析，将从企业生产现场收集的所有数据中选出 9 个权重较大影响因子（包括板材厚度、C 含量、Mn 含量、冷却水温度、空气温度、终轧温度、目标终冷温度、集管流量、辊速）作为深度神经网络的输入层参数。

如图 7-28 所示，为初步确定出输入层参数和输出层参数的深度神经网络结构，下面对其他模型结构参数进行对比实验设定。

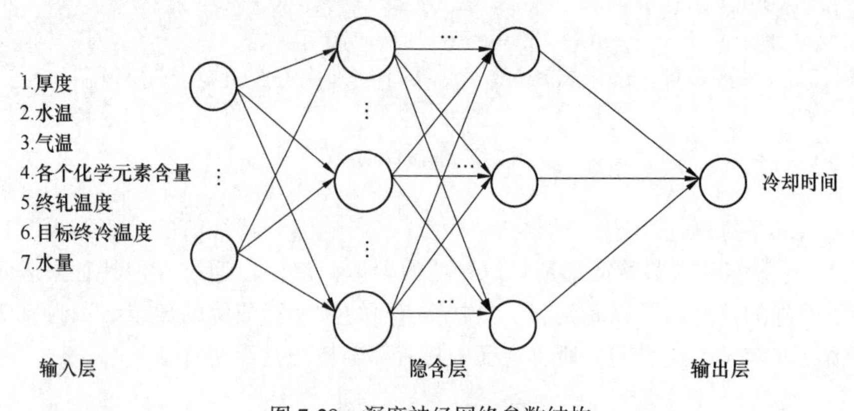


图 7-28 深度神经网络参数结构

C 网络结构参数的选择

传统神经网络模型一般都是单隐层。对于单隐层来说，其单元节点数决定了非线性复杂程度。但是随着函数复杂度的增加，所需参数数目将呈指数增长，因此在实际应用中难以实现[23]。而深度神经网络可分层逐级地挖掘输入数据的特征表示，有效降低了模型所需参数数目，并且增大了模型运算精度。

针对于模型结构参数的选择，采用组合网格搜索的方法，即将隐含层层数和每层神经元个数组合成一个个组合网格，在其中挨个训练分别进行实验搜索出最合适组合，选取几个特殊组合作图比较，结果如图 7-29 所示。

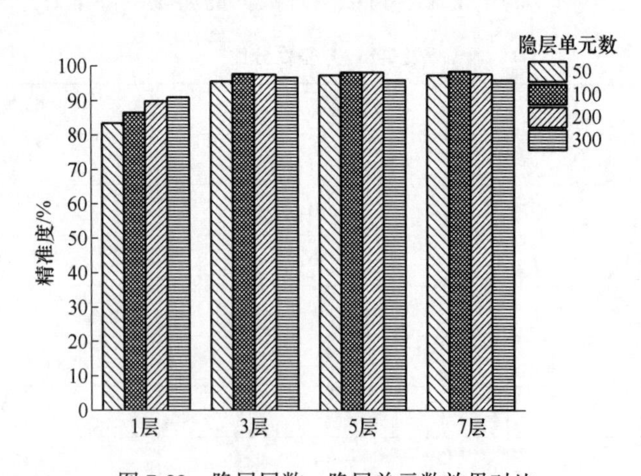


图 7-29 隐层层数、隐层单元数效果对比

其中，精准度是由均方根标准误差（RMS 误差）转换所得，即

$$A_{cc} = 1 - \sqrt{\frac{\sum_{j=1}^{m}(y_j - c_j)^2}{m}} \tag{7-25}$$

由表7-9可知，当设置隐含层为1的时候，精准度最高为90.92%，而3层的时候，精准度可以达到97.79%，远远优于隐含层为1的时候。对于此模型，隐含层数或者隐含层单元数增多的话，其精准度的增加微乎其微，而计算时间会显著增长，导致模型综合效率下降。故遵循训练时间、精准度相对最优化的条件，确定该神经网络模型隐含层为3层，隐含单元为100个。

**表7-9 隐层层数、隐层单元数精准度对比** (%)

| 层数 | 1层 | 3层 | 5层 | 7层 |
| --- | --- | --- | --- | --- |
| 50个 | 83.4227 | 95.5999 | 97.3697 | 97.3703 |
| 100个 | 86.5607 | 97.7886 | 98.1977 | 98.5179 |
| 200个 | 89.8715 | 97.5591 | 98.1839 | 97.7318 |
| 300个 | 90.9192 | 96.7135 | 95.9628 | 95.9733 |

D 激活函数的选择

传统神经网络中多应用Sigmoid函数[24]与Tanh函数[25]，而现在神经网络用得最多则是Relu函数或Softplus函数，如图7-30所示。

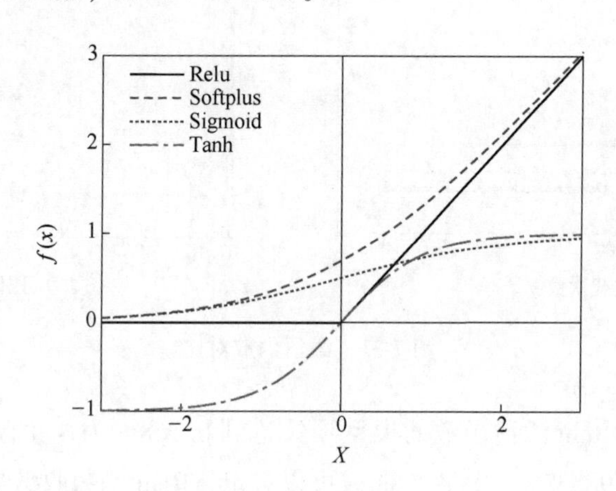


图7-30 激活函数图

Sigmoid函数表达式为：

$$f(x) = \frac{1}{1 + e^{-x}} \tag{7-26}$$

Tanh函数表达式为：

$$\tanh(x) = \frac{e^{x} - e^{-x}}{e^{x} + e^{-x}} \tag{7-27}$$

Sigmoid 函数在神经网络产生初期曾一度流行，可是其由于软饱和性，容易产生梯度消失，并且收敛缓慢，现一般不再采用它作为激活函数。Tanh 函数是 Sigmoid 函数的改进版，有异曲同工之处，但它也存在梯度饱和的问题。

近年来，Relu 激活函数由于其独特的优良特性在神经网络应用方面越来越广泛。

Relu 激活函数表达式为：

$$f(x) = \max(0,\ x) \tag{7-28}$$

Softplus 激活函数表达式为：

$$f(x) = \ln(1 + e^{x}) \tag{7-29}$$

从信号方面来看，Relu 函数只对输入信号的少部分选择性响应，更快更好地提取稀疏特征。Relu 激活函数模型相比于 Sigmoid 函数和 Tanh 函数，主要有以下 3 个优点：单侧抑制；相对宽阔的兴奋边界；稀疏激活性[26]。由图 7-30 可以看出，Softplus 是 Relu 的平滑，其照顾到了 Relu 模型的前两个优点，但却没有稀疏激活性。

将该 4 个激活函数应用于神经网络模型中，训练集采用国内某数据库中控制冷却过程的生产数据，对比其训练效果，如图 7-31 所示。

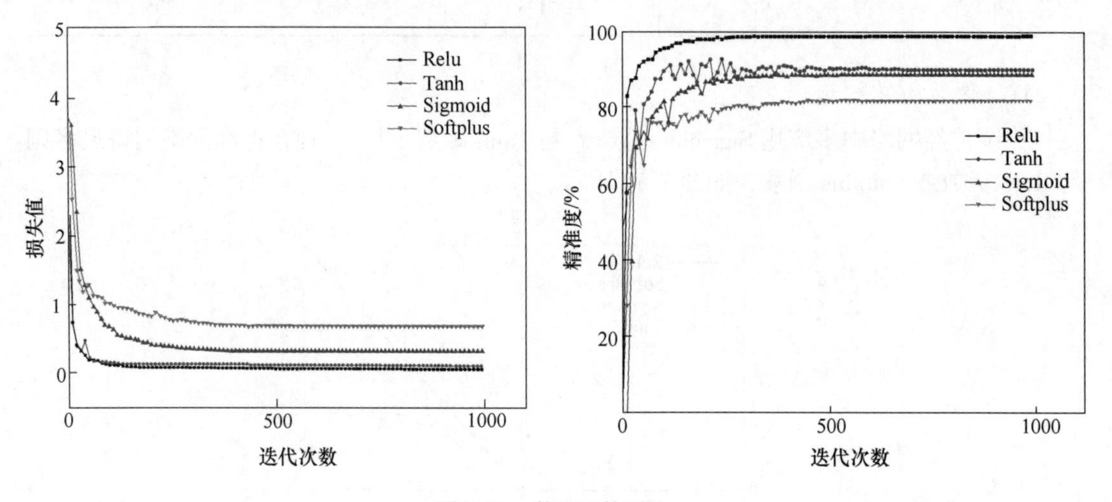


图 7-31　激活函数对比

由图 7-31 可得，Relu 激活函数的模型损失达到 0.068，为 4 个激活函数损失最小值，其精准度也最高，为 98.33%。从损失曲线可以看出，Relu 函数收敛更快，应用效果最佳，模型损失最小，故模型选择激活函数为 Relu 函数。

E　优化算法的选择

对于现阶段的深度神经网络来说，梯度下降法依然是其求最优解的基本方法。但是单纯的梯度下降法已难以满足如今复杂的神经网络，因此在梯度下降法的基础上衍生出许多个不同的优化算法。下面介绍一些常用的优化算法，并对其进行比较。

（1）批量梯度下降法。批量梯度下降法是将整个训练集分成 $N$ 个训练样本，每次迭代更新采用 $t(1 < t < N)$ 个样本，是最常用的训练神经网络优化方法之一。其训练时，

参数更新的动荡相对较小，收敛过程更平稳，训练难度减小。在实际情况下，大部分神经网络所面临的都是复杂且非凸的目标函数，这也意味着梯度下降时很容易陷入局部最优的困境。

（2）动量梯度下降法。动量梯度下降（Gradient Descent with Momentum）是计算梯度的指数加权平均数，并利用该值来更新参数值[27]。具体过程为：

$$V_{dw} = \beta V_{dw} + (1-\beta) dw \tag{7-30}$$

$$V_{db} = \beta V_{db} + (1-\beta) db \tag{7-31}$$

$$w := w - \alpha V_{dw} \tag{7-32}$$

$$b := b - \alpha V_{db} \tag{7-33}$$

其中的动量衰减参数 $\beta$ 一般取 0.9。

使用动量梯度下降时，通过累加减少了抵达最优值路径上的摆动，加快了模型收敛，其考虑到了之前几步梯度下降的方向：当前后梯度方向一致时，动量梯度下降能够加速学习；当前后梯度方向不一致时，动量梯度下降能够抑制震荡，减少学习时间。

（3）自适应矩估计。自适应矩估计优化算法[28]（Adaptive Moment Estimation，Adam）适用于很多不同的深度学习网络结构，能计算模型各个参数的自适应学习率，使得整个训练过程更加稳定。具体过程如下：

$$V_{dw} = \beta_1 V_{dw} + (1-\beta_1) dw \tag{7-34}$$

$$V_{db} = \beta_1 V_{db} + (1-\beta_1) db \tag{7-35}$$

$$S_{dw} = \beta_2 S_{dw} + (1-\beta_2) dw^2,\ S_{db} = \beta_2 S_{db} + (1-\beta_2) db^2 \tag{7-36}$$

$$V_{dw}^{\text{corrected}} = \frac{V_{dw}}{(1-\beta_1^t)},\ V_{db}^{\text{corrected}} = \frac{V_{db}}{(1-\beta_1^t)} \tag{7-37}$$

$$S_{dw}^{\text{corrected}} = \frac{S_{dw}}{(1-\beta_2^t)},\ S_{db}^{\text{corrected}} = \frac{S_{db}}{(1-\beta_2^t)} \tag{7-38}$$

$$w := w - \alpha \frac{V_{dw}^{\text{corrected}}}{\sqrt{S_{dw}^{\text{corrected}}} + \varepsilon} \tag{7-39}$$

$$b := b - \alpha \frac{V_{db}^{\text{corrected}}}{\sqrt{S_{db}^{\text{corrected}}} + \varepsilon} \tag{7-40}$$

式中，学习率 $\alpha$ 需要进行调参；超参数 $\beta_1$ 称为第一阶矩，一般取 0.9；$\beta_2$ 称为第二阶矩，一般取 0.999；$\varepsilon$ 一般取 $10^{-8}$。

（4）Adagrad 优化算法。Adagrad 算法[29]主要思想是：在进行参数更新时，不设置特定的学习率，在每次迭代时，对每个参数使用不同的学习率进行优化。其效果是迭代至参数空间更平缓的方向时，会取得更大的进步。但是该方法会导致学习率过早、过量减少，模型训练时间增长，效率偏低。

将以上四种优化算法代入模型中进行训练对比，如图 7-32 所示，Adam 算法收敛速度最快，仅用 100 步迭代即可达到 0.027，且稳定损失最小，精准度最高，可达到 97.7%。经过比对后，综合各个方面的优势，深度神经网络模型选择 Adam 优化算法。

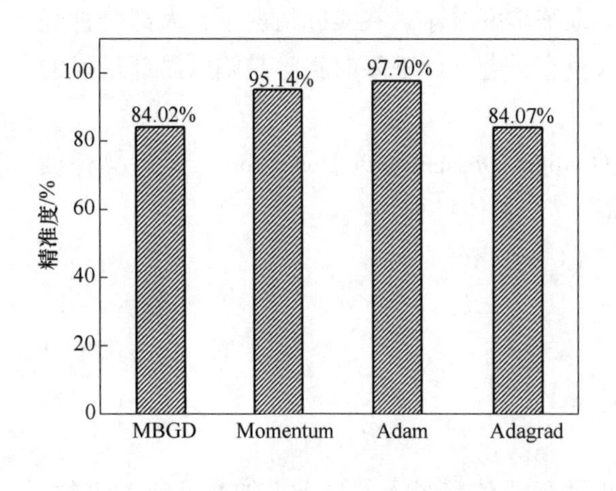


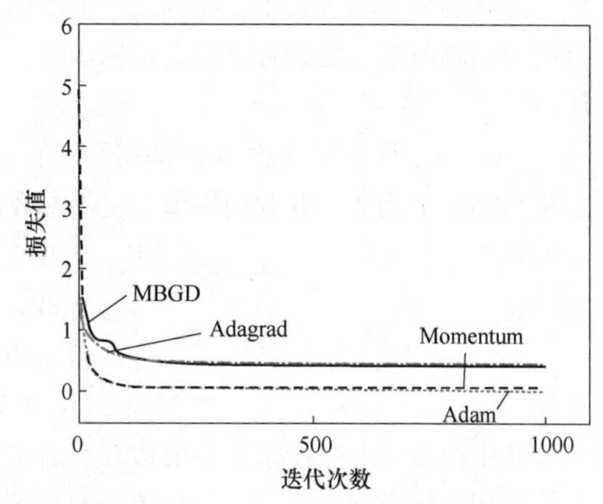


图 7-32 优化算法对比

F 正则化方法选择

由于深度神经网络模型参数非常多，因此过拟合现象是无法避免的。针对过拟合问题，研究者们提出了很多有效的技术。如正则化，这是机器学习中非常重要并且可以非常有效减少泛化误差的技术。本节主要通过对比应用效果来选择模型所应用的正则化方法。主要比较常用的两个正则化技术：L2 正则化与 Dropout 正则化[30]。

L2 正则化主要思想是，参数约束添加 L2 范数惩罚项。

$$\tilde{J}(w; X, y) = J(w; X, y) + \frac{1}{2}\alpha \| w \|^2 \tag{7-41}$$

通过梯度下降法推导出，参数优化公式为：

$$w = (1 - \varepsilon\alpha)w - \varepsilon\nabla J(w) \tag{7-42}$$

其中 $\varepsilon$ 为学习率，相对于正常的梯度优化公式，对权重参数 $w$ 乘上一个缩减因子。

Dropout 是一类通用并且计算简洁的正则化方法，于 2014 年被提出后广泛使用。简单地说，Dropout 是指在深度神经网络的训练过程中，在向前传播时，对于某层网络单元，按照一定的概率将其从网络中清除，即设置为“0”，随机切断该网络结构中的层层连接，这样可以使一个神经元的出现不依赖其他的神经元，从而增加模型的泛化能力[31]。

将 L2 正则化与 Dropout 正则化分别进行训练对比。从图 7-33 可以看出，无正则化时，存在过拟合问题，训练集损失为 0.01，而测试集损失为 0.65，两损失差距偏大。加入 L2 正则化后，测试集损失为 0.07，训练集损失为 0.47，两损失差距减小。并且相比于 L2 正则化，Dropout 正则化应用后训练集损失为 0.03，且与测试集损失为 0.26，两者差距也较小，说明 Dropout 正则化比 L2 正则化效果要好。

当 L2 正则化与 Dropout 正则化共同使用时，效果最好，训练集损失为 0.14，比单独使用 Dropout 正则化时要大一点，说明过拟合问题基本消失，测试集损失为 0.20，也更接近于训练集损失，且模型预测精确度较高。故最终选择 L2 正则化与 Dropout 正则化共用。

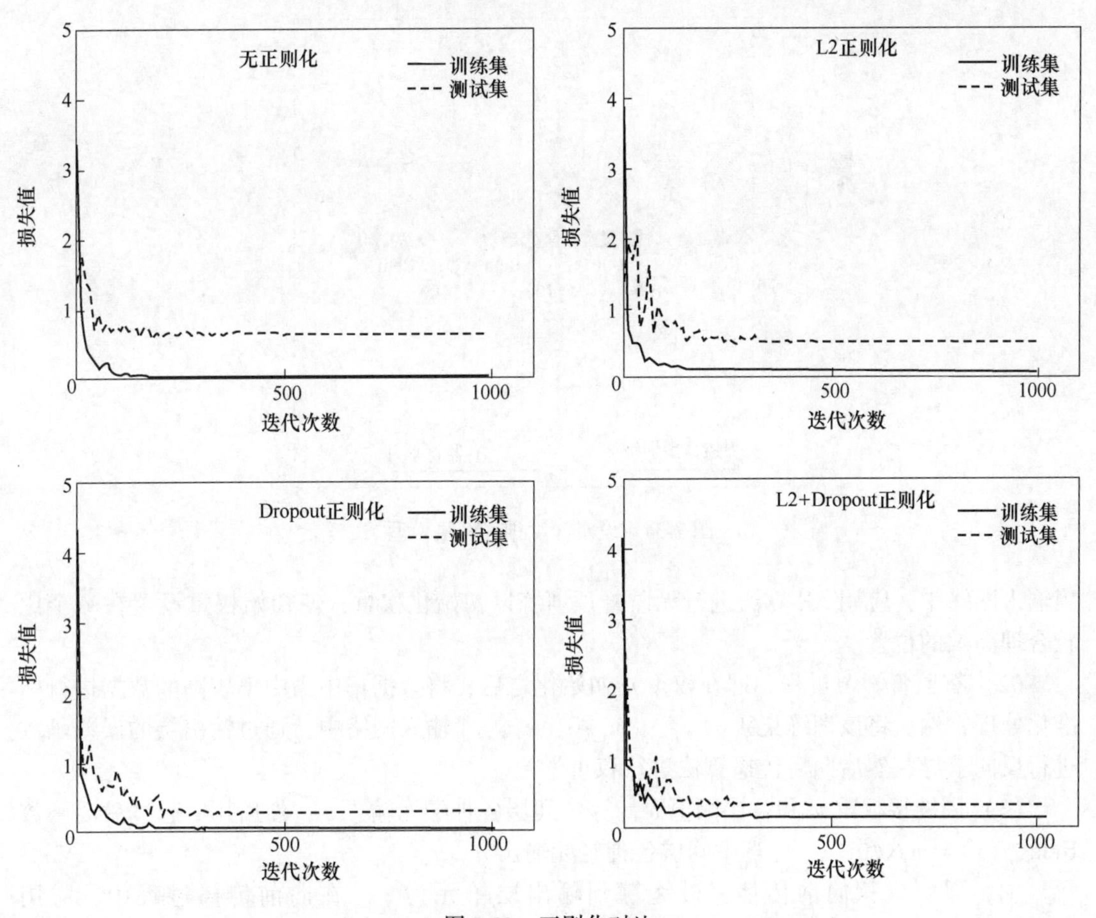


图 7-33 正则化对比

### 7.2.3.2 深度学习模型结构及计算过程

通过 7.2.3.1 节中对模型构架进行单一变化求最优后，得出最终的深度神经网络模型结构。如图 7-34 所示，其输入层节点设定为 9 个，分别为板材厚度、C 含量、Cr 含量、Cu 含量、Mn 含量、冷却水温度等，选取冷却时间为输出层节点。经过对比实验，优化算法选择 Adam 算法，激活函数选择 Relu 函数，正则化方法选择 L2 正则化和 Dropout 正则化并用。其中隐含层选择为 3 层，每层隐含层单元数选择为 100 个。

模型构建完成后，需对其预测能力进行检验，描述其泛化能力。本节使用的评价指标为均方根误差 RMSE。

$$\mathrm{RMSE} = \sqrt{\frac{1}{n}\sum_{i=1}^{n}(\hat{y}_i - y_i)^2} \tag{7-43}$$

式中 $y_i$ ——第 $i$ 个轧后冷却时间的实际值；

$\hat{y}_i$ ——使用预测模型得到的第 $i$ 个样本的预测值。

计算过程如下：

(1) 无监督逐层预训练，对权重 $w$ 进行预训练。即将从企业数据库中采集得到的数据

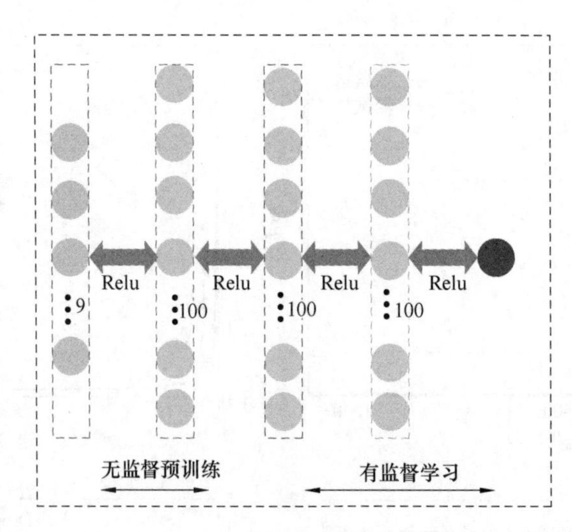


图 7-34  设定深度神经网络模型

集输入网络中，应用 AE 算法进行无监督预训练以初始化权重，使初始权重设置在一个比较合理高效的位置。

（2）有监督学习过程。即在权重 $w$ 初始化之后，将数据集中命中率较高的数据进行标准化处理，然后将该训练集 $A=[x_1, x_2, \cdots, x_9, \bar{y}]$ 输入网络中，通过输出层的误差函数进行反向求导，然后向后传播算法进行权重学习。

（3）用链接权重 $w$ 和各层阈值 $b$ 计算中间层各神经元输入 $z$，然后用 $z$ 通过激活函数 Relu，$f(x)=\max(0, x)$ 计算中间层各神经元输出 $a$。

（4）以此步骤向前传播，最终算到输出层单元为 $y$。在向前传播过程中，应用 Dropout 算法，即随机将隐含层单元归 0，以减少过拟合。

（5）用期望输出 $\bar{y}$ 与实际输出 $y$ 进行误差分析 $E_{\mathrm{total}}=\sum \frac{1}{2}(y-\bar{y})^2$，并且进行准确率计算。

（6）通过误差反向传播，进行权重 $w$ 和阈值 $b$ 的更新。

（7）用更新后的权重 $w$ 和阈值 $b$ 向前传播，至输出 $y$，重复步骤（5）和步骤（6），直至准确率和均方根误差在设定范围内。

#### 7.2.3.3  同步权重更新模式

深度学习的学习周期长，需要消耗大量资源来训练网络权重。为了适应现场生产的快节奏，本节提出具备在线同步更新网络的深度学习模型模式，可以实现工艺预测与数据训练网络的在线同步进行。

深度学习模型主要包含两个模块，分别为预测模块与训练模块两部分。该系统采用在线预测和离线训练并行运作模式。其中预测模块采用在线预测形式，即待冷钢板 PDI 数据传输至控冷系统时进行冷却时间的预测和冷却规程的计算，随后将冷却规程传至一级控制系统对钢板进行冷却控制。对于训练模块采用离线训练形式，其对应的是数据库中的训练集，其运行训练时不影响生产节奏。其中数据库中训练集主要包括从生产过程中产生的

post 文件中提取出来的数据，也包括历史数据库中留下的生产数据，经过筛选清理所得。

图 7-35 所示为训练模块流程，主要包括训练集处理、训练操作、启动训练三部分。其中训练集处理的主要功能为对数据样本进行处理，首先对数据样本进行标签与索引同步打乱，这样处理有效避免了同类数据集中干扰训练精度的问题；然后对整体数据样本进行分类处理，使用交叉验证法选取出训练集和测试集；最后对训练集和测试集进行标准化处理。模型所采用的其他优化算法主要包括正则化、滑动平均模型和指数衰减学习率等。启动训练的功能为对模型进行权重更新，待模型性能训练合格后储存其权重。

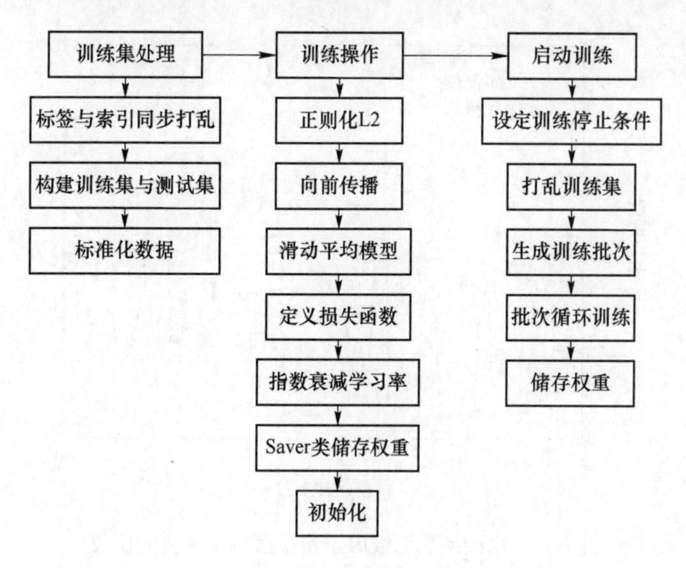


图 7-35 训练模块流程

图 7-36 所示为预测模块流程，该模块主要用于输出预报结果供控冷模型使用，将输入数据 PDI 输入模型中，加载网络结构和训练好的权重进行向前传播算法，得出预报结果传输至控冷系统中，进行冷却规程的计算。此模块嵌入至控冷系统中，参与实际生产，并且其计算消耗时长基本满足在线生产的要求。

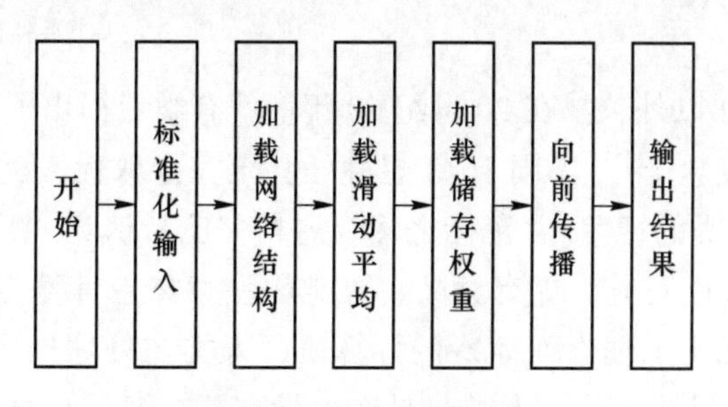


图 7-36 预测模块流程

#### 7.2.3.4 结果分析

利用某中厚板厂 3500 mm 线上的冷却数据集，选取 5000 组数据作为总样本，将 5000 组样本用交叉验证的方式分为训练集与测试集，对模型进行评估。采用 4000 组训练样本对深度神经网络进行训练，模型训练完成后，用测试集进行模型性能测试。

如图 7-37 所示，连续采集前 150 块预报的水冷时间，与实际水冷时间进行对比。由图可看出，水冷时间的预报值和实测值拟合得很好。经统计，对水冷时间的预报，准确率达到 96.7%。这证明深度神经网络模型可以很好地挖掘数据信息，并且能对一些复杂的参数进行准确的预报，说明深度神经网络是可靠的。经过深度神经网络模型预报所得的水冷时间相对于传统模型中应用水冷换热系数通过数学模型计算所得到的水冷时间更加稳定，模型鲁棒性更强。

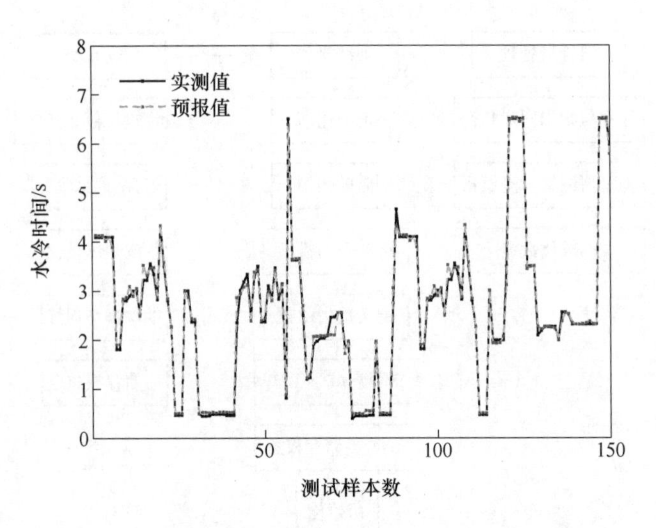


图 7-37 水冷换热系数因子预报值与实测值的比较

在生产过程中，冷却板材的规格种类不是一成不变的，并且由于轧制过程的不确定性，即使是同种规格的板材，其轧制温度也有可能是不一样的，这对于模型来说是一个考验，针对这种情况，深度学习模型算法也表现出非常好的鲁棒性和稳定性。

## 7.3 智能增强技术

除了现在热门的 AI 以外，早在 20 世纪 60 年代就有学者提出了智能增强（Intelligence Augmentation，IA）的概念[32]。不同于 AI 想胜任甚至完全取代人类智慧的目的，IA 的设计目标是帮助并提高人类的智慧。“鼠标之父”恩格尔巴特认为“用计算机来增强人类智慧”远比“用计算机取代人类”更有意义。智能增强意味着计算机技术的最终目的始终是“以人为本”[33]，相比于理性而冰冷的计算机，人类在处理抽象化、情绪化和非逻辑性的问题上有着不可逾越的优势，人类只是在大量重复、海量计算和记忆上逊于计算机，而通过人机交互，将这些问题交给计算机，就能很好地弥补人类的短板。

目前，中厚板在线冷却生产过程中，再有经验的技术人员也无法长期保持高精度的控制水平，再完美的自学习模型也无法准确计算从未遇到过（无学习样本）的问题以及应对突发状况（过于依赖变量和信号）。经过在实际生产过程中的长期探索发现，单纯依靠人或机器都是不长久可靠的，人为导向结合机器学习辅助在现有技术条件下，更符合实际生产的需求，因此IA的技术理念将更适合工业智能控制系统的应用。针对中厚板轧后冷却过程控制，IA技术体现在两个方面：一是知识图谱；二是人为导向自学习系统。

知识图谱是由大量专业人员根据测试经验和理论模型建立的规则体系，知识库是开放可更新的，其中包括工艺分类规则、过程控制规则和应急处理规则。基于中厚板轧后冷却的知识图谱如图7-38所示。

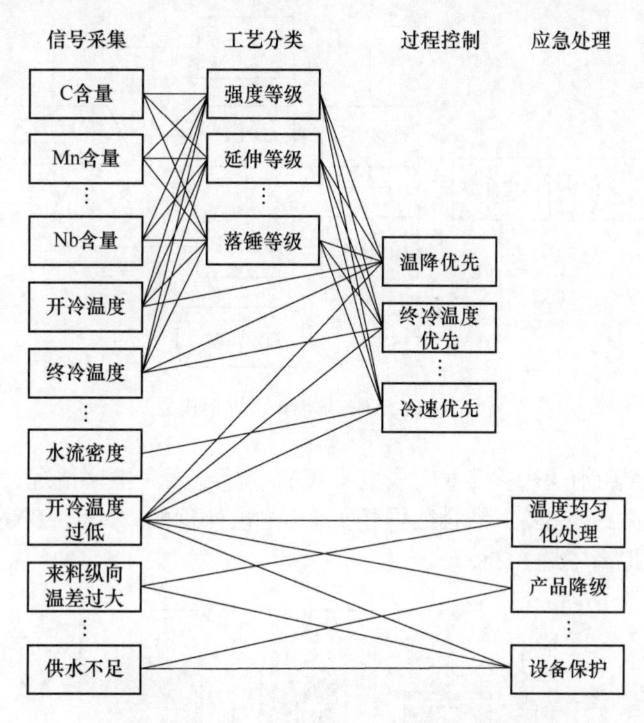


图7-38 基于中厚板轧后冷却的知识图谱示意

人为导向自学习系统主要解决学习样本少、学习周期长等问题。如图7-39所示，人为导向自学习系统通过人工标签来为机器学习（VSG、DNN）添加足够的训练集；通过经验补偿的方式，来调整修正幅度，加快机器学习效率。

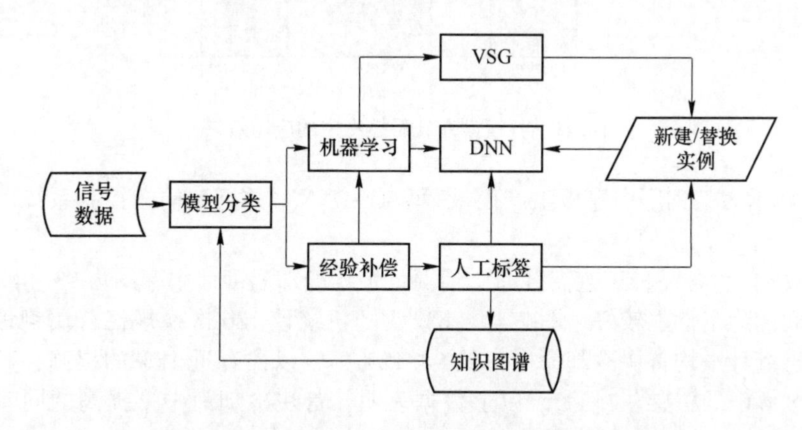


图7-39 自学习系统流程

## 7.4　ADCOS-PM 系统的现场应用

基于前述的数据挖掘与 IA 技术，预处理后的数据源的质量和可靠性都得到了很好的保障，以便于上位机控制模型得到更优的运算结果。ADCOS-PM 系统采用“VSG（短期自学习模型）+DNN（长期自学习模型）”双模型并行的系统架构，如图 7-40 所示。

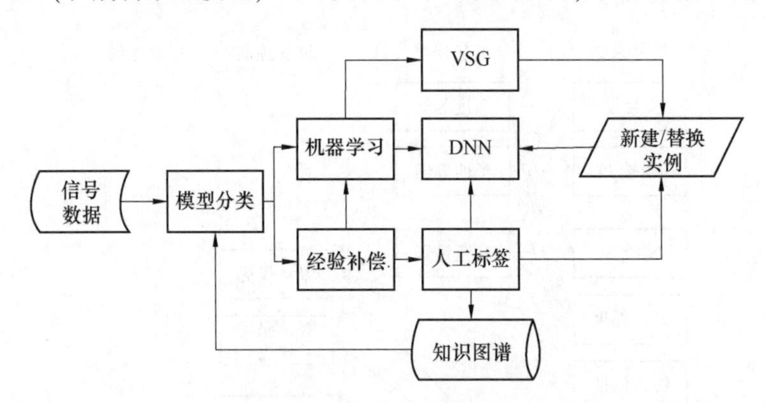


图 7-40　ADCOS-PM 系统架构

图 7-41 所示为某钢厂中厚板生产线上半年的冷却温度命中率情况，使用 VSG 模型后命中率较改造前提高约 7.3%，结合数据挖掘和 IA 预处理的“VSG+DNN”并行架构，冷却命中率又进一步提高了约 3.5%。

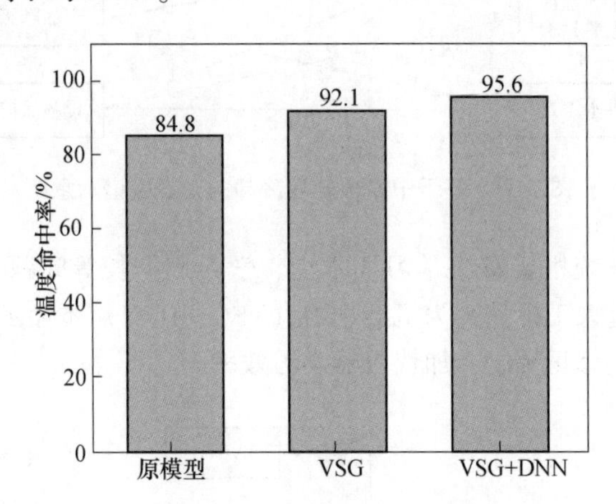


图 7-41　各模型在轧后控冷中的应用效果

图 7-42 所示为某钢厂中厚板生产投入“VSG+DNN”并行架构的控制系统后冷却温度命中情况。

图 7-42（a）为各品种工艺温度命中情况，平均冷却温度命中率约为 98.14%，同时各工艺温度区间的稳定性也较好。图 7-42（b）为随机统计 186 次换规格首块钢板冷却温度偏差分布，据统计平均首块冷却命中率约 94.12%，较以往有近 15%的提高，其中温度偏差平均值约 8.6℃，方差约 7.5℃。以上数据表明，首块冷却命中率提高的同时温度波动也明显减小。

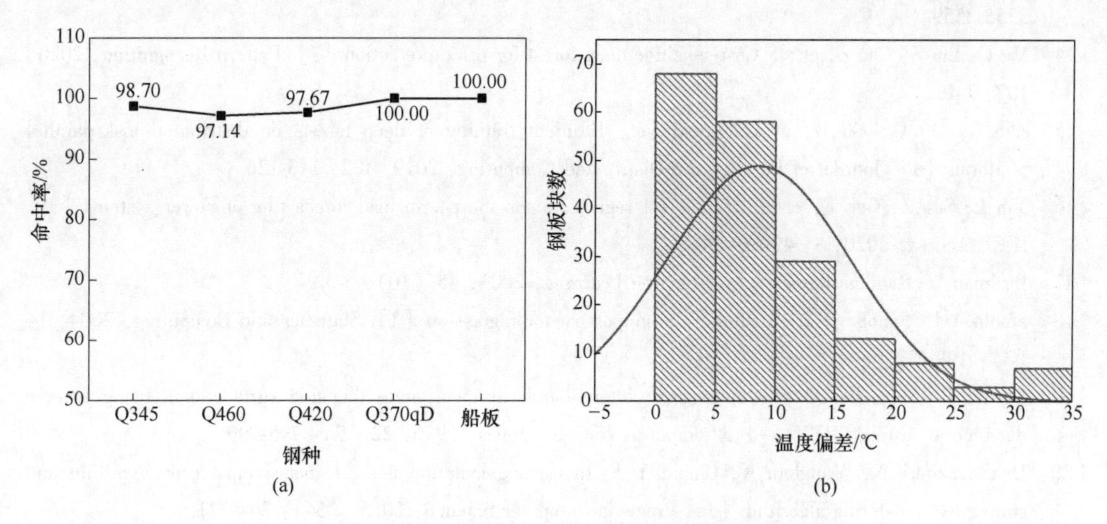


图 7-42 中厚板生产线控冷应用情况

（a）不同品种的温度命中率；（b）换规格首块钢板冷却温度偏差分布

## 参 考 文 献


[1] Tang S, Liu Z Y, Wang G D, et al. Microstructural evolution and mechanical properties of high strength microalloyed steels: Ultra Fast Cooling (UFC) versus Accelerated Cooling (ACC) [J]. Materials Science & Engineering A, 2013, 580 (10): 257-265.

[2] Zhou X G, Liu Z Y, Song S Y, et al. Upgrade rolling based on ultra fast cooling technology for C-Mn steel [J]. Journal of Iron and Steel Research, 2014, 21 (1): 86-90.

[3] Gong D Y, Xu J Z, Peng L G, et al. Self-learning and its application to laminar cooling model of hot rolled strip [J]. Journal of Iron and Steel Research, 2007, 14 (4): 11-14.

[4] Mauder T, Sandera C, Stetina J. Optimal control algorithm for continuous casting process by using fuzzy logic [J]. Steel Research International, 2015, (86): 785-798.

[5] Zheng Y, Li S, Wang X. An approach to model building for accelerated cooling process using instance-based learning [J]. Expert Systems with Applications, 2010, 37 (7): 5364-5371.

[6] Wang B X, Zhang D H, Wang J, et al. Application of neural network to prediction of plate finish cooling temperature [J]. Journal of Central South University, 2008, 15 (1): 136-140.

[7] Zhang T, Xie Q, Wang B X, et al. A novel variable scale grid model for temperature self-adaptive control: An application on plate cooling process after rolling [J]. Steel Research International, 2016, 87 (9): 1213-1219.

[8] Zhong M, Liu B. Application of improved decision tree on the hot rolling process [J]. Information Technology, 2011, 35 (10): 222-224, 227.

[9] Lecun Y, Bengio Y, Hinton G. Deep learning [J]. Nature, 2015, 521 (7553): 436.

[10] 阿曼．朴素贝叶斯分类算法的研究与应用［D］. 大连：大连理工大学, 2014.

[11] Breiman L. Random forest [J]. Machine Learning, 2001, 45: 5-32.

[12] Zhou Z H, Feng J. Deep forest [J]. National Science Review, 2019, 6 (1): 74-86.

[13] Zhou Z H, Feng J. Deep forest: Towards an alternative to deep neural networks. In: Proceedings of the twenty-six international joint conference on artifical intelligence [C]. Freiburg: IJCAI. org, 2017:

3553-3559.

[14] Ma C, Liu Z, Cao Z, et al. Cost-sensitive deep forest for price prediction [J]. Pattern Recognition, 2020, 107: 1-29.

[15] Zhu G, Hu Q, Gu R, et al. ForestLayer: Efficient training of deep forests on distributed task-parallel platforms [J]. Journal of Parallel and Distributed Computing, 2019, 132: 113-126.

[16] Yin L, Sun Z, Gao F, et al. Deep forest regression for short-term load forecasting of power systems [J]. IEEE Access, 2020, 8: 49090-49099.

[17] Breiman L. Random forests [J]. Machine Learning, 2001, 45 (10): 5-32.

[18] Smola A J, Scholkopf B. A tutorial on support vector regression [J]. Statistics and Computing, 2004, 14 (3): 199-222.

[19] Bartier P M, Keller C P. Multivariate interpolation to incorporate thematic surface data using inverse distance weighting (IDW) [J]. Computers & Geosciences, 1996, 22 (7): 795-799.

[20] Dhanachandra N, Manglem K, Chanu Y J. Image segmentation using k-means clustering algorithm and subtractive clustering algorithm [J]. Procedia Computer Science, 2015, (54): 764-771.

[21] 蒋荻. 基于机器学习的新型数据读出方法研究 [D]. 合肥: 中国科学技术大学, 2017.

[22] Guo R M. Heat transfer of laminar flow cooling strip acceleration on hot strip mill runout tables [J]. Iron and Steel Maker, 1993, 21 (8): 49-59.

[23] 余滨, 李绍滋, 徐素霞, 等. 深度学习: 开启大数据时代的钥匙 [J]. 工程研究——跨学科视野中的工程, 2014, 17 (9): 255-259.

[24] Ebert T, Banfer O, Nelles O. Multilayer perceptron network with modified sigmoid activation functions [C] //Proceedings of the 2010 international conference on Artificial intelligence and computational intelligence: Part Ⅱ. Berlin: Springer, 2010, 6319: 414-421.

[25] Kailik B, Olgac A V. Performance analysis of various activation functions in generalized MLP architectures of neural networks [J]. Internation Journal of Artificial Intelligence and Expert Systems, 2010, 1 (4): 111-122.

[26] Glorot X, Bordes A, Bengio Y. Deep sparse rectifier neural networks [J]. Journal of Machine Learning Research, 2010, 15 (4): 89-95.

[27] Sutskeve I, Martens J, Dahl G, et al. On the importance of initialization and momentum in deep learning [C] //Proceedings of the 30th International Conferenceon Machine Learning. Massachusetts: JMLR org, 2013, 22 (9): 1139-1147.

[28] Kingma D P, Ba J. Adam: A method for stochastic optimization [J]. Computer Science, 2014, 22 (9): 19-24.

[29] Bartlett P L, Hazan E, Rakhlin A. Adaptive online gradient descent [C] //Rowei International Conference on Neural Information Processing Systems. Red Hook: Curran Associates Inc. , 2007.

[30] Srivastava N, Hinton G, Krizhevsky A, et al. Dropout: A simple way to prevent neural networks from overfitting [J]. The Journal of Machine Learning Research, 2014, 15 (1): 1929-1958.

[31] Mendenhall J, Meiler J. Improving quantitative structure-activity relationship models using artificial neural networks trained with dropout [J]. Journal of Computer-Aided Molecular Design, 2016, 30 (2): 192-198.

[32] Engelbart D C. Augmenting human intellect: A conceptual framework. In: Summary report in the stanford research institute [J]. Stanford Research Institute, on Contract AF, 1962, 49 (638): 1024.

[33] 约翰·马尔科夫. 与机器人共舞 [M]. 杭州: 浙江人民出版社, 2015.

# 8 中厚板热处理线智能生产数字化技术

我国钢铁行业持续蝉联产量世界第一，是国民经济支柱性产业，然而行业长期存在产能过剩、生产流程复杂等痛点。近年来，国家政策屡屡强调对钢铁行业高质量、数字化发展的引导[1-3]。科技水平的进步对生产工艺、质量、绿色化水平的支持是硬性条件，钢铁行业数字化已成为刚性趋势[4-6]。钢铁生产过程是涵盖多工序、多控制层级的大型复杂工业流程。中厚板热处理工序相对生产线属于离线生产，在钢厂内物理分布相对独立，自成车间，可以作为一个单元体进行数字化建设。国内多数中厚板热处理生产线都是近年建设的，采用了先进的自动化技术，有较好的自动化基础，因此各钢厂都在积极探索热处理线数字化转型，实现智能生产，以促进生产效率、产品质量和管理水平的提升。

## 8.1 中厚板热处理线智能生产存在的问题与发展趋势

中厚板热处理是钢铁企业生产高端钢板的重要环节，实现钢板的淬火、正火和回火处理。现代化钢铁企业的热处理车间一般会配置淬火、回火和正火等多条热处理线，如图 8-1 所示。也有的企业多条热处理线没有集中建设，分布在不同的场地。热处理线涵盖的操作流程范围包括：从钢板上料开始，由天车、磁力吊从原料垛位吊运至上料辊道，经抛丸机、热处理炉（完成淬火或回火处理）、矫直机（矫直平整板形）、冷床冷却后入成品库。典型的热处理生产涉及的设备包含上料装置、抛丸机、翻板机、淬火炉、淬火机、回火炉、矫直机、冷床、取样设备、表面检查设备、各设备连接辊道等，全线设备种类繁多，生产管理与控制复杂。

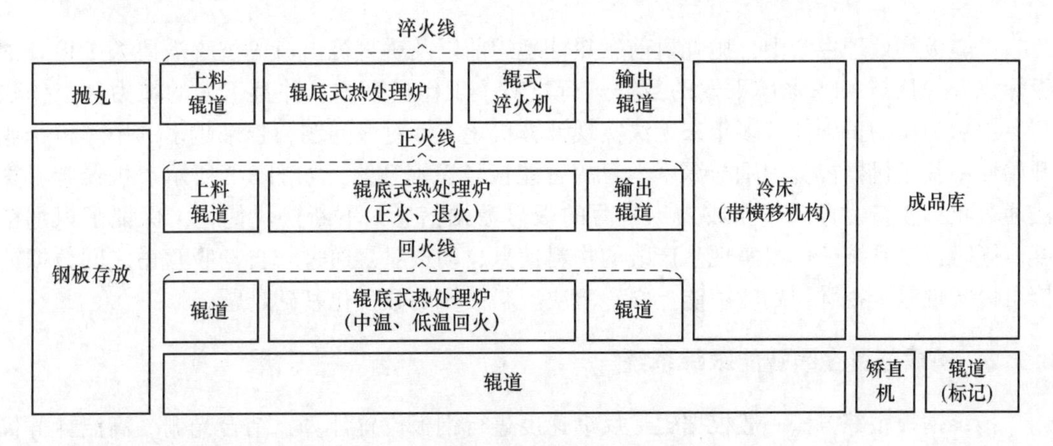


图 8-1 中厚板热处理线的典型布置

中厚板热处理生产车间一般采用分散管理模式，生产线物理空间到计算机信息空间的信息流动和管理一般分为原料区、抛丸区、淬火区、回火区、矫直机区和冷床成品下线区等，各区域分别建立各自的系统和操作岗位。虽然大部分生产区域实现了电气自动化，并且与 MES 系统形成数据流衔接，但是车间内依然存在信息孤岛，没有实现互联互通并建立统一的数据平台，区域间缺乏统一的协调和智能化控制，生产计划与产线设备及物流状态缺乏协同。当前控制系统虽然表面上在 MES 层集成在了一起，但高层次的管理和决策系统内部并没有实现信息回路，即从信息到决策再到控制系统的反馈依然无法实现和自动完成。同时，上下料核准与板形检查、缺陷检查等边缘区域还未实现智能感知，大部分企业还依靠人工管控，能源消耗、物流优化、信息化与智能化水平还有待提升。推进中厚板热处理车间数字化建设，加速区域内流程业务系统互联互通和工业数据集成共享，实现生产过程和质量的一体化和智能化管控，已成为中厚板热处理线智能生产的发展趋势。

## 8.2　中厚板热处理线数字化的基础设施技术

中厚板热处理线要采用数字化技术，实现数字化转型，首要条件是各个基本单元具有完备、可靠、性能优良的数据采集系统，可以提供精准、齐全的现场有关物料、实时操作、设备状态、材料表面质量、成品性能等数据。同时，各工序的基础自动化系统和执行机构必须以足够的响应性、实时性和控制精度实现过程控制系统与物理系统的实时交互，完成需要的自动化控制任务。虽然中厚板热处理线有较好的自动化基础，但是仍然有缺项。为进一步提高生产效率、改善成材率、实现稳定生产，数字化过程中仍然需要对传统自动化系统补课，填平补齐底层生产线的数据采集和执行机构的缺项。受作业条件和技术水平的限制，过去的一些数据难以检测，甚至检测不了，比如热处理上料标识信息、全流程板材位置的精准跟踪、淬火和矫直板形的测量等，现在可以采用各种新检测方法来实现信息感知，如利用机器视觉技术可以提供多维测量的信息，经过数据变换和分析，可以获得需要的板号、尺寸、形状、位置分布等定量的表达。

### 8.2.1　基于机器学习的智能上料系统

中厚板热处理生产中，抛丸机前、热处理炉前以及矫直机出口等位置需要人工检查钢板标识，并且与 MES 系统下发的数据进行核对，工作量繁重，并且工人的精力和工作状态会影响操作的正确性，多年来无法实现计算机化。针对该问题，越来越多的中厚板企业开始使用基于机器视觉识别与深度学习的智能板号识别系统，如图 8-2 所示。机器学习算法通过收集生产线自动喷印或人工手写的板号数据信息，不断迭代优化，保证了识别精度。同时，该系统还可以实现生产线的物料信息自动核对，通过与自动吸盘吊之间数据链接可以实现基于视觉识别的智能上料，解决上料区域的数字化基础难题。

### 8.2.2　钢板位置在线智能跟踪系统

传统钢板跟踪方法一般根据辊道反馈速度进行钢板位置计算，结合光栅、高温计等仪表信号进行位置或区域修正。对于翻板区域、冷床区域以及中间上下料区域，需要人工干

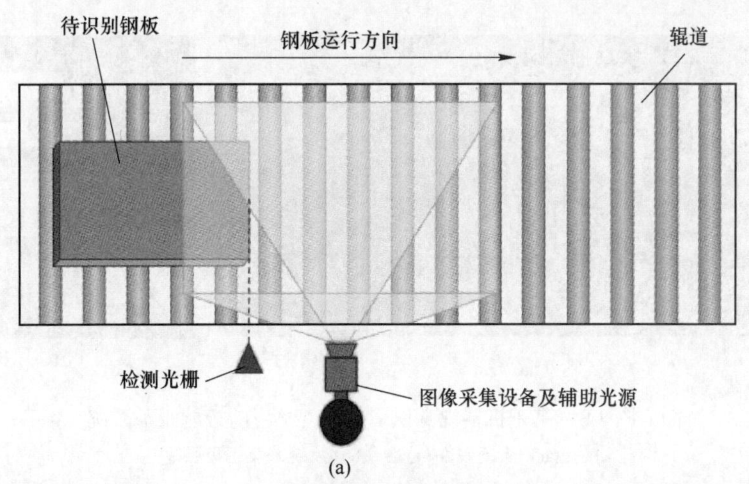


(a)

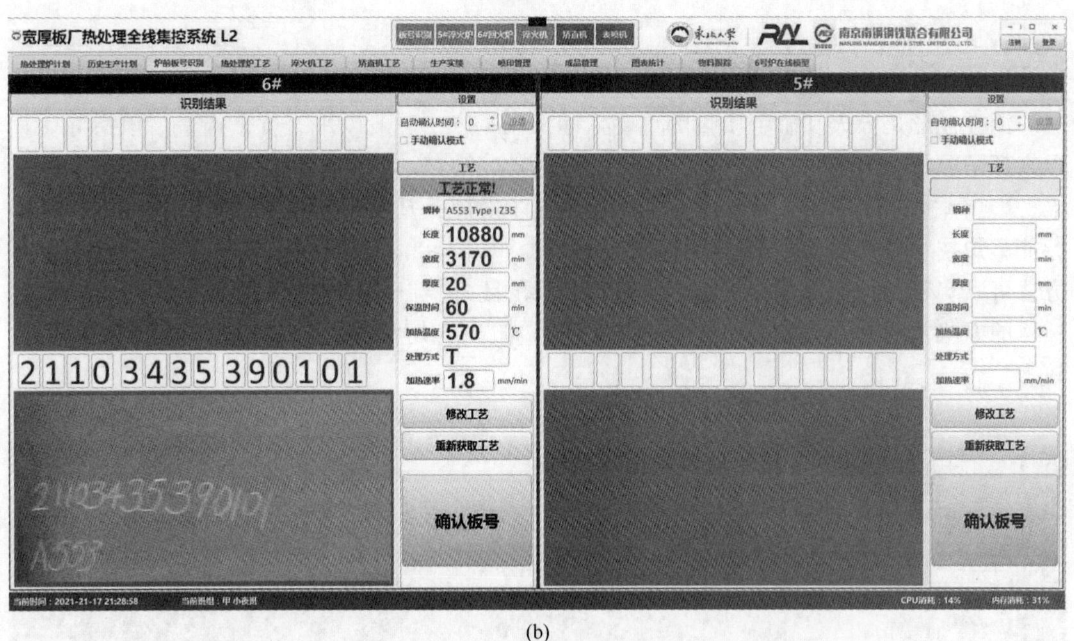


(b)

图 8-2　基于机器视觉识别与深度学习的智能板号识别系统

(a）系统硬件现场示意图；(b）系统软件交互图

预进行修正。由于人工操作较多，操作人员经常操作不及时，造成数据不准确，系统跟踪精度不高，进而影响全流程钢板生产采集数据的准确性。针对传统跟踪方法在翻板区域、冷床区域以及中间上下料区域无法通过传统的物理模型计算实现微跟踪，东北大学 RAL 团队开发了钢板位置在线智能跟踪系统（见图 8-3），以现场监控摄像头作为视觉识别的信息来源，结合深度学习算法识别钢板与生产线监控系统结合，实现了生产线 L1 系统无法跟踪区域及异常工况下的视觉辅助跟踪。视觉跟踪与 L1 系统跟踪融合，保证了物料跟踪准确，为全流程物料的精准跟踪，实现数据与物料的全链条实时对应提供基础。

(a)

(b)

图 8-3  基于机器视觉识别与深度学习的智能跟踪系统
(a) 系统硬件布置；(b) 系统采集钢板照片

### 8.2.3  钢板板形智能感知系统

钢板板形是淬火和矫直质量的重要指标，在生产中一般以平直度来衡量。该指标一直以来都是以人工测量手段进行检查，费时费力，并且检查人员个体间的评价也会存在差异，影响评价结果的统一性。随着视觉检测技术发展，基于机器视觉的非接触式钢板板形智能感知技术被开发，目前已经可以成熟应用，如图 8-4 所示。采用非接触式的板形检测方法可以实现钢板板形数据采集，为板形质量的闭环控制提供大数据基础。实现这种检测技术的方法主要有激光三角法、莫尔条纹法、激光光切法等，其中激光三角法目前采用较多。

(a)

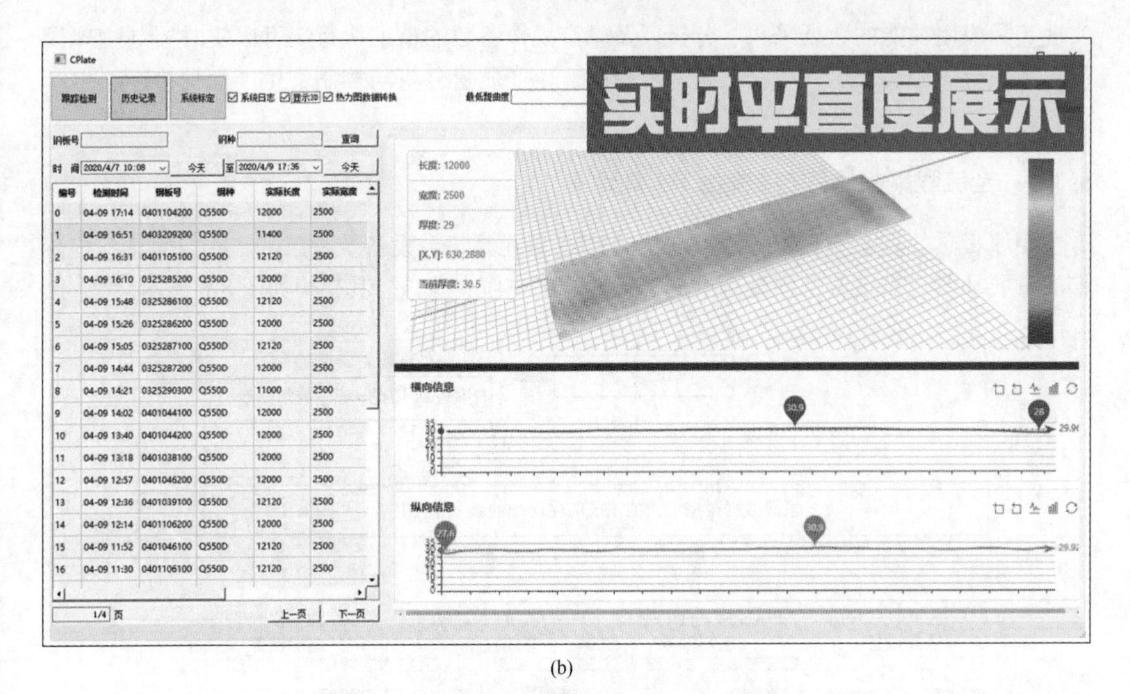


(b)

图 8-4 基于机器视觉识别的钢板板形感知系统

(a) 系统设备现场效果图；(b) 系统软件交互界面

## 8.3 中厚板热处理生产过程数字化监控与管理

虽然中厚板热处理线各流程表面上在 MES 层集成在了一起，但高层次的管理和决策系统内部并没有实现信息回路，即从信息到决策再到控制系统的反馈依然无法实现和自动完成，因此在中厚板热处理线数字化转型过程中，建立热处理生产过程一体化智能管控平台，实现各工序间的数据互联互通、生产过程的数字孪生、生产计划的闭环控制、生产物流的一体化管理等，有助于热处理生产效率提升、能耗控制。中厚板热处理生产过程一体化智能管控平台采用如图 8-5 所示架构。底层为热处理生产线各工序的物理设备；中间层

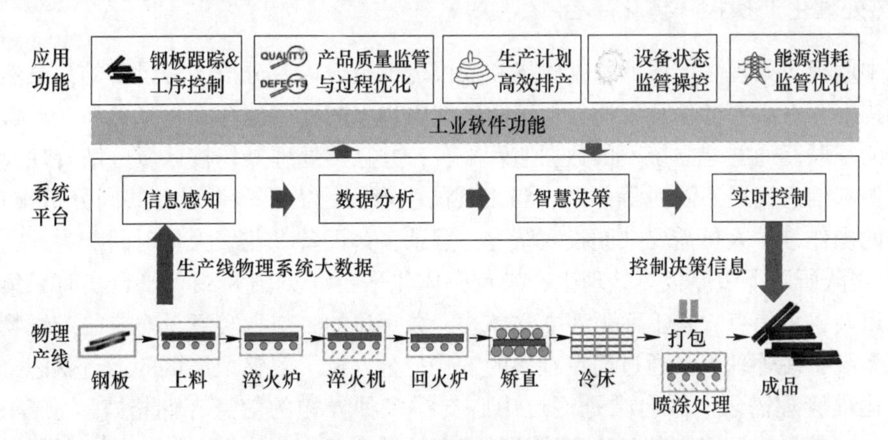


图 8-5 热处理生产过程一体化智能管控平台

实现实际应用功能的数据采集、分析以及生产操作参数的精准执行，可以实时控制物理设备；顶层应用层实现生产线物流跟踪与控制、生产质量分析与控制、生产计划排产、生产设备状态监管、能源分析管理等功能。

### 8.3.1  全流程钢板跟踪与控制 CPS 单元

中厚板热处理全流程钢板跟踪与控制 CPS 单元是每台设备及整条生产线与信息系统衔接的重要环节，实现各工序端到端的多源数据时空统一集成，其架构如图 8-6 所示。

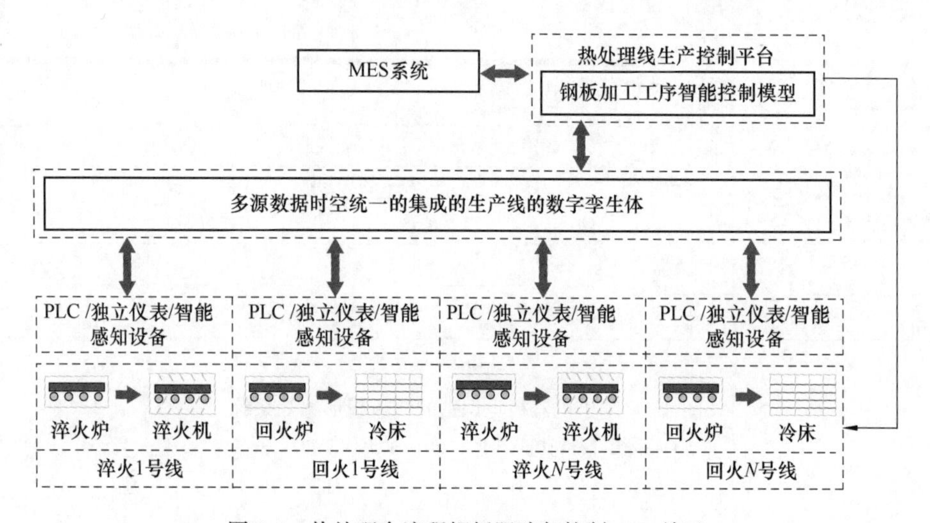


图 8-6  热处理全流程钢板跟踪与控制 CPS 单元

CPS 单元通过各种类型的传感器将各种物理量转变成模拟量，并且采集每台装备的生产工艺数据、加工过程质量参数和设备健康状态等数据和信息，依照顶层生产工艺的工序指令，基于研发的行为树智能工序模型实现生产过程的钢板位置自动控制，如图 8-7 所示。全流程钢板跟踪与控制实现了设备、制程、排程、过程质量管理等一系列环节的数据、信息的整合与优化，大幅提升了制造过程中应对个性化需求、柔性化制造、动态化决策等能力，可为热处理生产实现智能化制造提供必要和充分条件。

### 8.3.2  热处理生产操控一体化平台

传统中厚板热处理生产线的数据收集和操控运维是分区、分段、分设备的，虽然在网络体系架构上存在必要的信息互通，但车间区域内仍不同程度地存在信息孤岛，未实现全工序流程的互联互通并建立统一的数据监管平台，并且热处理操作按区域分散管理模式存在人力资源和信息沟通不及时等问题，当出现的生产问题需要多个设备共同分析排查时，各个设备的操作维护人员需要共同投入精力，登录多台设备，花费大量时间。为此，东北大学 RAL 团队研发了中厚板热处理生产操控一体化平台（见图 8-8）。平台实时采集现场设备状态以及钢板信息，自上而下建立立体式、数字化的、与真实场景对应的产线物流与设备孪生系统，使管理人员通过简单直接的方式，全方位了解整个厂区的运行状态，实现数字化的运维管理需求。平台数据底层中心支撑多种异构的信息存储格式，兼容 PDA、Excel、Oracle 等，将厂区内整条生产线的数据有机结合起来，统一存储于时序型数据库中

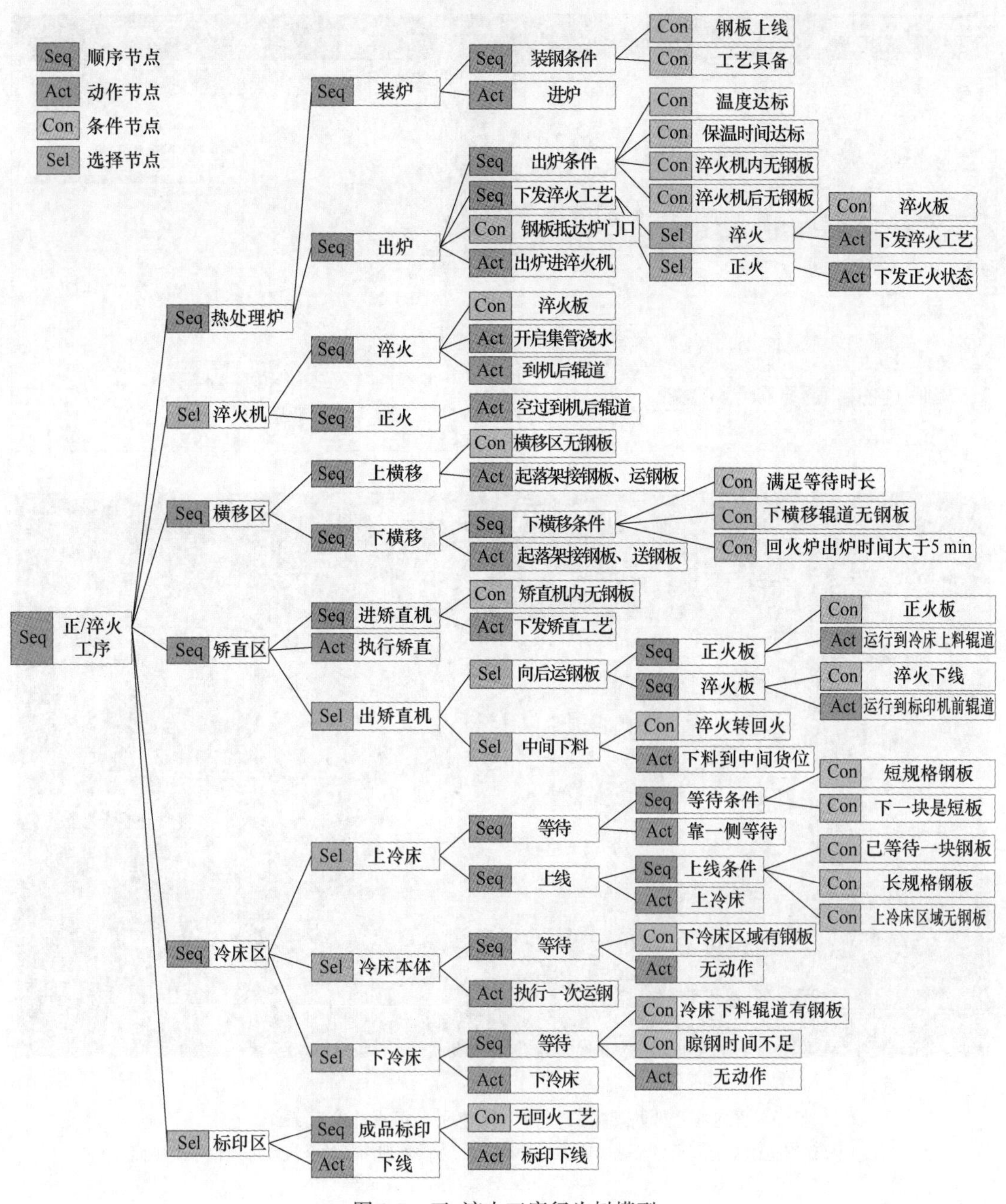


图 8-7 正/淬火工序行为树模型

进行管理。数据中心通过无监督的机器学习算法，可以进一步优化海量信息，构建专注于生产诊断的知识库系统。

### 8.3.3 热处理高效排产技术

对于中厚板热处理生产线来说，只有大批量生产才能使企业具有较好规模的经济效益，但当前客户需求的多品种、多规格、小批量等特点与大批量生产的目标存在不可调和的矛盾。因此对生产计划与订单进行分析以及进一步的优化整合，对于钢铁企业在现有条

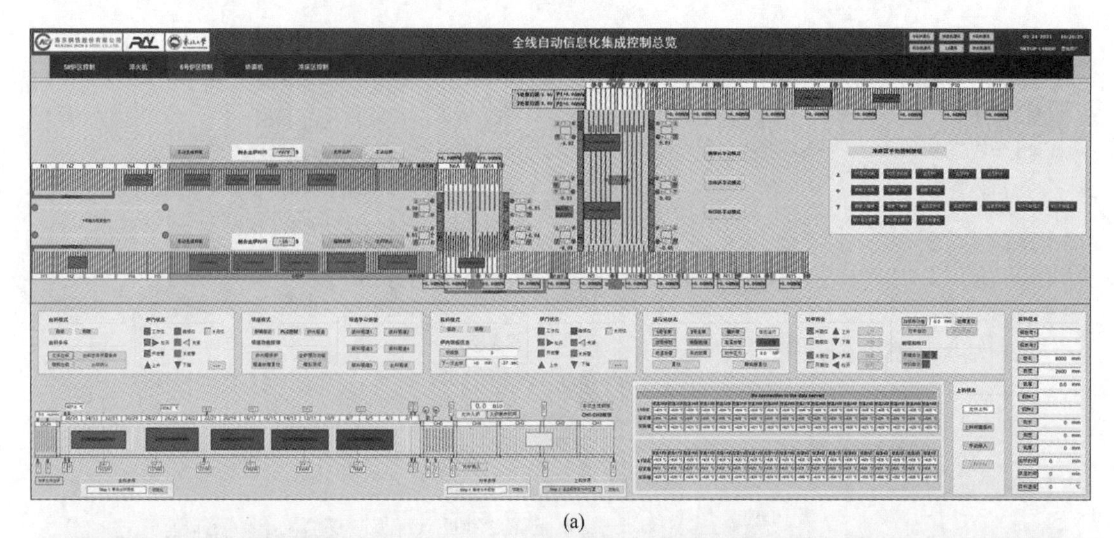


(a)

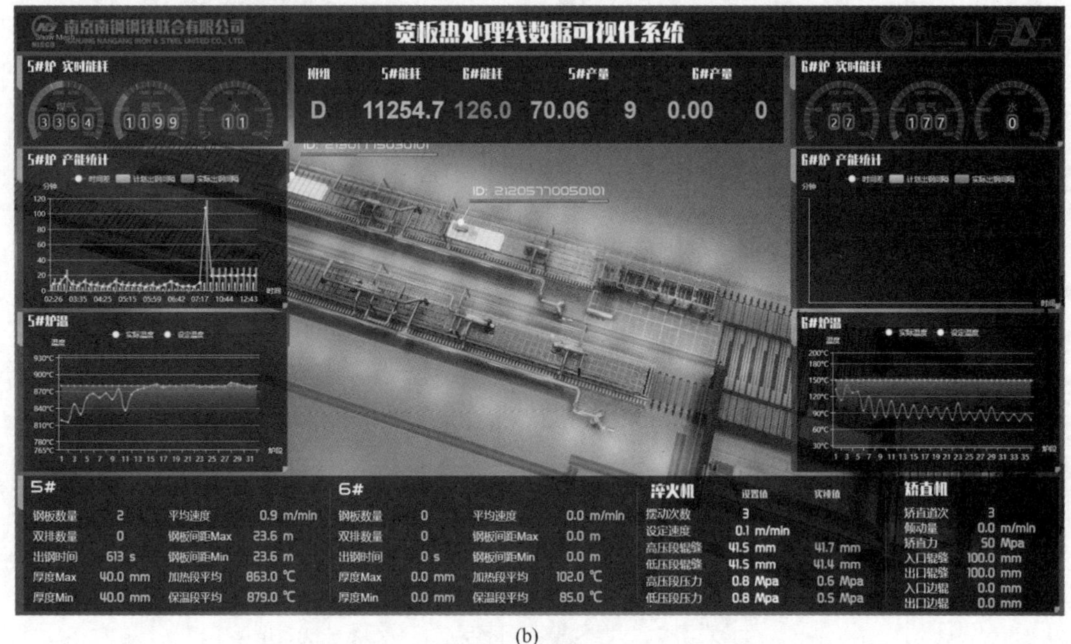


(b)

图 8-8 热处理生产操控一体化平台可视化交互系统

（a）操作岗位的全流程设备及物料状态监控画面；（b）管理岗位的全流程可视化系统画面

件下尽可能进行大批量生产有着非常积极的意义。目前国内钢铁企业中厚板热处理环节一般都有 3 条以上产线，并且热处理单元计划以人工调度为主，产能、设备利用率难以提升，不同调度人员的水平差异和同一调度人员的状态差异，也会造成相同生产条件下产量差异很大的情况，这是人工调度中经常遇到的随机性问题和水平波动问题。

中厚板热处理高效排产技术主要实现对热处理排产进行精细化管理，优化产线负荷，提升热处理产能，提升生产线规范性。中厚板热处理高效排产模块（见图 8-9）采用统一的规则规范，建立积累基于全流程工序大数据的模型，迭代优化排产方案，可持续提升产能。模块联通上下游信息流后可及时提供生产线备料信息提醒和成品库接收出料提醒，在一体化平台基础上，可根据当前设备情况动态调整排产方案。

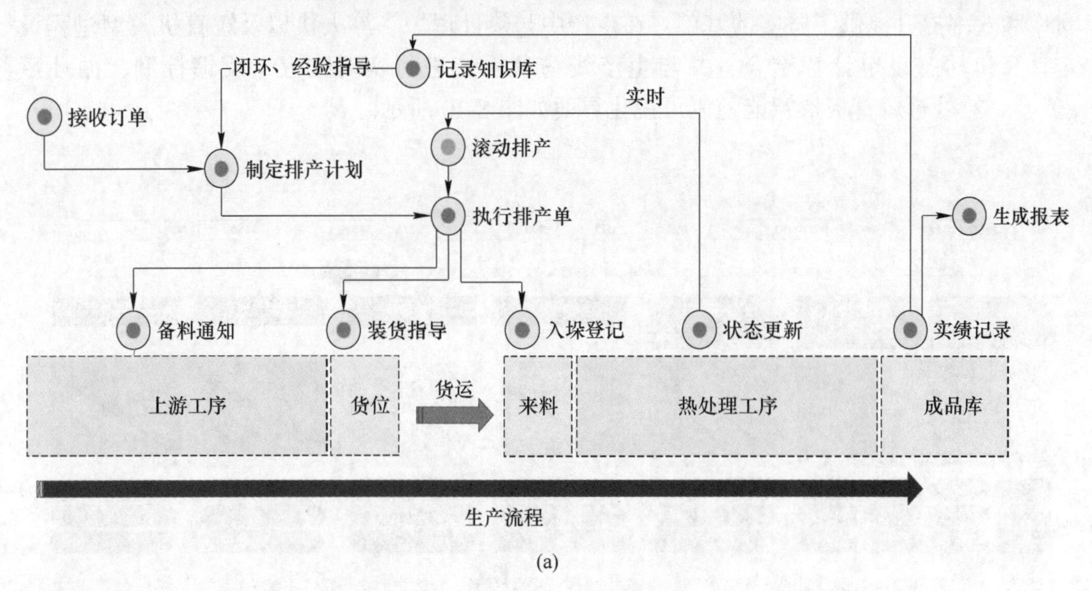


(a)

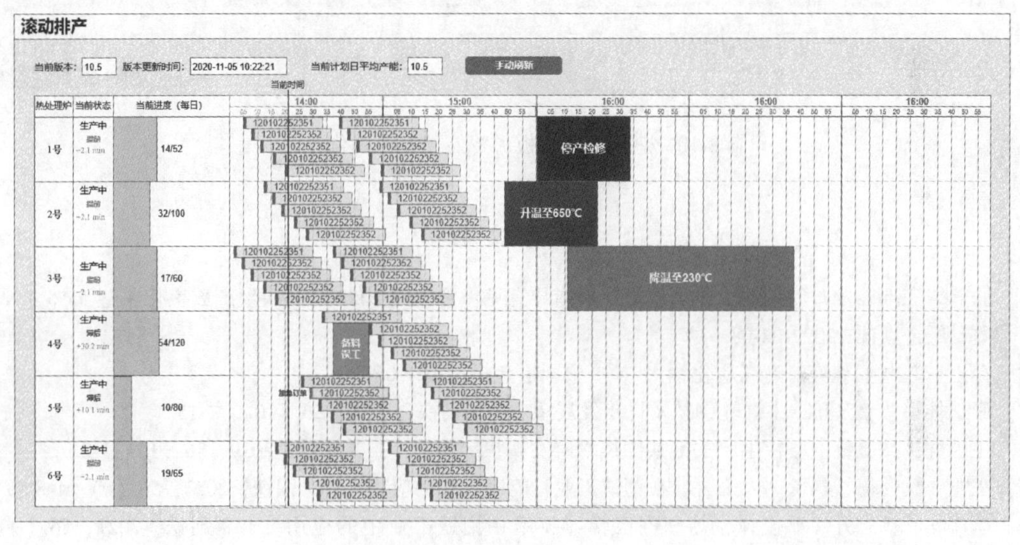


(b)

图 8-9 热处理线高效排产模块

(a) 功能架构图 (b) 软件交互界面

## 8.3.4 热处理产品质量预测与控制

钢板的成品质量控制是热处理生产的关键。传统方式下，现场工艺参数需要大量离线检测钢板的性能、板形质量后才能优化。随着大数据和机器学习技术的发展，钢板性能与热处理板形的数字孪生技术得到了快速发展。东北大学 RAL 团队通过多年的技术积累，开发的基于大数据与物理冶金模型的智能化组织性能预测与优化技术已成功应用多个钢铁企业[7-10]，并且在板形智能感知基础上研发出了基于深度学习技术的淬火板形[11]和矫直板形智能控制技术。这些新技术的研发为数字化转型下热处理中厚板产品质量稳定性、成材率和效率提升提供了坚实的基础，在生产中与热处理炉、淬火机以及矫直机模型过程设定计算和动态设定计算结合，并与生产线物理系统进行实时交互、反馈控制、循环赋能[12]。热处理矫直板形智能控制可视化界面如图 8-10 所示。

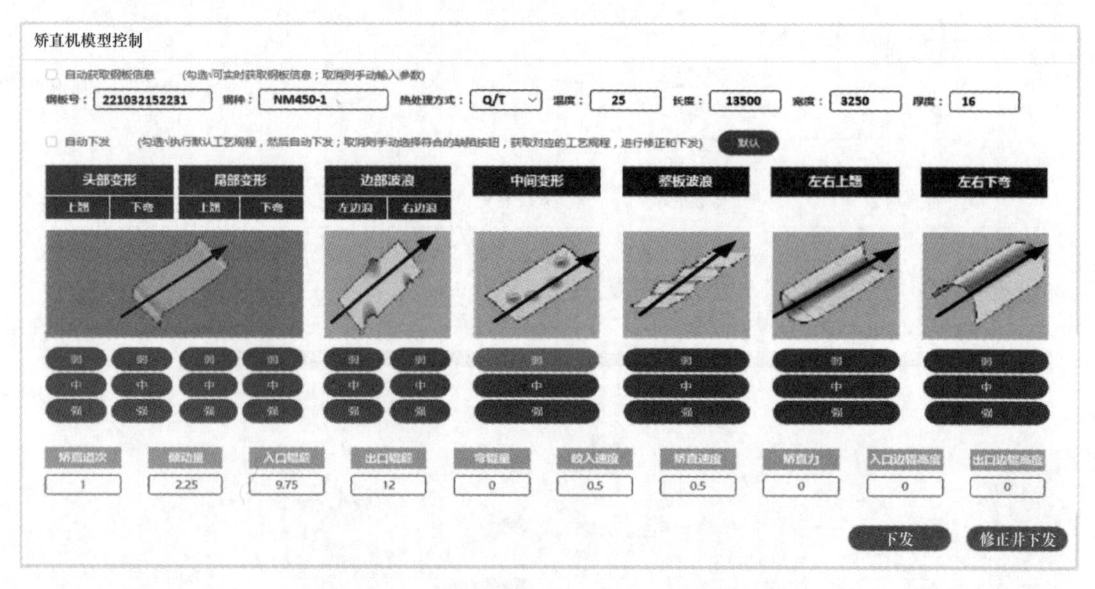


图 8-10 热处理矫直板形智能控制可视化界面

## 参 考 文 献

[1] 张蕊．三部委发布促钢铁工业高质量发展指导意见：力争到 2025 年钢铁生产数字化率达 55% [N]. 每日经济新闻, 2022-02-08 (1) .

[2] 孙正平．我们如何打造高质化钢? [N]. 中国冶金报, 2021-06-24 (4).

[3] 康永林．“十三五”中国轧钢技术进步及展望 [J]. 钢铁, 2021, 56 (10): 1-15.

[4] 王国栋．高质量中厚板生产关键共性技术研发现状和前景 [J]. 轧钢, 2019, 36 (1): 1-8.

[5] 王龙，冀秀梅，刘玠．人工智能在钢铁工业智能制造中的应用 [J]. 钢铁, 2021, 56 (4): 1-8.

[6] 李江昀，杨志方，郑俊锋，等．深度学习技术在钢铁工业中的应用 [J]. 钢铁, 2021, 56 (9): 43-49.

[7] 张殿华，孙杰，丁敬国，等．基于 CPS 架构的板带热轧智能化控制 [J]. 轧钢, 2021, 38 (2): 1-9.

[8] Wu S W, Cao G M, Zhou X G, et al. High dimensional data-driven optimal design for hot strip rolling of C-Mn steels [J]. ISIJ International, 2017, 57 (7): 1213-1220.

[9] 王国栋，刘振宇，张殿华．RAL 关于钢材热轧信息物理系统的研究进展 [J]. 轧钢, 2021, 38 (1): 1-7.

[10] 刘振宇，曹光明，周晓光，等．组织性能预测技术及其在智能热轧中的核心作用 [J]. 轧钢, 2019, 36 (2): 1-7.

[11] 付天亮，张田，韩冰，等．一种热轧钢板热处理板形智能控制方法及系统：111983983A [P]. 2020-11-24.

[12] 李家栋，李勇，王国栋．中厚板热处理线智能生产数字化技术研究进展与应用 [J]. 轧钢, 2022, 39 (6): 46-51, 66.

# 9 中厚板热处理加热过程智能优化技术

## 9.1 基于随机森林的中厚板温度预报模型

目前，热处理加热过程钢板温度预报模型主要基于传热学原理建立[1-2]，在建立过程中考虑了很多假设条件，与实际生产情况存在误差，用传热学原理建立的钢温预报模型预测性能存在不足。近年来，随着智能算法的不断完善，越来越多的智能算法开始运用于钢板温度的预测研究、钢板温度预报模型的构建。随机森林作为一种高效的机器学习算法，已经广泛应用到多个领域。本章以随机森林回归方法为基础，将其运用于钢板加热过程的钢板表面温度预测研究，建立基于随机森林的钢板温度预报模型。

### 9.1.1 随机森林基本理论

随机森林是一种将多棵决策树组合到一起对样本进行训练并预测的分类器。随机森林属于集成学习算法，该算法不容易出现过拟合情况，训练速度快，可以判断特征的重要程度，预测效果好。相较于其他机器算法，随机森林树模型可解释性强。随机森林可以应用于离散值的分类、对连续值的回归预测、无监督学习聚类以及对异常点检测。

随机森林算法是一种基于原始数据样本，通过 Bootstrap 重抽样方法进行多次有放回抽样的算法。在每次抽样过程中，通过将数据集分成多个子集，以便训练多个决策树，从而提高分类或回归任务的准确性。每个分裂的数据样本都用于训练一棵决策树模型，并且在训练完成后，每棵决策树模型将给出一个预测输出值。随机森林最终的预测结果由所有决策树的输出值决定。在分类问题中，通常使用简单投票法来确定最终的模型输出。而在回归问题中，通常采用平均值法，对所有决策树得到的回归结果取平均值作为模型的最终输出。

随机森林算法分为两次随机：第一次是随机生成每棵决策树的训练集数据，通过有放回的随机抽样法（Bagging）[3]产生每棵树的训练数据。每棵树的训练数据有可能存在一样的情况，但都是原始数据集的子集。第二次是在每棵决策树构建过程中随机选择特征子集，在决策树的节点分裂时，随机无放回地从总特征选择部分特征 $k(k < M)$ ，即从 $M$ 中随机选择 $k$ 个子特征，计算 $k$ 个子特征分裂下的均方误差（MSE）指标，选择最佳的特征进行分裂，然后重复步骤进行划分，此时的特征选择范围变成 $M$-$k$ 区域。对于 CART 决策树来说，选取最佳分类节点是根据均方误差指标。

构造随机森林的步骤如下：

（1）原始数据集为 $N$ 的样本，每次有放回地从中抽 1 个，抽 $N$ 次，组成 $N$ 个样本数据。以这 $N$ 个样本数据来训练一个决策树，作为决策树根节点处的样本。

（2）每个样本都有 $M$ 个特征，在节点分裂时，随机从这 $M$ 个特征中选取出 $m$ 个。对

这 $m$ 个特征都采用平均平方误差计算一遍，选择最小的特征属性为节点进行分裂。

（3）决策树的每个节点分裂都按照步骤（2）进行，直到达到预定的停止条件。

（4）通过步骤（1）~（3）生成多棵决策树，一并组合形成随机森林。

### 9.1.2 基于随机森林的钢板温度预测

根据随机森林原理及单棵 CART 决策树的构建，本节介绍如何基于随机森林算法构建中厚板热处理过程温度预测模型。

首先，通过钢板热处理数据特征降维处理，获取中厚板热处理数据的 7 个特征作为模型的输入，即炉内温度、钢板目标出炉温度、钢板在炉时间、碳当量、加热速率、保温时间、厚度，模型的预测目标为钢板在炉内 63 m 处的钢板表面温度以及钢板出炉表面温度。对特征降维后的中厚板热处理过程生产数据，首先利用自助采样法，抽取训练集，然后基于数据集建立钢板温度预测的单个学习器回归树。

其次，利用自助采样方法可以得到多个基于随机森林的钢板温度预测回归模型，每个模型都是由多个随机抽取的特征和样本组成的 CART 回归树。将这些回归树组合起来构成一个完整的随机森林回归预测模型，该模型与单个回归树不同，生成过程中需要根据情况进行剪枝处理[4]。在随机森林中，对单个回归树不进行剪枝操作，以保留每个树的特定预测能力[5]。

最后，将测试数据输入随机森林中，得到多个预测结果，这些结果的平均值将作为钢板表面温度的预测值输出。建模过程如图 9-1 所示。

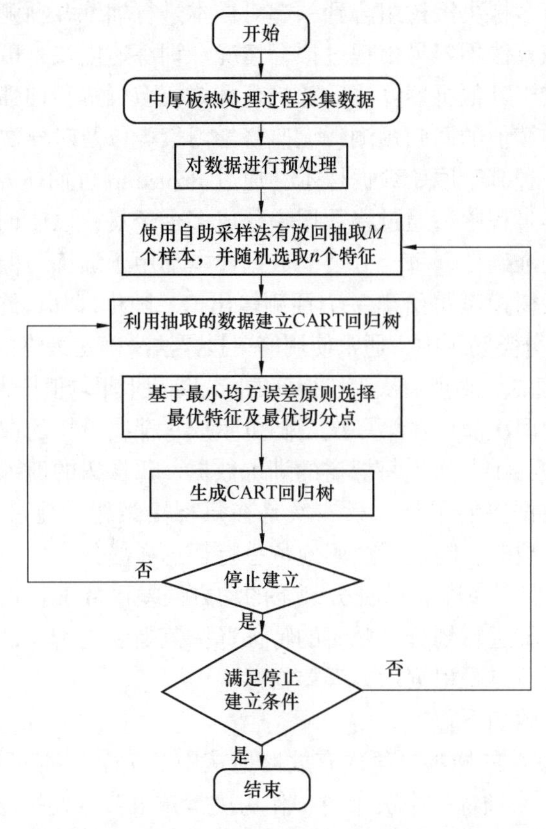


图 9-1 基于随机森林的钢板温度预测模型构建流程

基于随机森林的钢板温度预测模型预测钢板在炉内 63 m 处的钢板表面温度以及钢板出炉表面温度仿真结果如图 9-2~图 9-4 所示。图 9-2 为模型炉中位置处以及炉尾处计算值与实测值的差值分布及结果对比，结果显示模型在炉中位置处以及炉尾处预测的平均相对误差为 0.292%、0.293%。由图 9-3 可以看出炉中与炉尾处模型计算值与实测值之差大多数在区间 [−3，+3]。同时由图 9-4 的相关性分析可以看出，炉中以及炉尾处的 $R^2$ 分别为 0.9951、0.9956，基本接近于 1，说明基于随机森林的钢板温度预报模型预测效果好。

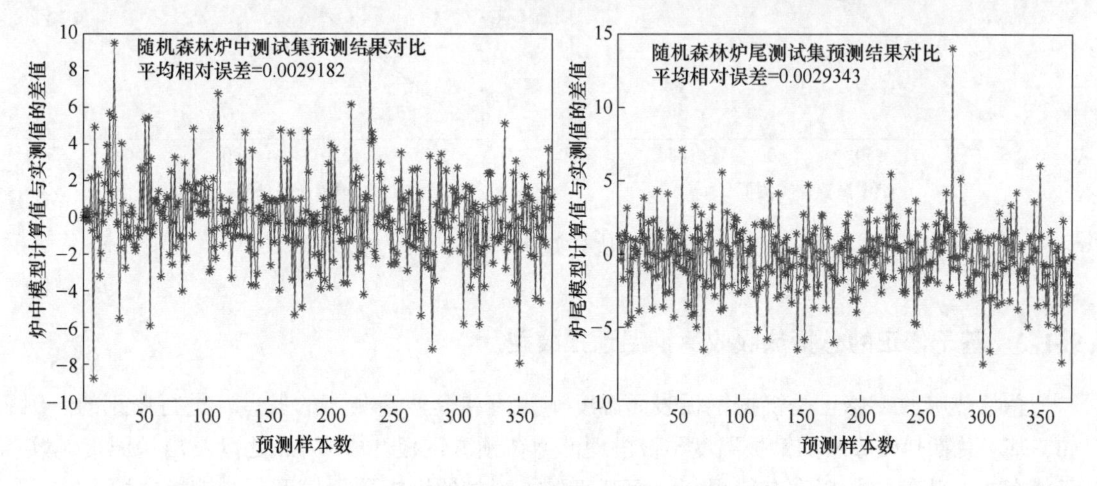


图 9-2 模型计算值与实测值的差值分布

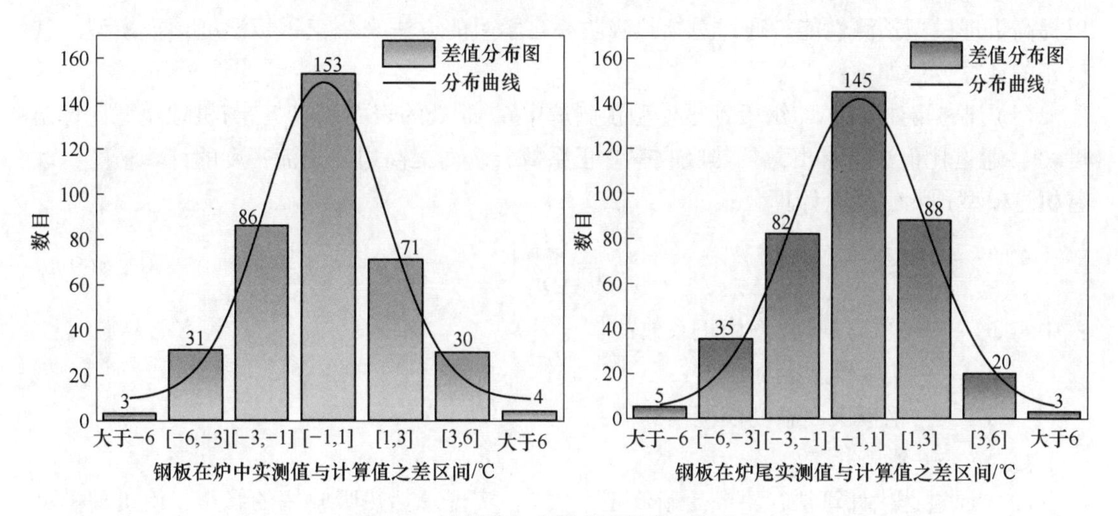


图 9-3 计算值与实测值的差值区间分布

在中厚板热处理生产过程中，炉中高温计随着使用时间的增加会存在测量结果失真，使用时间如果偏久可能会损坏，无法读数，影响热处理车间生产。基于随机森林的钢板温度预报模型取值于标定后准确的高温计数据进行建模，其预测值一定程度上可以代替高温计度数。与机理模型预测效果相比，随机森林方法具有更好的预测精度，因此为了提高机理模型预测效果，利用基于随机森林的钢板温度预报模型预测的钢板表面温度值与机理模型计算值结合，对机理模型中的总括热吸收率进行修正，进而提高机理模型预测效果。

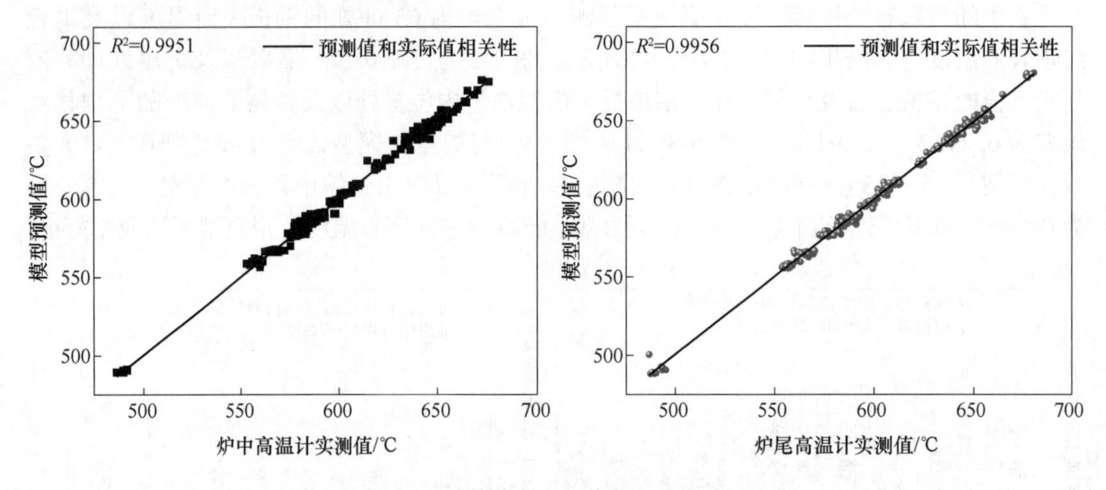


图 9-4 计算值与实测值的相关性分析

### 9.1.3 基于修正的总括热吸收率钢温预报模型

总括热吸收率修正是根据钢板表面温度实测值和模型预测值的偏差，进行修正的。例如，基于总括热吸收率的钢板温度预报机理模型在预测钢板炉中 67 m 处以及出炉温度与实际值存在一些偏差，精度有待提高。而基于随机森林的钢板预报模型预测钢板在炉中 67 m 处的表面温度非常准确。对此提出用基于随机森林的钢板预报模型来修正总括热吸收率，以提高机理模型预测性能。通过总括热吸收率自学习的方法来修正钢板温度预报模型，其修正的计算方法如下：

（1）根据随机森林的钢板预报模型预测炉中 67 m 处的表面钢温 $T_m$ 与机理模型计算温度 $T_c$，通过比值法，求出总括热吸收率修正系数，从而提高边界热流密度的计算精度，改善机理模型预测性能。计算公式如下：

$$\phi'_{cf} = \left(\frac{T_m}{T_c}\right)^n \tag{9-1}$$

式中 $\phi'_{cf}$——总括热吸收率修正系数；

$T_m$——实际钢板表面温度；

$T_c$——钢板表面温度模型预测值；

$n$——影响指数。

（2）通过迭代计算法，不断更新修正系数 $k$，实现总括热吸收率的修正，使机理模型计算值不断逼近随机森林模型预测值（实际值），直到满足收敛条件。通过不断迭代可以得到满足要求的修正系数，实现机理模型预测性能的提升。整个迭代计算流程如图 9-5 所示。

为了消除测量过程的随机干扰，采用一阶滞后滤波算法对总括热吸收率修正系数进行计算。

$$\phi_{cf,now} = r\phi_{cf,old} + (1 - r)\phi'_{cf} \tag{9-2}$$

式中 $\phi_{cf,now}$——当前热流修正系数；

$\phi_{cf,old}$——上周期的热流修正系数；

$r$——滤波中旧值的权重系数。

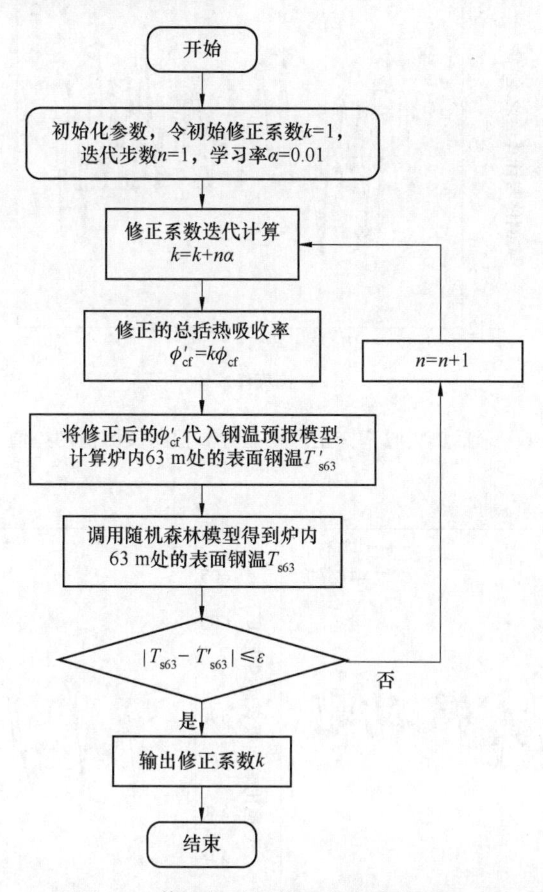


图 9-5 修正的总括热吸收率计算流程

总括热吸收率的自学习可以分为短期和长期两种。短期自学习适用于同一批次的中厚板热处理件，学习得到的修正的总括热吸收率自动应用于下一块中厚板的温度场计算中。长期自学习则用于不同批次的钢种中厚板热处理件，学习得到的修正的总括热吸收率可以选择性地替代原有的参数值[6]。

利用迭代计算法对总括热吸收率进行修正[6]，建立修正后的机理钢板温度预报模型，并继续利用原来的 50 块钢板（X7Ni9）对修正后的模型进行验证，图 9-6 所示为总括热吸收率修正后模型计算值与实测值的差值分布，由图可以直观看出，实测值与模型计算值之差大部分处于−4～4 ℃区间，预测误差最大差值范围在−8～8 ℃，对比未修正前模型误差范围有所缩小。

图 9-7 为修正后模型计算值与实测值对比图。修正后模型计算值与实际温度检测的误差统计见表 9-1。分析可知，修正后的机理模型预测值与实际值的最大差值由原来的 13 ℃降低为 7.76 ℃，炉中位置处的均方根误差由原来的 6.42 降至 3.66，并且炉中位置处的预测平均相对误差由原来的 0.92%下降至 0.53%。根据以上分析可以发现，基于总括热吸收率修正后的模型预测性能明显提升了，为后续炉温优化奠定了良好的预测模型基础。

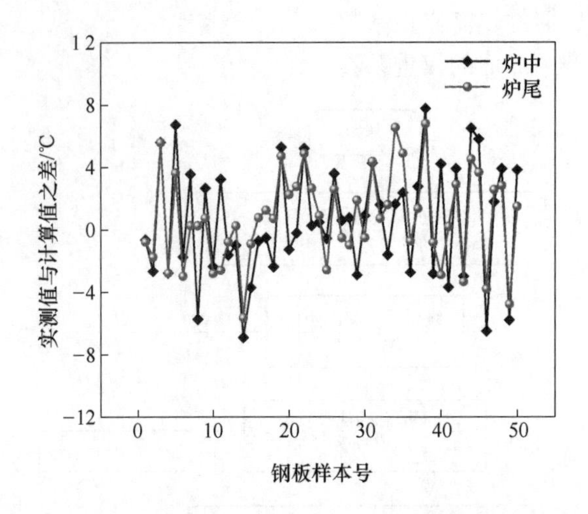


图 9-6 总括热吸收率修正后模型计算值与实测值的差值分布

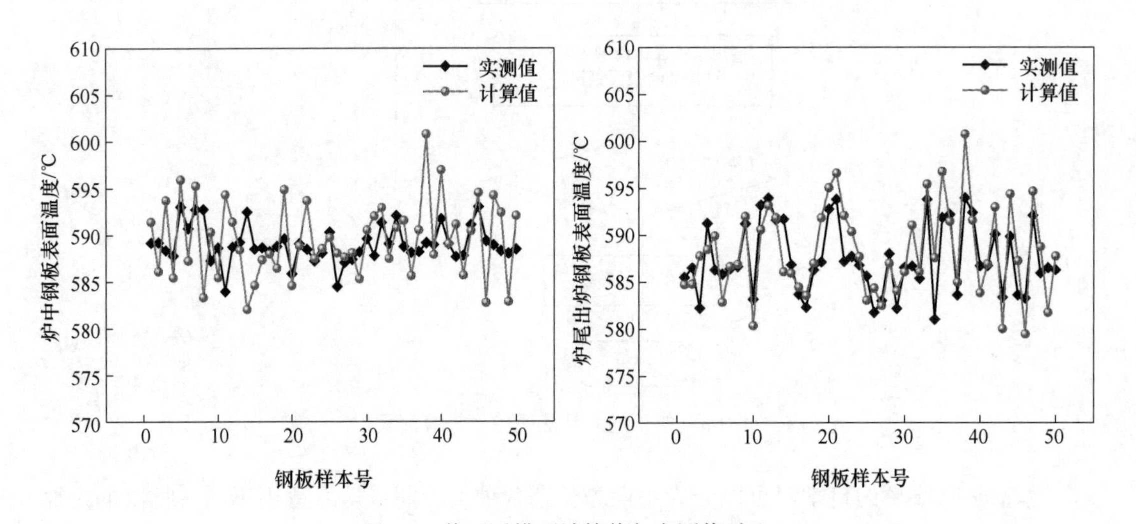


图 9-7 修正后模型计算值与实测值对比

**表 9-1 实际温度检测与计算结果误差统计**

| 位置 | 最大绝对误差/℃ | 均方根误差 | 平均相对误差（修正前）/% | 平均相对误差（修正后）/% |
|---|---|---|---|---|
| 炉中 | 7.76 | 3.66 | 0.92 | 0.53 |
| 炉尾 | 6.8 | 3.02 | 0.86 | 0.42 |

## 9.2 基于 NSGA-Ⅱ热处理加热过程工艺优化

中厚板热处理炉的生产目标是在满足加热质量的前提下，使钢板出炉时表面温度达到工艺所要求的目标温度，同时使钢板断面温差小于允许的最大温差，降低钢板氧化烧损量，热处理炉能耗最低。钢板的温升过程由热处理炉的炉温设定值来决定，如果要想给予钢板相应的温度分布，热处理炉各段的炉温必须有相应的炉温分布。热处理炉的炉温分布最优，就可以消耗最少的能量使得热处理钢板满足工艺要求。

### 9.2.1 优化目标分析与函数建立

加热优化控制目标有多种分类[7-8]，按照目标对象可以分为节能型和综合工艺节能型，按照模型机理可以分为真实目标和替代目标，另外还有直接型和间接型[9]。

为了提高钢板热处理的质量，降低燃料消耗和减少氧化烧损，优化加热是一条重要的途径。为确保钢板热处理时的加热效果，制定合理的热处理炉加热工艺制度至关重要。在制定热处理炉加热工艺制度时，需要考虑以下因素：

（1）钢板出炉表面温度。为保证产品质量，钢板出炉温度不能与期望温度偏差太大，经过保温后钢板出炉温度与期望温度偏差越小越好，偏差允许范围在10 ℃以内。

（2）保温时间。不同批次的钢板热处理要求不一样，保温时间也有严格控制，钢板保温时间越接近工艺要求值，安全系数越高，产品质量越能得到保证。

（3）出炉断面温差。钢板出炉断面温差越小越好。出炉时的钢板断面温差要小于工艺要求，保证钢板厚度方向的加热均匀性，使组织转变充分。

（4）加热速率。钢板加热速度应在允许范围内。加热速率越快，钢板在炉内停留时间越短、氧化烧损减少。但是，加热速度过快，会导致钢板内外温差变大，如果超过破裂强度极限就会产生裂纹，所以加热速率要有一定限制。

（5）燃料消耗。钢板热处理过程当然希望燃料消耗越少越好，这也是优化目标中重点考虑的一项。燃料消耗量的大小可以通过炉内炉温的分布与炉长所围成的面积来表示。如果经过炉温优化后所围成的面积变小，则说明燃料消耗降低了，反之，则优化失败。

（6）钢板氧化烧损率。一般来说，热处理过程中钢板的氧化烧损与炉内炉温、加热时间密切相关。加热时间不变的情况下，炉内炉温越高，氧化烧损量越大。炉温不变情况下，钢板在炉内停留时间越长，氧化烧损量越大。在钢板热处理生产中，减少钢板的氧化烧损可以提高产品率，所以在优化过程中需要考虑这一因素[10]。

中厚板在热处理炉内按照一定的加热节奏，依次经过S1至S16炉段，这16个炉段包含了加热段和均热段，钢板与炉内高温气体进行热交换，合理设定各加热段的炉温目标值，可以使钢板在出炉时刻钢板表面温度达到工艺要求。钢板出炉温度偏低会导致热处理产品达不到使用要求。钢板的出炉温度过高，又会造成不必要的能源浪费，增加企业生产成本。所以，需要合理设置各段炉温值。

中厚板热处理生产过程中，存在许多的生产目标，对于热处理炉炉温优化的目标函数来说，不可能将所有的生产目标因素都考虑进去，这不切合实际。因此只考虑某些比较重要的生产目标，如下：

（1）出炉时刻，钢板的表面温度与工艺要求温度的差值在合理范围内。

（2）出炉时刻，钢板的断面温差符合工艺要求。

（3）满足加热质量前提下，热处理过程能耗越少越好。

（4）钢板加热速率在允许范围内越快越好，因为加热速度关系中厚板热处理生产效率，应尽可能提高生产效率。

（5）减少钢板的氧化烧损量。

综上，本节建立的炉温优化目标函数如下：

$$\min\begin{cases} f_1 = \dfrac{1}{2}\omega_1[T_s(L) - T^*]^2 \\ f_2 = \dfrac{1}{2}\omega_2[T_s(L) - T_c(L)]^2 \\ f_3 = \dfrac{1}{2}\omega_3\int_0^L T_s(s)d_s \end{cases} \tag{9-3}$$

需要满足以下约束条件：

$$T_s(s+\Delta s) = F(T_s(s),\ T_f(s+\Delta s)) \tag{9-4}$$

$$T_f(s) = F(s,\ T_{fs1},\ \cdots,\ T_{fs16}) \tag{9-5}$$

$$T_s(s+\Delta s) - T_s(s) \leqslant \Delta T_{s\,max} \tag{9-6}$$

$$T_s(L) - T_c(L) \leqslant \Delta T_{c\,max} \tag{9-7}$$

$$|T_s(L) - T^*| \leqslant \Delta T_{out} \tag{9-8}$$

$$T_{fsi\,min} \leqslant T_{fsi} \leqslant T_{fsi\,max},\quad i = 1,\ 2,\ \cdots,\ 16 \tag{9-9}$$

$$0 \leqslant T_{fsi+1} - T_{fsi} \leqslant \Delta T_{fs},\quad i = 1,\ 2,\ \cdots,\ 16 \tag{9-10}$$

式中 $L$——热处理炉总长度，m；
$s$——沿着炉长方向的位移，m；
$T_s(L)$，$T_c(L)$——钢板在出炉位置处的表面温度和心部温度，K；
$T_s(s)$——钢板在 $s$ 处表面温度，K；
$T^*$——钢板期望出炉表面温度，K；
$\omega_1$，$\omega_2$，$\omega_3$——加权系数；
$T_f(s)$——炉子在 $s$ 处钢板表面炉气温度，K；
$\Delta T_{s\,max}$——钢板表面最大允许升温速度，K；
$\Delta T_{c\,max}$——钢板出炉时刻最大允许断面温差，K；
$\Delta T_{out}$——钢板实际温度与期望温度所能允许的最大出炉温差，K；
$T_{fsi\,min}$，$T_{fsi\,max}$——每段炉温设定的最小值以及允许的最大值，K；
$T_{fsi}$——第 $i$ 段炉温设定值，K，总计 16 段；
$\Delta T_{fs}$——相邻段间的炉温允许最大温差，K。

优化目标函数中第一项 $f_1$ 表示对钢板出炉时刻表面实际与期望值之间的温差要求，第二项 $f_2$ 表示对钢板出炉时刻表面与心部断面温差的要求，第三项 $f_3$ 表示生产对能耗的要求，炉温越低，与炉长所围成的面积越小，代表能耗越小。加权系数 $\omega_1$、$\omega_2$、$\omega_3$ 的大小表示某个指标的重要程度，如果要求钢板加热质量优先级高于能耗要求，只需保证加权系数 $\omega_1 > \omega_3$、$\omega_2 > \omega_3$ 即可，某个加权系数越大，表示对相应的指标要求就越高[11]。

第 1 个约束条件式（9-4）表示钢板温度分布符合传热学机理模型。第 2 个约束条件式（9-5）表示炉温分布为沿炉长方向的一维空间分段线性分布。第 3 个约束条件式（9-6）表示钢板表面加热速度不能大于允许值。第 4 个约束条件式（9-7）表示出炉时刻钢板断面温差要在允许范围内。第 5 个约束条件式（9-8）表示钢板实际出炉温度与期望温度符合设定范围。第 6、7 个约束条件式（9-9）和式（9-10）表示对每段的炉温设定值要求在一个范围内。

### 9.2.2 基于 NSGA-Ⅱ遗传算法的炉温优化计算

通过分析可以知道，求解最优炉温分布的问题可归结为在满足约束条件式（9-4）~式（9-10）的条件下，求解一组最优炉温值 $T_{fs1}$，$T_{fs2}$，…，$T_{fs16}$，使得炉温优化目标函数达到最小。对于以上所述的最优化问题，需要满足约束条件式（9-4）~式（9-10），优化目标为三目标优化，且要搜索寻优的参数为 16 段炉温值，采用经典的优化算法很难获得满意的最优解。通过查阅文献可知，基于 NSGA-Ⅱ遗传算法在多目标寻优方面有着很好的效果[12-13]。所以本节采用 NSGA-Ⅱ遗传算法进行炉温的多目标稳态优化。

中厚板热处理炉稳态下的炉温优化是通过调节各段炉温，使得在热处理过程中满足钢板加热质量的前提下，能耗最小。在炉温寻优过程中，钢板出炉断面温差、实际与期望温差、能耗这三个目标无法同时满足最优，会出现其中一个是最优解而另外两个目标不是最优解的情况，这就是多目标优化问题（Multi-objective Optimization Problem，MOP）。通常，MOP 可以定义为在一组约束条件下，使得多个目标函数都趋于最优，描述如下：

$$\begin{cases} \min F(\boldsymbol{x}) = [f_1(\boldsymbol{x}),\ f_2(\boldsymbol{x}),\ \cdots,\ f_n(\boldsymbol{x})] \\ \text{s. t.} \begin{cases} h_i(\boldsymbol{x}) = 0, & i = 1,\ 2,\ \cdots,\ I \\ g_j(\boldsymbol{x}) \leqslant 0, & j = 1,\ 2,\ \cdots,\ J \end{cases} \end{cases} \tag{9-11}$$

式中，$\boldsymbol{x}$ 是一个 $l$ 维向量，形式为 $\boldsymbol{x} = [x_1,\ x_2,\ \cdots,\ x_l]$，包括 $l$ 个决策变量；$I$ 为等式约束的数目；$J$ 为不等式约束的数目。

式（9-11）描述了 $n$ 个优化属性准则的多目标最小化优化问题。

在多目标优化中，其实不存在一组解使得所有目标函数同时达到各自的最优值。在调整决策变量的过程中，各目标函数值往往是互相矛盾的，某一个目标函数的优化会引起其他目标函数的劣化。所以，多目标优化问题只能取得非支配解集或 Pareto（帕累托）解集。相关术语定义如下：

**【定义 1】** 支配

假设 $X$ 为可行域，若 $x_a,\ x_b \in X$：

$x_a \prec x_b$（$x_a$ 支配 $x_b$），当且仅当 $\forall i,\ f_i(x_a) < f_i(x_b)$；

$x_a \preceq x_b$（$x_a$ 非劣于 $x_b$），当且仅当 $\forall i,\ f_i(x_a) \leqslant f_i(x_b)$；

$x_a \sim x_b$（$x_a$ 无差别于 $x_b$），$\exists i,\ j,\ f_i(x_a) \leqslant f_i(x_b) \wedge f_j(x_a) \geqslant f_j(x_b)$，$i,\ j = 1,\ 2,\ \cdots,\ m$。

**【定义 2】** Pareto 解集

如果不存在 $f(x)$ 的任一可行解使得 $\forall i$，有 $f_i(x) \leqslant f_i(x^*)$，且 $\exists i,\ f_j(x) < f_j(x^*)$，$i,\ j = 1,\ 2,\ \cdots,\ n$，则称 $x$ 为 Pareto 解或非支配解。所有 Pareto 解组成的集合即为 Pareto 解集或最优解集。

**【定义 3】** Pareto 最优

Pareto 最优是经济学和管理学中的概念，指的是在一个给定的资源分配方案中，能够最大化某一特定目标。

Pareto 最优的定义是：在不改变其他目标的前提下，对于一个特定的资源分配方案，没有任何其他的分配方案可以导致更大的收益或更少的损失。换句话说，Pareto 最优意味着没有其他可能的分配方案会导致更好或更坏的结果。

**【定义 4】** Pareto 前沿

由非支配解集组成的向量集称为 Pareto 前沿。

如图 9-8 所示，点 M1 ~ M10 所处的曲线为 Pareto 前沿。整个曲线围成的闭合区域是可行解域，左下曲线部分是最优边界。由图可知，点 M1 ~ M10 所处的曲线是解域中最趋近两目标坐标轴和坐标原点的位置，它们都是非支配解；而点 N1 ~ N10 都处在可行域内，属于被支配解。

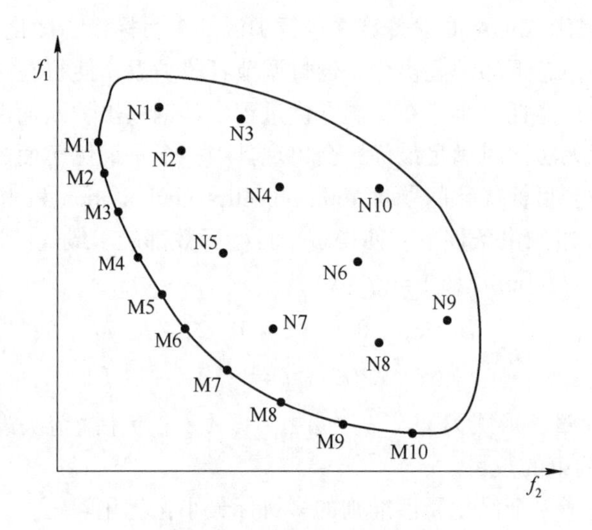


图 9-8 双目标 Pareto 前沿分布图

### 9.2.3 基于 NSGA-Ⅱ的钢板炉温优化建模流程

中厚板热处理过程炉温稳态优化是一个带约束的复杂规划问题，而 NSGA-Ⅱ算法能很好地处理这种问题。用 NSGA-Ⅱ进行炉温寻优建立模型的步骤如下：

（1）对优化目标的约束条件 $\Delta T_{\mathrm{s\,max}}$、$\Delta T_{\mathrm{c\,max}}$、$\Delta T_{\mathrm{out}}$、$T_{\mathrm{fs}i\,\mathrm{min}}$、$T_{\mathrm{fs}i\,\mathrm{max}}$、$\Delta T_{\mathrm{fs}}$、$T^*$ 等进行设置。

（2）设置种群规模 $N$，并随机生成满足炉温约束条件下的初始种群 $P_0$。

（3）采用实数编码方式进行编码。

（4）对当代种群 $P_{\mathrm{t}}$ 进行快速非支配排序和虚拟拥挤度距离的计算，这是本算法的核心步骤之一。其中，快速非支配排序是根据优化目标 $f_1$ 钢板出炉时刻表面实际与期望值之间的温差、目标 $f_2$ 钢板出炉时刻表面与心部断面温差以及目标 $f_3$ 热处理过程能耗大小这三个目标函数值进行的，而拥挤度距离则是根据个体向量在变量空间中的距离信息得出的。

（5）进行遗传操作，包括选择、交叉和变异。

（6）进行精英保留策略。即将父代种群 $P_{\mathrm{t}}$ 与子种群 $Q_{\mathrm{t}}$ 进行合并得到 $R_{\mathrm{t}}$，调用钢板温度预报模型，筛选符合约束的种群，并进行基于快速非支配排序和拥挤度距离的选择，继而得到下一代父代种群 $P_{\mathrm{t+1}}$。

（7）迭代次数加 1，返回步骤（4），直到满足停止条件为止。

基于 NSGA-Ⅱ算法的中厚板热处理过程炉温稳态优化流程如图 9-9 所示。

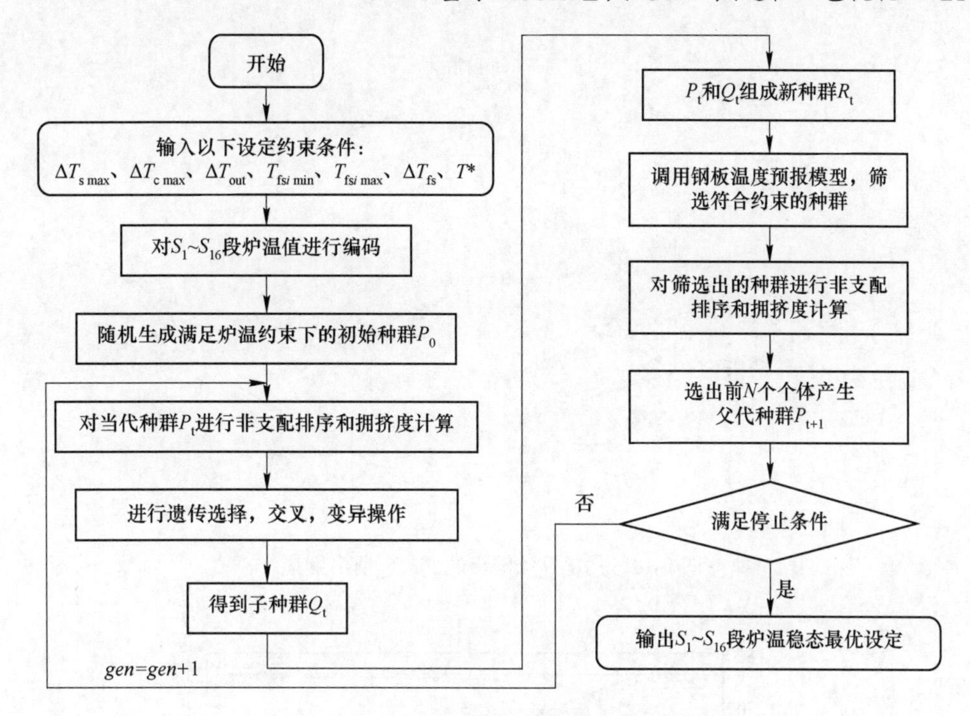


图 9-9 基于 NSGA-Ⅱ算法的炉温稳态优化流程

### 9.2.4 基于NSGA-Ⅱ炉温稳态优化仿真与结果分析

以辊底式热处理炉为研究背景，对760 ℃的钢板在热处理炉内稳态加热过程进行梯度温度设定优化计算，并对优化前后的炉温及钢板温度曲线进行比较。仿真钢板规格为9440 mm×3000 mm×28 mm，钢板入炉温度为室温25 ℃，热处理炉总共分为16段，炉子长度108.46 m，内宽4.9 m。热处理钢板参数信息见表9-2。NSGA-Ⅱ算法中各项基本参数：种群规模$M=80$，最大迭代次数$\max gen=50$，交叉概率$P=0.8$，变异概率$P_m=0.1$。

**表 9-2 钢板热处理参数信息**

| 钢种 | 允许出炉温度/℃ | 目标出炉温度/℃ | 加热速率 | 保温时间/min | 在炉时间/s |
| --- | --- | --- | --- | --- | --- |
| SA387 | 760±10 | 760 | 2.85 | 60 | 8604 |

图9-10表示的是经过NSGA-Ⅱ算法优化炉温后输出的Pareto前沿解集。

经过NSGA-Ⅱ算法优化前后的各段炉温分布曲线如图9-11所示。采用经验炉温设定值对钢板加热，这种加热方式是出于提高钢板产量的目的。实际生产过程中，如果希望在保证加热质量的前提下既保证成品的机械性能，又兼顾热处理过程能耗与钢板的加热速率，也可以采用梯度温度设定方式。

仿真表明，NSGA-Ⅱ算法优化后，钢板的出炉温度与期望出炉温度的差值满足工艺要求，断面温差也符合工艺要求。经过优化后的钢板热处理过程中的能源消耗为原来的91.86%。也就是说，通过炉温稳态优化后，在保证加热质量的前提下，最大限度地降低了热处理炉的能耗。

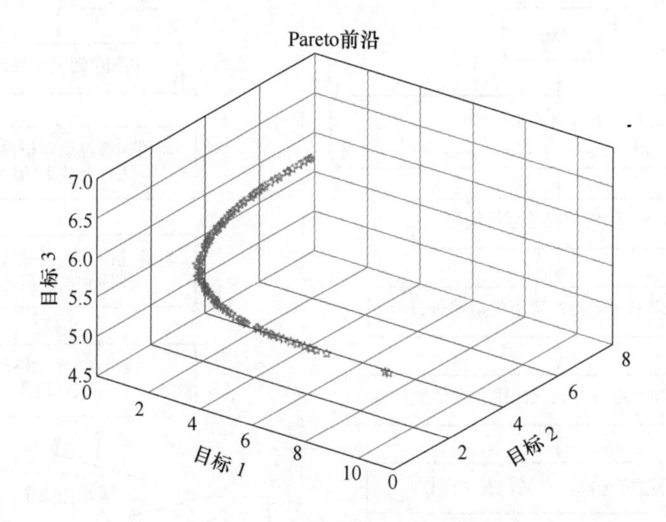


图 9-10 优化算法输出的 Pareto 前沿解集

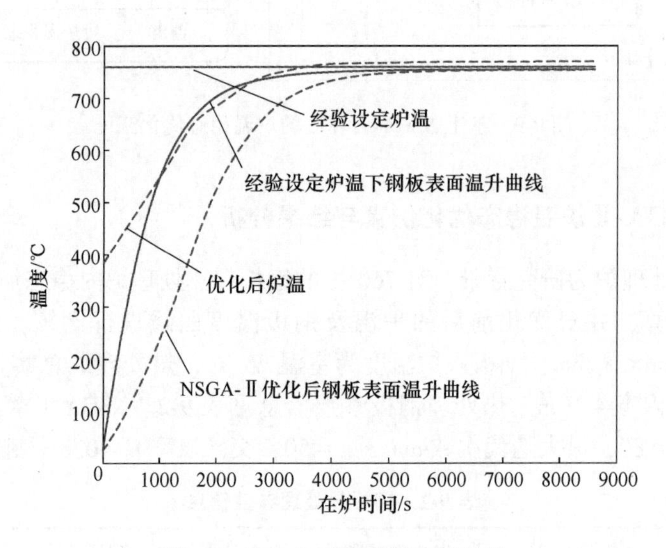


图 9-11 760 ℃下钢板优化后对照

## 参 考 文 献


[1] 牛珏，温治，王俊升，等．辊底式连续热处理炉数模优化控制仿真系统［J］. 冶金能源，2007，26（2）：15-19.

[2] 岳临萍．热处理炉温度模型算法与实现［J］. 电器应用，2010，29（8）：82-85.

[3] Breiman，Leo. Bagging predictors［J］. Machine Learning，1996，24（2）：123-140.

[4] Caigny A D，Coussement K，Bock K W D. A new hybrid classification algorithm for customer churn prediction based on logistic regression and decision trees［J］. European Journal of Operational Research，2018，269（2）：760-772.

[5] 王诗洋．基于随机森林的辽宁人口数量预测方法研究［D］. 沈阳：东北大学，2020.

[6] 王平仔．中厚板热处理加热过程工艺智能控制研究与应用［D］. 沈阳：东北大学，2023.

[7] 饶文涛，周振刚，刘日新．加热炉数学模型最优控制 [J]. 工业加热，1994 (3)：9-11.
[8] 陈永，陈海耿，杨泽宽．最大值原理在连续加热炉优化控制中的应用 [J]. 工业炉，1997 (3)：8-11.
[9] 安月明，温治．连续加热炉优化控制目标函数的研究进展 [J]. 冶金能源，2007，26 (2)：55-57.
[10] 李家栋．中厚板高温固溶炉热工过程建模与控制 [D]. 沈阳：东北大学，2011.
[11] 张廷玉．加热炉钢温建模与炉温优化设定研究 [D]. 沈阳：东北大学，2014.
[12] 陈小庆，侯中喜，郭良民，等．基于 NSGA-Ⅱ的改进多目标遗传算法 [J]. 计算机应用，2006 (10)：2453-2456.
[13] 王茜，张粒子．采用 NSGA-Ⅱ混合智能算法的风电场多目标电网规划 [J]. 中国电机工程学报，2011，31 (19)：17-24.

# 索　引